移动开发经典丛书

iOS 编程入门经典(第 4 版)——构建和部署 iOS 7 应用

[美] Nick Harris 著

冯宗翰 译

清华大学出版社

北 京

Nick Harris

Beginning iOS Programming: Building and Deploying iOS Applications

EISBN：978-1-118-84147-1

Copyright © 2014 by John Wiley & Sons, Inc.

All Rights Reserved. This translation published under license.

Trademarks：Wiley, the Wrox logo, Programmer to Programmer, and related trade dress are trademarks or registered trademarks of John Wiley & Sons, Inc. and/or its affiliates, in the United States and other countries, and may not be used without written permission. All other trademarks are the property of their respective owners. John Wiley & Sons, Inc., is not associated with any product or vendor mentioned in this book.

北京市版权局著作权合同登记号 图字：01-2014-3654

图书在版编目(CIP)数据

iOS 编程入门经典(第 4 版)——构建和部署 iOS 7 应用 / (美)哈里斯(Harris, N.) 著；冯宗翰 译. —北京：清华大学出版社，2015

(移动开发经典丛书)

书名原文：Beginning iOS Programming: Building and Deploying iOS Applications

ISBN 978-7-302-39204-0

Ⅰ. ①i… Ⅱ. ①哈… ②冯… Ⅲ. ①移动终端—应用程序—程序设计 Ⅳ. ①TN929.53

中国版本图书馆 CIP 数据核字(2015)第 017760 号

责任编辑：王 军 于 平
封面设计：牛艳敏
版式设计：思创景点
责任校对：邱晓玉
责任印制：宋 林

出版发行：清华大学出版社
        网   址：http://www.tup.com.cn, http://www.wqbook.com
        地   址：北京清华大学学研大厦 A 座   邮   编：100084
        社 总 机：010-62770175   邮   购：010-62786544
        投稿与读者服务：010-62776969，c-service@tup.tsinghua.edu.cn
        质 量 反 馈：010-62772015，zhiliang@tup.tsinghua.edu.cn
印 刷 者：北京鑫丰华彩印有限公司
装 订 者：三河市少明印务有限公司
经   销：全国新华书店
开   本：185mm×260mm   印   张：19.5   字   数：438 千字
版   次：2015 年 5 月第 1 版   印   次：2015 年 5 月第 1 次印刷
印   数：1～2200
定   价：68.00 元

产品编号：060405-01

译 者 序

在这个瞬息万变的地球上，有 4 个苹果改变了世界。第一个是圣经中亚当和夏娃吃掉的那个苹果；第二个是砸在牛顿头上的苹果；第三个是乔布斯手中被咬了一口的苹果；第四个是筷子兄弟的小苹果。这里我们谈谈第三个苹果，就是乔布斯创建的苹果帝国以及其让人顶礼膜拜的产品！苹果公司的成功在于把各个环节都尽量做到了极致，外观设计、用户体验、硬件设备、操作系统等环节都做到了市场上的领先水平。不过这里我所要说的，从一个开发者角度来说，苹果的成功很大一部分来源其相对封闭的环境。

硬件设备是载体，真正迷住用户的是运行在苹果设备上的千千万万的应用软件，我们称之为 App，正是这些 App 和苹果对于整个软件开发、审核、发布流程的管理，让这个生态系统良性地运行，捕获了越来越多用户的心，也让一大批软件开发者从中受益。苹果所打造的这个系统的强大之处就在于其对软件质量的控制，优秀的 App 带来大量的用户购买，软件开发者可以直接通过 App 的销售带来不错的收入，这就激励他们开发出更加精致吸引人的 App，能够把更多的注意力放在产品本身。

近几年市面上有关介绍 iOS 开发的书籍越来越多，从不同的角度出发以不同的组织结构对 iOS App 的开发进行了讲述。作为一名有开发经验的译者，我深知什么样的参考资料可以帮助到读者。本书的作者 Nick Harris 是一名来自克利夫顿移动工厂的独立软件开发者，Nick 作为开发者不但能完成出色的 App，也更热衷于参加开发者社区活动，并从如何帮助一名新的 iOS 开发者的角度出发组织了本著作。介绍 iOS App 开发的书籍不同于传统讲述知识的书籍，让读者学到实际的开发本领才是这类书籍的主要目标，与其花大量的篇幅对复杂的概念进行讲解，不如以几个真实程序和实践操作让读者亲手编写 App 来的印象深刻，读者也会在实际的操作中对开发环境及用到的技巧有深入的了解，这正是本书作者 Nick Harris 的主张，全书都贯彻着他的这一思路进行一步一步的讲解，可以不夸张地说在完成本书所有章节学习的过程中，其实读者已经开发出了一款比较有竞争力的 App 产品了。从易到难，循序渐进地让读者自己动手完成一款 App 各功能模块的开发，并将开发环境、软件测试、上传审核等代码撰写之外的知识也进行了详细的讲解。

在这里要感谢清华大学出版社编辑对我的帮助，她们为本书的翻译投入了巨大的热情并付出了很多心血。本书全部章节由冯宗翰翻译，参与翻译活动的还有孔祥亮、陈跃华、杜思明、熊晓磊、曹汉鸣、陶晓云、王通、方峻、李小凤、曹晓松、蒋晓冬、邱培强、洪妍、李亮辉、高娟妮、曹小震、陈笑。在此一并表示感谢。

对于这本经典之作，译者本着"诚惶诚恐"的态度，在翻译过程中力求"信、达、雅"，但是鉴于译者水平有限，错误和失误在所难免，如有任何意见和建议，请不吝指正。感激不尽！

最后，希望读者通过阅读本书能够领略 iOS 开发的魅力，实现自己的 Apple 软件开发梦，创造出改变世界的 App！

译 者

作 者 简 介

　　Nick Harris 是一名来自克利夫顿移动工厂(LLC)的独立软件开发者，2001 年于俄亥俄大学 Russ 学院取得计算机科学硕士学位，之后赴科罗拉多州首府丹佛开始了其职业生涯。Nick 从 2008 年苹果首次发布 iPhone SDK 那一刻开始就从事 iPhone 程序开发工作，经历了从 iOS 最初版本到 iOS 7 的所有版本，并发布了数款优秀的 App。Nick 作为开发者不但能完成出色的 App，他更热衷于参加开发者社区活动，比如参加 360iDev 举办的开发者大会并发表演说，主办科罗拉多州 iOSDevCamp 这样的开发者活动。读者可以通过邮箱和 Nick 沟通：nick@cliftongarage.com。

致　　谢

当 iPhone 刚刚发布时，我还在嘲笑那些为了买一部 iPhone 手机排几小时队的朋友，说他们简直是疯了，谁会花这么多钱买一部电话啊？直到苹果公司发布了 iPhone SDK 我开始改变我的想法，最终我决定勇敢地迈出第一步，去当地一家 AT&T 商店把它买了回来，花这么多钱买一部手机难免感到愧疚，不过当我真正用起它时，我惊呆了，我立志要学习并开发自己的 App。

五年过去了，我现在仍然为不断进步中的 iOS 开发者社区而感到惊讶，期间我的很多好朋友就告诉我不要仅仅着眼于开发 iOS 应用程序，更重要的事情是对开发者社区进行回馈和分享自己的开发经验。这本书能够对 iOS 的开发者起到一定的帮助，还要感谢一路陪我走过来的朋友们，有太多的朋友曾经帮助过我以至于我不能一一列举，因为我生怕会漏掉哪个重要的名字，有你们的帮助真好。

我还要衷心感谢我的组稿编辑 Mary James。我一直想写点东西但是又不知从哪开始，是 Mary 的提醒和帮助让这一切成为了现实。Ami Sullivan，我的项目编辑，同样对这本书有极大的贡献，这是我的第一本书，当时我真的不知道该怎么写，是 Ami 一直在告诉我应该怎么做才好，在什么时间点应该完成什么工作，在工作压力很大的时候鼓励我继续走下去。接下来还要感谢我的文字编辑 San Dee Phillips，帮助我修改图表上的一些错误并且确保我的解释和描述能够被读者所接受。

我更加要感谢的是我的技术编辑 Kyle Richter，不但帮助我指出了一些技术上的错误还教会我应该如何简化代码以让所有读者都能看懂，Kyle 还帮我收集了原始书稿的提议并给予我非常有帮助的建议，再次感谢。

最后，最应该感谢的是我的父母和姐姐，一路上你们的支持和鼓励是我最大的动力，我真的不知道如何表达我对你们的感谢之情。

前　　言

当苹果公司在 2007 年发布了第一款 iPhone 手机后，立刻风靡全美。那时还没有哪一款手机可以让触摸屏有如此优秀的用户体验，以前那种就像按一块玻璃一样糟糕的体验被完全改变，取而代之的是一种和机器自如流畅互动的全新的感觉。在屏幕上滑动相册就像你真的在实际中滑动相册一样流畅，在地图上随意移动就像你拿着一张真的地图在使用一样，真的太神奇了！

那时我正在做 Windows 桌面应用程序的开发并且刚接了一个 Windows 移动平台的项目，说实话我还是对 iPhone 的前景持怀疑态度并且对其价格耿耿于怀，不过当苹果公司发布 SDK 和推出 App Store 后，一切都改变了，我决定勇敢尝试并开始钻研 iPhone 应用程序的开发。但是该从哪开始呢？

幸运的是，我有一个朋友做了几年苹果 OS X 桌面应用程序的开发，他们组织了一个科罗拉多州苹果开发者阵营的社区，在这里我第一次接触到 Objective-C 语言和 Xcode 开发工具。开始时我有点不知所措，因为大家都是第一次接触这个平台，也没有代码的范例可参考，最终在不厌其烦地向有经验的开发者追问下和在他们身边学习任何有帮助的知识后，我终于在 2009 年发布了自己的第一款 App，所以我决定一定要回馈开发者社区为大家做点什么，这也是我决定写这本书的初衷。

从高中到大学，以至我的工作中我有幸接触和学习了很多不同的平台，以及如何基于这些平台做软件开发。我的经验告诉我，真正要学会一种语言和开发工具，并不是这些独立课程的叠加能够做到的，而是真正用这门语言和平台真实地开发出一款应用，你才能从实践中学到本领，并且牢牢记住它。这就是本书中用到的方法，你会通过真实写一个叫 Bands(乐队之家)的程序来学习如何开发一款 App，这是一个相当简单的 App，不过你会接触到目前主流 iOS 应用程序在编写和实施中用到的方法和技巧，学习到 Objective-C 和 Cocoa Touch 的核心概念。虽然这时你还没有学到 SDK 的全部功能，但是你能自己开发一款 App 了，也为你日后开发出更优秀的 App 打下坚实的基础。

0.1　本书读者对象

本书是为刚刚接触 iOS SDK 开发并想短时间学会如何做一款 App 的朋友而编写的，不过我们还是希望你最好有一定的程序开发背景，接触过面向对象开发的基本概念。同时对已经从事 iOS 开发的朋友们来说，可以通过本书学习到 iOS 和 Xcode 最新版本的功能和技术，比如 storyboard、auto layout 和 local search。

0.2 本书内容

本书将从具体实现一个 App 入手，最终成功地将其发布在 App Store，让读者了解从构思到编写及发布 App 的一个实战流程。本书共分 12 章：

第 1 章："从编写一个真正的 iOS App 开始：Bands"介绍了一个范例 App，这个 App 将贯穿本书始终，每个应用程序都是从一个点子开始，之后一步一步地增加功能让其丰满，最终形成完整的开发计划并最终实现它。

第 2 章："Objective-C 介绍"通过和 Java、C#类比的方式解释 Objective-C 的特点和用法，同时还详细介绍了"Model-View-Controller"设计模式在 iOS 开发中的应用。

第 3 章："从一个新的 App 开始"用 Xcode 开发工具新建一个工程，介绍了 Xcode 自带的多种编辑器和各窗口的功能，诸如管理文件、编辑代码、制作用户界面都是在这里完成的。

第 4 章："创建一个用户输入窗体"为你介绍并创建一个基本的用户输入数据的界面，你会学到如何显示、隐藏输入键盘同时如何保存数据。

第 5 章："使用表视图"中创建了一组数据模型并用表视图显示它，同时介绍如何在不同的视图中完成切换。

第 6 章："在 iOS 应用程序中整合照相机和照片库"中详细介绍了如何让程序完成拍照功能和从相册选择照片等功能，同时介绍了如何使用手势让界面更具交互性。

第 7 章："整合社交媒体"介绍了如何通过和苹果官方应用相同的用户体检和界面实现发送邮件、短消息、推送信息及更新 Twitter、Facebook、Flickr 等功能。

第 8 章："使用 Web Views"创建了一个轻量级的浏览器让用户可以搜索乐队信息，可以学到如何利用 iOS SDK 创建和载入 URL 及在 Objective-C 中调用 C 语言功能。

第 9 章："地图和本地搜索"介绍了如何通过地图功能查找周边的唱片店并展示这些店的信息。

第 10 章："开始学习 Web Services"使用了最新加入 iOS 7 中的有关网络连接的类来实现到 Web service 的连接，学习了如何使用 iTunes Search Web service API 来查找歌曲并打开 iTunes Store 预览歌曲并购买。

第 11 章："创建一个通用的应用程序"介绍如何让我们的应用程序由仅支持 iPhone 设备到也支持 iPad 设备，详细介绍了 iPad 特有的一些用户界面的处理功能及用 auto layout 实现屏幕的旋转。

第 12 章："部署 iOS 应用程序"介绍了如何让你的应用程序发给 beta 测试者进行测试，同时学习如何提交你的应用程序给苹果公司审核并最终在 App Store 上架。

0.3 本书的结构

本书将教会你从概念到发布一款 App 的全过程，之所以通过这样的方法是由于作者的经验告诉自己只有真正完成一个 App 的开发才能真的学到有用的东西。先有一个想法，希望能够做一个和乐队有关的 App，然后再逐步添加功能让程序丰满起来，这个过程中读者朋友就会学到 Objective-C 的用法和 Cocoa Touch 的最基础的知识和概念并充分认识 iOS SDK 的功能。此时我们就开始通过不断的进步学习工程中所用到的知识来创建 Bands app，从最基本的"Hello world"程序到最终的包含许多流行 iOS 应用程序都具备的那些功能的我们的应用程序。

如果你从未接触过 Objective-C 和 Cocoa Touch 的相关知识，建议你在开始动手编写 Bands app 前花些时间学习第 2 章介绍的核心概念和基本的设计模式。如果你已经熟知 Xcode 的用法和编写过一些简单的 App，希望了解 Storyboard 和 segues 等新特性，可以跳过前 4 章的内容。我们在 Bands app 中使用相对高级的功能是从第 7 章开始的，由于本书是从一个简单的工程开始一步步使程序充实起来的，所以建议初学者从最初就跟着我们的步伐逐步地前进。每个章节中涉及的一些独立的功能同样可以在任何一个 App 中使用，读者也可以在自己的工程中使用这些示例代码。

0.4　本书使用条件

所有的 iOS 应用程序都是基于 Xcode 工具进行开发的，可以在 Mac App Store 商城免费下载。同时你需要一台 Mac 来运行 Xcode，因为目前 Xcode 还没有 Windows 的版本。Xcode 自带 iOS 模拟器，本书中的应用程序都可以通过模拟器进行测试运行，不过像拍照这样的功能就需要连接一台 iPhone 进行测试，要使用真机进行测试需要加入苹果的开发者计划，费用是 99 美元/年，虽然这不是必需的，不过还是建议大家尽可能地早点加入开发者计划中。

书中示例的源代码可以在如下 Wrox 的网站上下载：

www.wrox.com/go/begiosprogramming

0.5　本书约定

为了帮助读者更好地理解和跟上学习的进度，本书会用一些特有的环节进行知识强化。

试试看

"试试看"环节一般是一些你需要跟随同步完成的实践练习，如下文所示：
1. 一般包含几个步骤；
2. 每一步都有序号标识；
3. 用你在数据库中复制过来的代码按照步骤完成。

示例说明
在每一个"试试看"环节之后，我们会在示例说明部分对代码做详细的解读。

警告：
警告标识一般用于比较重要的或者说不应忘记的信息，一般都是和上下文直接相关的重要信息，不能忽视。

注意：

注意标识用于表示当前讨论中可能需要注意的一些地方或者需要有所提示、暗示、指明的小陷阱等事项。

0.6 勘误

我们所有人都在努力尽量让本书避免出现错误，但有时候总不是那么完美，错误也在所难免，如果你发现本书的任何错误，如拼写或代码瑕疵，请反馈给我们，非常感谢。你反馈的纰漏可以帮助到正因为这个错误而产生苦恼的读者，同时也给予我们在图书质量上极大的帮助。

查看勘误的地址如下：

www.wrox.com/go/begiosprogramming

你可以在这里查看所有关于本书及 Wrox 编辑提出的勘误信息。

如果你没有在勘误表上发现你提交的错误信息，请访问 www.wrox.com/contact/techsupport.shtml 页面填写勘误表格，将你发现的错误信息发送给我们，我们会第一时间核实，如果勘误属实，我们会在网站的勘误地址中更新这个信息，并在接下来的版本中进行改正。

0.7 P2P.WROX.COM

为了方便同作者和同行交流，请加入 P2P 论坛：http://p2p.wrox.com。这是一个基于 Web 的系统，你可以发送和 Wrox 系列图书、技术相关的信息同其他读者朋友进行交流，你还可以通过订阅的方式选择你最感兴趣的话题，论坛会通过邮件的方式定期发送最新的消息给你。现在这个论坛聚集了 Wrox 的读者、编辑、其他领域的专家等不同角色的用户。

在 http://p2p.wrox.com 你可以看到很多不同的讨论区，你除了可以在里面找到本书的相关信息，还可以查找到其他对你的程序开发有帮助的信息，加入论坛的方法如下：

1. 打开链接 http://p2p.wrox.com 并单击注册；

2. 阅读协议并单击"同意"；

3. 完成必选项的个人基本信息填写，然后根据自己的情况选择填写可选项的信息，单击提交；

4. 你会收到一封确认邮件，根据邮件的内容完成确认就可以了。

注意：

不加入 P2P 仍然可以查看论坛中的信息，不过如果你想发表观点和信息，就一定要加入 P2P 了。

成功加入 P2P 后，你就可以发送新的消息和回复别人的消息了，可以在 Web 页面

随时查看你需要的信息。如果你希望论坛将你感兴趣的话题推送给你的话，可以通过
论坛中的订阅功能完成订阅。

更多的 Wrox P2P 的介绍可以通过查看 P2P FAQs 来获取，包括了一些具体使用中
遇到的问题的答案，及关于 Wrox 系列书籍常用问题的解答。想要阅读 FAQs 时，只需
要在 P2P 界面单击 FAQ 链接即可。

0.8　源代码

当你跟随本书完成范例的过程中，你可以选择手工输入代码，也可以直接使用本
书提供的源代码，这些代码可以在如下网站下载：www.wrox.com/go/begiosprogramming
和 http://www.tupwk.com.cn/downpage。

你也可以使用本书的国际标准书号(ISBN：978-1-118-84147-1)在 www.wrox.com 网
站搜索本书的代码。Wrox 系列图书的完整代码库可以在如下网站下载：www.wrox.com/
dynamic/books/download.aspx。

在每章开始时，都会有这一章节中主要代码的文件名以方便读者在上述网站中查
找这些代码，也可以在使用标题和章节内容中的一些名称在网站上查找你需要的代码
文件。

大部分代码文件都是后缀为.zip、.rar 的压缩文件或者其他压缩文件，你只需要使
用对应的解压软件将其解压即可使用。

注意：

为了避免书目重名的问题，建议采用 ISBN 的方式在 www.wrox.com 上查找本书的
代码。

当你下载代码后，使用你熟悉的解压缩软件即可将其解压。或者读者朋友可以访
问主 Wrox 代码站点下载，地址为 www.wrox.com/dynamic/books/download.aspx，来查
看本书中可以用到的代码和其他 Wrox 出版的书可以用的代码。

目　　录

第 **1** 章

从编写一个真正的 iOS App 开始：Bands

本章主要内容：

- iPhone SDK 的历史演变
- Bands 应用程序介绍
- 如何定义一个应用程序及其功能

移动计算技术这个概念最早在 20 世纪 70 年代末被提出，但真正意义上的第一部移动计算设备是 Psion 公司于 1984 年发布的 Psion Organiser，随后 Psion 公司又在 1986 年发布了第二代产品 Psion Organiser Ⅱ。这些早期的移动设备从外观和功能上和我们现在熟悉的计算器类似。直到 1990 年，移动计算设备迎来快速发展，PDA(掌上电脑)开始进入大家的视野并得到广泛关注。首先使用 PDA 这个词汇的是苹果公司当时的 CEO，也就是当年乔布斯(Steve Jobs)被迫离开苹果公司后的继任者约翰·斯卡利(John Sculley)，他当时在形容公司第一款尝试的移动计算新产品 apple newton(小牛)时使用了 PDA 这个说法，尽管这款"小牛"产品可能和大家的想象有一定差距，最终也因为产品定位问题导致需求量低而于 1998 年停止生产。

20 世纪 90 年代到 21 世纪初，移动计算技术进一步发展，涌现出很多受欢迎的 PDA 产品，比如 Palm Pilot 和能够运行 Windows Mobile 的智能设备等，不过虽然它们都有各自的用户群，但仍没有聚集一批可以令产品更有活力的应用开发者。

智能手机也在这个年代应运而生，其在传统 PDA 的能力上叠加了通话功能。至此 Palm、Windows Mobile 连同黑莓一起主导了这个市场，直到 2007 年苹果公司发布 iPhone 后这一局面才得以改变。

2007 年 6 月，第一代 iPhone 智能手机开始发售，马上就成为市场上的宠儿，良好的用户体验一下子就抓住了用户的心，人们相信 iPhone 终将引领未来智能手机的潮流。值得一提的是虽然触摸屏技术早在 10 年前就有公司在使用了，但是直到 iPhone 的推出用户才真正爱上了这种交互技术，其体验远远好于之前生硬的屏幕按键。不过第一代发布的 iPhone 有一个最大的局限性，就是并没有同时发布供开发者自己编写本地应用程序的 SDK，乔布斯只能呼吁开发者们以编写 Web 应用的方式开发自己喜欢的应用程序，其实这也情有可原，因为这个想法源于当时 Web 2.0 技术正发展得如日中天，但是这种折中的办法显然不能激起开发者的兴趣。

2007 年 9 月，对 iPhone 手机的"越狱"破解大为流行，黑客们不仅成功破解了 iPhone 的数字安全证书，更发明出了如何让用户自己开发的应用程序在 iPhone 中运行的办法。不过"越狱"还是有很大的风险，毕竟一款不算便宜的智能手机要是因此不能享受质保总让人觉得不放心，甚至一些不良软件也很可能让手机瘫痪。

同年 10 月，苹果公司做出了改变，宣布针对 iPhone 开发本地第三方软件的 SDK 包正在研发中。2008 年 3 月该 SDK 正式发布，并推出了苹果公司为所有开发者提供的一个发布自己软件的应用商店，也就是后来大名鼎鼎的 App Store，从此 App 这个词就用来专门形容开发者开发的第三方应用软件，这一整套开发者平台也就是我们现在所说的 iPhone OS。

App Store 正式官方上线是在 2008 年 7 月 10 号，时至今日 App Store 总共发布应用超过 100 万，下载量更是超过百亿次，现在有一个属于自己的 App 就像 20 世纪 90 年代有一个自己的主页一样，每个人都希望能上线自己的 App。

开发 App 已经形成了一套特有的流程和技术，这也是你阅读本书的主要目的，如果你想知道如何开发一款 App，最好的办法就是自己动手编写一个 App。

1.1　Bands App 介绍

我们先来编写一个名为 Bands 的 App，该 App 会贯穿本书各个章节，内容主要是一款帮助用户记录自己喜欢的乐队和查看乐队信息的 App，虽然这个 App 不能获得任何设计大奖，因为本身我们也不想这样做，但是它却能够慢慢地引导你明白如何从有一个做 App 的想法进而最终实现整个 App 的全过程，教会你开发一款属于自己的 App 的大部分技巧。本节附带的几张图先给出了 Bands App 的最终效果。

图 1-1 为 Bands App 的主界面，用户添加了一张按首字母排序的乐队列表。

当用户单击某一乐队时，应用程序跳转到该乐队的详情界面(如图 1-2 所示)。用户对每一个乐队都可以进行添加记录、添加图片、设置属性等操作。

乐队详情界面还可以选择更多的操作(如图 1-3)，比如通过不同的途径向自己的好友推荐喜欢的乐队(如图 1-4)，

图 1-1

访问 Web 查看该乐队更多的信息(如图 1-5)；查找本地的唱片店(如图 1-6)；甚至可以查询和预览该乐队的新歌(如图 1-7)。

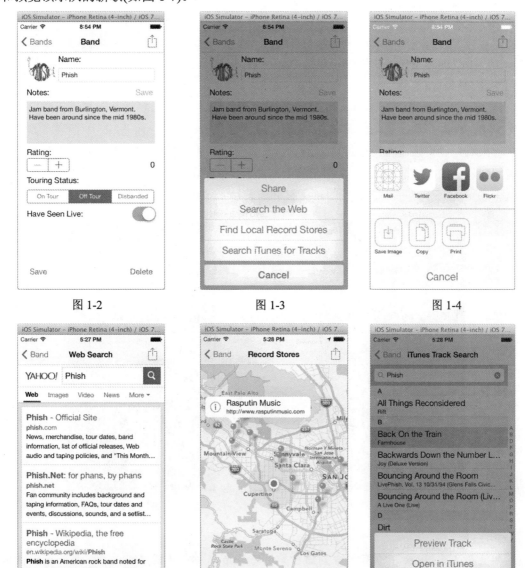

图 1-2　　　　　　　　图 1-3　　　　　　　　图 1-4

图 1-5　　　　　　　　图 1-6　　　　　　　　图 1-7

现在你已经知道这个 Bands App 是什么样子的了，那么现在让我们开始吧。

1.2　正式开始

每个 App 都会先有一个想法，一般是你自己的一个想法，或者有时是你上司的一个想法需要你帮助他来实现。我们介绍的这个 Bands App 也是源于一个想法，即在酒吧或者音乐厅欣赏音乐时，一支陌生的乐队在演奏美妙的乐曲，你肯定想知道他们是谁并记住他们；或者也许你和朋友们在讨论音乐问题时有人提到一个知名乐队，你想把乐队记录下来。这时你就需要一个工具把这些乐队的信息保存下来或者通过给朋友发电子邮件的办法得到这些记录，不过如果能做一个专门记录所有乐队的 App，这样当你需要查阅时就可以很方便地回看这些信息。

在 App 开发过程中给你的 App 起名是个大难题，又要好记又要能够清楚地描述这个应用完成的功能，并且还要在 App Store 中保证唯一。你可以先在 App Store 中搜索打算使用的名称来看是否有应用程序已经占用了它，还要考虑名称在实际设备中的显示问题，一般来说只能显示前 12 个字节。长名称无法全部显示，如图 1-8 所示。相比之下苹果自带的一些 App 就是很好的例子，名称既简单又很好地表达了功能。如图 1-9 所示。

图 1-8

图 1-9

注意：

即使在 App Store 中没有搜索到你打算用的 App 名称也不能保证这个名称一定没被占用，只有到你通过 iTunes Connect 上传你的 App 时才能确认是否可用，这个将在第 12 章"部署 iOS 应用程序"中讲到。

1.2.1　定义 App 的功能范围

现在已经有一个编写 App 的想法并给它命名了，下面要思考这个 App 到底应该具备哪些功能。我们需要考虑各种各样的功能让 App 好用，但前提是这些功能要能够实现，如果功能过多就会导致用户第一次打开你的 App 时不知所措，过多的功能也意味着更大的开发量和更长的时间开销，不过功能太少的话这个 App 同样也没有什么价值，在这其中找到平衡点才是关键。

我们已经列出了 Bands App 应该具备的功能，这些功能应该在我们的应用程序中有所体现：

- 添加任何数量的乐队
- 记录一个乐队
- 为乐队添加图片
- 向你的朋友分享一支乐队
- 通过 Web 查找乐队信息
- 查找购买乐队的周边商品的地点
- 给出乐队的巡演信息
- 查看公众媒体对某一乐队的评价
- 为每个乐队建立多媒体资料库
- 乐队新歌的预览和试听

还有很多想法和功能可以罗列出来，不过目前这些已经足够多了。现在要做的是在这些功能点中找出哪些功能是最重要和最必要的，哪些是比较难做的。还有记得一定要避免某些功能和特点和苹果的本地 App 有强交叉，出现这种问题的 App 一般是通不过审核的，最好把这些功能剔除出你的 App。

鉴于上面提到的苹果严格的审核机制，我们计划的针对乐曲的多媒体库功能就不太合适了，因为苹果自带的 Music 应用就提供这个功能。提供乐队巡演时间这个功能看起来不错，不过问题在于这些信息要从哪里取到呢？人工输入这些信息需要极大的工作量，基本上没有采用这种方法的先例，所以这个功能我们也暂且搁置。查看媒体对某一乐队的评价这个功能同样涉及数据采集的问题，没有内容源的前提下这个功能也如鸡肋一般，并且还涉及版权的问题，所以这个功能我们也不实现。除了上述的几个功能外，其余在列表中的功能点都很有价值，我们会——实现它们。

1.2.2　功能定义

现在有了这样一个有价值的功能列表，可以对这些功能——进行定义了。定义功能的过程就是明晰实现这些功能需要利用到哪些资源和方法，这样做可以帮助我们对整个 App 的工作量和时间进度有个初步的把握，也可以帮助你在编写应用程序的过程中始终把握好总体的目标方向。本书中在构建 Bands(乐队之家)这个 App 时所实现的这些功能要比其他课程中教你构建自己 App 用到的功能多很多，所以有些功能的意义并不是十分重要。下面给出 Bands App 主要实现的功能：

- **添加一个乐队**——该 App 需要实现添加乐队的功能。乐队应该有名称和一副可选择的图片用于记录；评级功能能够让用户给乐队进行评级来展示对该乐队的喜好程度；要有一个能够记录乐队是否在巡演及解散的标签，这样用户可以根据这些记录安排自己的时间来选择是否去现场看演唱会；要实现所有这些功能，需要一个简单的用户界面来显示这些信息,并且要支持用户编辑。其中用户添加图片应支持拍照和直接在图片库中选择两种方式。

- **保存多条乐队记录**——如果我们的 App 只能保存一条乐队记录就太不实用了,那么要实现多条记录的存储和维护就需要我们的 App 要能够永久性存储这些信息,并且可以同时展示和查找多条记录。

- **分享乐队信息**——当用户发现一支自己喜欢的乐队时往往希望能够和朋友们分享。App 需要支持以预先设置好的格式通过 E-mail 及短消息的方式将信息分享给好友们,还应该支持诸如 Facebook、Twitter、Flickr 这些主流的社交网站。

- **使用 Web 搜索乐队**——用户在了解一个新乐队时往往希望在 Web 上搜索一些信息,我们要做的是在应用程序中集成一个轻量级的浏览器帮助用户完成这个需求,而不用每次都跳出应用程序启动 Safari,这样做非常方便且能帮助用户完成初始搜索。

- **发现本地唱片店**——如果用户想要买自己喜欢的乐队的演唱会门票或者买一些海报,他们需要到当地的唱片店去买,所以应该提供一个通过地图和定位查找用户周边唱片店的功能。

- **查找新歌**——发现乐队的新歌并且能够预览是一个非常棒的功能,用户可以先试听,如果他喜欢就可以通过 iTunes Store 来购买。

1.2.3　制定开发计划

完整的开发计划将会在之后的章节一一展开讲解,作为一名 iOS 开发的初学者,你首先应该掌握的是 Objective-C 应用程序开发语言和 Cocoa Touch 开发框架,之后你还需要学习使用 iOS 应用的开发环境 Xcode,然后才能开始从简单的功能到复杂的功能循序渐进地学习实际开发技巧。当所有的功能都完成后,在你的 App 发布到 App Store 之前还要进行必要的测试和调试。

1.3　小结

所有的 App 都来源于一个想法。当我的朋友向我介绍一支乐队或者我在酒吧听到一首歌曲时,我都想马上把这些信息记录下来,我需要一个专业的工具帮我完成这个需求。本书的 Bands App 最初就是来源于这样一个想法,有了想法之后是明确 App 需要完成哪些功能,并给这些功能进行仔细的定义。例如本书中的 App 需要能够记录和永久存储多条乐队记录,并将这些信息分享给好友,通过 Web 查找乐队资料,查找周边的唱片店,预览和从 iTunes Store 购买新歌等功能。下一章将介绍 Objective-C 开发语言。

练　习

(1) 给一个 App 命名时应该遵循哪些原则?

(2) 为什么要在动手开发前明确功能范围?

(3) 如果你的 App 的功能和苹果自带的 App 在功能上相同会怎样？

本章知识点

标　　题	核　心　概　念
iPhone SDK	2007 年 10 月苹果公司宣布提供 iPhone SDK，并在 2008 年 3 月正式和开发者见面，至今开发者已经编写了超过 100 万个 App 供用户使用
Bands App	该 App 可以帮助用户记录自己喜欢的乐队信息，和传统的记笔记和 E-mail 方式不同，App 的方式更加方便，只需要一个 App 就可以实现所有的功能。通过一步步完成这个 App，你将学会开发一款属于你自己的 App 的流程和方法
范围和功能	在具体开发工作前，明确 App 的功能及对功能进行定义是非常重要的，可以在保证 App 满足用户需求的前提下避免过多无用功能所带来的开发量和时间上的浪费

第2章

Objective-C 介绍

本章主要内容:

- Objective-C 概述
- 声明一个类和实例化一个对象
- Objective-C 中的内存管理
- Model-View-Controller 设计模式
- Objective-C 中的委托和协议
- Block 概述
- Objective-C 的错误处理机制

编写 Bands App 的第一步是学习 Objective-C 程序开发语言,Objective-C 是用来开发 Mac 和 iOS 应用程序所用到的开发语言,是一种编译型开发语言,即程序执行之前,会经过编译过程,把程序编译成为机器语言。从名称就可以看出 Objective-C 是基于 C 语言的,实际上是 C 语言的扩展集,在其基础上增加了面向对象的方法,所以 Objective-C 的语法和概念同其他基于 C 语言衍生的开发语言类似。本章通过和 Java、C#的类比介绍 Objective-C 的基本用法。

2.1 Objective-C 的历史

Objective-C 是在 20 世纪 80 年代初由一家名为 Stepstone 的公司开发出来的,目的是为了在一台古老的用 C 语言编写的系统上通过对象和消息传递机制实现代码复用功能,那时候面向对象程序设计的概念刚刚提出。当时最有名的面向对象开发语言就是由 Xerox 公司发布的 Smalltalk,Objective-C 就是将 Smalltalk 的语法和概念和 C 语言的特色相结合而发展出来的，从一些语法和消息传递机制就能看出两者的关系。

消息传递就是方法调用的另一种说法，在面向对象语言中对象可以发送一条消息或者调用另一个对象的方法，所有的面向对象语言都是如此。程序清单2-1分别给出了Smalltalk、Objective-C、Java 和 C#消息传递的方式。

程序清单 2-1：不同语言中的消息传递

```
Smalltalk: anObject aMessage: aParameter secondParameter: bParameter
Objective-C: [anObject aMessage:aParameter secondParameter:bParameter];
Java and C#: anObject.aMessage(aParameter, bParameter);
```

Objective-C 真正成为主流的程序开发语言是在 20 世纪 80 年代末其正式用于 NeXT 系统后，NeXT 是史蒂夫·乔布斯从苹果公司被赶出后创立的一家电脑公司，主要为高校和大型商业公司做工作站，采用自主研发的专门的 NeXTSTEP 操作系统，该系统使用的就是 Objective-C 语言和其运行环境，其工作站和传统在售的基于 UNIX 操作系统和 C 语言的工作站截然不同。NeXT 最终被苹果公司收购，乔布斯也就又回到了自己一手创建的苹果公司，这一收购使得 NeXTSTEP 系统成为后来 OS X 的基础和使得基于 Cocoa API 开发 Mac 应用得以发展，后来 Cocoa API 发展成为 Cocoa Touch，就是现在开发 iOS 应用程序用到的 API、框架、用户界面库的最主要的工具。

2.2 基础知识

在每一门程序开发语言中都会有一些基本的数据类型，它们用于创建复杂的对象和数据结构，大部分语言的基本数据类型都是类似的，Objective-C 的基本数据类型就和 C 语言及其变异语言一样，表 2-1 列出了 Objective-C 的基本数据类型。

表 2-1　Objective-C 的基本数据类型

数 据 类 型	描　　　述
bool	布尔类型用于表示真/假或 YES/NO
char	具有 1 个字节的整数值
short	具有 2 个字节的整数值
int	具有 4 个字节的整数值
long	具有 8 个字节的整数值
float	单精度浮点型，具有 4 个字节
double	双精度浮点型，具有 8 个字节

和 C、C++一样，Objective-C 也包含 typedef 关键字。如果你对 C#、Java 比较熟悉又没有接触过 C、C++，那也许你对 typedef 关键字并不熟悉。通过这个关键字可以帮助开发者命名一个由基本数据类型构成的新的数据类型，在之后的代码中就可以直接使用这个新

的名称来创建数据。程序清单 2-2 给出一个使用 typedef 的例子，构建了一个新的数据类型 myInt，在之后整个代码编写过程中 myInt 和原 int 数据类型是一样的。

程序清单 2-2：Objective-C 中的 typedef 示例

```
// Objective C
typedef int myInt;

myInt variableOne = 5;
myInt variableTwo = 10;

myInt variableThree = variableOne + variableTwo;

// variableThree == 15;
```

在 Objective-C 中最典型的 typedef 应用就是声明一个枚举类型，枚举类型 enum 关键字是基本数据类型，是一组常量的集合，每个常量由一个整数表示。枚举类型广泛应用于面向对象语言，比如 Java、C#。当一个变量有几种可能的取值时，将它定义为枚举类型并使用常量名称为其赋值就非常方便，且使得代码的可读性非常强。在 C 语言中使用 enum 关键字，需要在名称前添加 enum 关键字，或者也可以用 typedef 来定义一个枚举类型，就不需要每次都用 enum 了。虽然这不是强制的，但是开发者一般都会这样做。另一个习惯是 Objective-C 还倾向于将常量预先设置为枚举类型的名称，同样这也不是必须的，不过这极大提高了程序的可读性。程序清单 2-3 给出了在 Objective-C 程序中声明并使用 typedef 定义一个 enum 类型数据的一段示范代码及在后面的代码中如何使用这个枚举类型，同时还给出了用于对比的 Java 和 C#的方式(语法是一致的)。

程序清单 2-3：声明枚举

```
// Objective C
typedef enum {
    CardinalDirectionNorth,
    CardinalDirectionSouth,
    CardinalDirectionEast,
    CardinalDirectionWest
} CardinalDirection;

CardinalDirection windDirection = CardinalDirectionNorth;
if(windDirection == CardinalDirectionNorth)
    // the wind is blowing north

// Java and C#
public enum CardinalDirection {
    NORTH,
    SOUTH,
    EAST,
    WEST
```

```
}

CardinalDirection windDirection = CardinalDirectionNorth;
if(windDirection == NORTH)
    // the wind is blowing north
```

在 C、C++、C#和 Objective-C 中还可以创建结构体，Java 是不可以的，因为它是用类的方式实现的。结构体并不是类，由一系列基本数据类型构成的数据类型集合，是一种将类似数据进行封装的方式。和 enum 类型一样，一般都是要用 typedef 进行重命名以避免代码中大量使用 structs 关键字而带来的歧义。Objective-C 中有三个常见的结构体：CGPoint、CGSize 和 CGRect。程序清单 2-4 给出了这三种结构体是如何定义的。

程序清单 2-4：Objective-C 中的常见结构体

```
struct CGPoint {
  CGFloat x;
  CGFloat y;
};
typedef struct CGPoint CGPoint;

struct CGSize {
  CGFloat width;
  CGFloat height;
};
typedef struct CGSize CGSize;

struct CGRect {
  CGPoint origin;
  CGSize size;
};
typedef struct CGRect CGRect;
```

2.2.1 对象和类

和其他面向对象语言一样，Objective-C 也是由一个个对象所构成的，包含用于描述自己属性的成员变量和实际操作这些成员变量的方法，以及任何向这些方法传递的参数。成员变量分为公有变量和私有变量。

对象是在类中定义的。类扮演着对象模板的作用，用于表示这个对象究竟是什么样的、能完成哪些功能。Objective-C 中的类和 C++中的类在文件构成上类似，头文件(.h)主要包含了类的接口，在此声明成员变量和方法签名。实现文件(.m)是编写代码具体实现方法的地方。程序清单 2-5 和程序清单 2-6 分别给出了在 Java 和 C#程序中如何定义一个类，程序清单 2-7 给出在 Objective-C 中如何声明一个头文件(.h)，程序清单 2-8 给出了对应的 Objective-C 中实现文件的内容(.m)。如果你是这几种语言的资深开发者，请原谅这些示例的拙劣。

程序清单 2-5：在 Java 中定义类

```
package SamplePackage;
public class SimpleClass {
    public int firstInt;
    public int secondInt;

    public int sum() {
        return firstInt + secondInt;
    }

    public int sum(int thirdInt, int fourthInt) {
        return firstInt + secondInt + thirdInt + fourthInt;
    }

    private int sub() {
        return firstInt - secondInt;
    }
}
```

程序清单 2-6：在 C#中定义类

```
namespace SampleNameSpace
{
    public class SimpleClass
    {
        public int FirstInt;
        public int SecondInt;

        public int Sum()
        {
            return FirstInt + SecondInt;
        }

        public in Sum(int thirdInt, int fourthInt)
        {
            return FirstInt + SecondInt + thirdInt + fourthInt;
        }

        private int Sub()
        {
            return FirstInt - SecondInt;
        }
    }
}
```

程序清单 2-7：在 Objective-C 中定义类接口

```
@interface SimpleClass : NSObject
{
```

```
    @public
    int firstInt;
    int secondInt;
}

- (int)sum;
- (int)sumWithThirdInt:(int)thirdInt fourthInt:(int)fourthInt;

@end
```

程序清单 2-8：在 Objective-C 中定义类实现

```
#import "SimpleClass.h"

@implementation SimpleClass

- (int)sum
{
    return firstInt + secondInt;
}

- (int)sumWithThirdInt:(int)thirdInt fourthInt:(int)fourthInt
{
    return firstInt + secondInt + thirdInt + fourthInt;
}

- (int)sub
{
    return firstInt - secondInt;
}

@end
```

注意：

@符号是 Objective-C 特有的。C 语言中@符号是没有任何意义的，因为 Objective-C 是 C 语言的超集，C 的编译器可以通过修改来编译 Objective-C 的代码,@符号就是告知编译器什么时候开始和停止使用 Objective-C 编译器而不用 C 语言的编译器。

这 3 个类从概念上来讲是相同的，都有两个公有的整型成员变量，一个将成员变量相加的公有方法，一个在成员变量相加基础上再同两个传递过来的参数相加的公有方法和一个 X-Y 的私有方法。下面讨论和 Objective-C 相比，Java 类与 C#类的主要区别。

1. Objective-C 没有命名空间

第一个区别在于 Java 和 C#中常用的包(package)和 namespace 关键字在 Objective-C 语言中是没有的，因为 Objective-C 是没有命名空间(namespace)这个概念的，C#中命名空间是用来组织相关类和重用代码的编译单元，Java 则是用包(package)的概念来实现。

如果分属不同命名空间的类想要互相调用的时候，就需要将两个命名空间相关联或者导入其中一个的包，Java 语言使用 import 关键字导入需要的包名，C#则使用 using 关键字来完成同样的功能。类必须声明为公有类，注意到上面 Java 和 C#示例代码中 SampleClass 类就是这样的。在 Objective-C 中如果一个类需要用到另一个类，只需要将带有接口声明的类的头文件用 import 进行导入即可。

public 关键字还用于声明一个成员变量可以被其他类所调用，3 个示例代码中都声明了公有成员变量，不过在现代 Objective-C 的开发中并不常见，你将在接下来的小节中学到如何为一个类添加属性。

2. Objective-C 中方法对于其他类都是可见的

在 Java 和 C#中如果一个方法被声明为公有方法(public)，则可以使其被其他的类调用，但是 Objective-C 中不是这样的。在 Objective-C 中，只要是接口中已经声明过的方法都是可以被其他类调用的。如果一个类需要有一些私有方法，那么直接在实现文件(.m)中增加这个方法的描述即可，这个实现文件中的程序就可以调用这个私有的方法。但是别的类就不可以调用该方法，即使在头文件中已经导入的类也不行。

3. Objective-C 中大部分的类都是继承自 NSObject 类

面向对象语言的另一个核心概念就是类的继承，Java 语言中所有的类都是 Object 类的继承，C#则是都继承自 System.Object 类。Objective-C 中的类实际上都是继承自 NSObject 类。所有 3 种语言都有一个基本的根类的原因在于其能够提供一些可以被作为成员的方法和行为。在 Objective-C 中代码对对象内存的管理都是在 NSObject 类中进行定义的。语法上的不同在于 Java 和 C#都不需要对这个超类做过多的定义，根类已经定义过了。在 Objective-C 中开发者必须总是声明超类，通过在类名加冒号再接超类名称的方式进行声明，如示例中所示的@interface SimpleClass:NSObject。

4. Objective-C 中使用长和显式的方法签名

最后你会注意到在方法的签名上 Objective-C 和其他两种语言略有不同，Java 和 C#对于方法签名的习惯相同，先列出方法的返回值类型，然后是方法名，最后是参数和参数类型。方法重载使得相同方法名称的方法可以通过参数的数量和类型进行区分。在 Objective-C 中对方法的签名略有不同，这也体现了 Objective-C 是由 Smalltalk 发展而来的。

Objective-C 的方法签名一般都比较长、描述地比较清晰，对于一些习惯了其他语言的开发者来说开始时不是很适应，但是渐渐他们会发现这种命名习惯的好处，那就是增强了程序的可读性。当你不知道一个方法需要传递哪几个参数来完成相加任务时，看到 sumWithThirdInt：fourthInt 这个方法名的时候你就会知道这个方法是完成什么功能的。实际上这就是方法的全名，冒号显示了这个方法带有几个参数，通过明确在方法后面列上需要的参数个数，就能很清楚地创建一个易懂的方法名。随着学习的深入你可以更好地体验这种命名方法在 Objective-C 和 Cocoa Touch 中的应用。

2.2.2　实例化一个对象

我们所说的类仅仅是构建对象的模板，想要真正使用一个对象就先要对其进行实例化并且分配内存，在 Java 和 C#中是使用 new 关键字和构造函数完成上述过程的，这两种语言都有基于 object 类的默认构造函数。如程序清单 2-9 所示。

程序清单 2-9：用 Java 或 C#实例化一个对象

```
SimpleClass simpleClassInstance = new SimpleClass();
```

在 Objective-C 中 NSObject 类与上面所说的默认构造函数的功能类似，仅有的区别在于 Objective-C 中要两步完成实例化和分配内存。第一步使用静态方法 alloc 给对象分配内存空间，第二步使用 init 方法将对象指向该内存地址。如程序清单 2-10 所示。

程序清单 2-10：在 Objective-C 中实例化对象

```
SimpleClass *simpleClassInstance = [[SimpleClass alloc] init];
```

如果你曾经有过 C 或者 C++开发经历的话，就会对"*"操作符非常熟悉，它代表取指针所指地址的内容。在 Objective-C 中其同样也扮演着在给对象分配内存时指向指定地址的内容的作用。

指针是 C 语言的一部分，计算机内存可以想象成一串带有内容的箱子，每个箱子都有一个地址。在这个示例中 simpleClassInstance 就是一个指针，其在内存中保存的值并不是对象，而是对象实际存在的内存地址的值，它指出了对象是在另一块内存中。如图 2-1 所示。

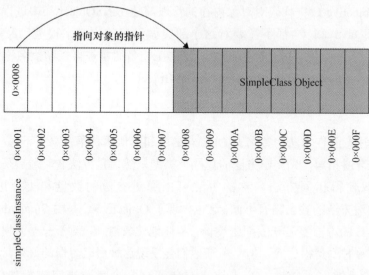

图 2-1

在 Java 和 C#中你可以自己声明构造函数，在自定义的构造函数中列出你需要的参数和成员变量，程序清单 2-11 和程序清单 2-12 在 Java 和 C#示例类中添加了自定义的构造函数并展示了是如何调用它们的。

程序清单 2-11：在 Java 中定义构造函数

```
package SamplePackage;
public class SimpleClass {
    public int firstInt;
    public int secondInt;

    public SimpleClass(int initialFirstInt, int initialSecondInt)
    {
        firstInt = initialFirstInt;
        secondInt = initialSecondInt;
    }

    // other methods discussed earier
}

// sample code to create a new instance
SimpleClass aSimpleClassInstance = new SimpleClass(1, 2);
```

程序清单 2-12：在 C#中定义构造函数

```
namespace SampleNameSpace
{
    public class SimpleClass
    {
        public int FirstInt;
        public int SecondInt;

        public SimpleClass(int firstInt, int secondInt)
        {
            FirstInt = firstInt;
            SecondInt = secondInt;
        }

        // other methods discussed earlier
    }
}

// sample code to create a new instance
SimpleClass aSimpleClassInstance = new SimpleClass(1, 2);
```

在 Objective-C 中想要实现相同类型的构造函数的话，需要添加你自己的 init 方法，如
程序清单 2-13 所示。

程序清单 2-13：在 Objective-C 中实例化对象

```
// in the SimpleClass.h file
@interface SimpleClass : NSObject
{
    @public
```

17

```
    int firstInt;
    int secondInt;
}

- (id)initWithFirstInt:(int)firstIntValue secondInt:(int)secondIntValue;

// other methods discussed earlier

@end

// in the SimpleClass.m file
@implementation SimpleClass

- (id)initWithFirstInt:(int)firstIntValue secondInt:(int)secondIntValue
{
    self = [super init];
    if(!self)
        return nil;

    firstInt = firstIntValue;
    secondInt = secondIntValue;

    return self;
}

// other methods discussed earlier

@end

// sample code to create a new instance
SimpleClass *aSimpleClassInstance =
  [[SimpleClass alloc] initWithFirstInt:1 secondInt:2];
```

  通过分析上面的程序，下面再讨论一些其他问题。首先是 id 类型的使用，Objective-C 是一种动态语言，也就是说在编译时不必为一个对象指定一个特定的类型。id 类型带有一个可以指向任何类型对象的指针，就像 C#语言中的 dynamic 类型一样，Java 没有类似的用法。当开发者使用 id 类型时，其真正的数据类型是在程序运行时决定的。用 id 类型作为 init 方法的返回值是 Cocoa 的习惯用法，你只需要遵守这个习惯就可以了。

  接下来是 self 的用法。self 变量和 Java 中的 self 一样，和 C#中的 this 一样，用来指明接收消息的对象实例，当你实例化一个对象时，首先就要调用父类的 init 方法，确保对象通过继承机制被成功创建。

  接下来看 if(!self)这种写法，这是 Objective-C 中常用的写法，如果一个变量不指向任何事物，它的值就是 nil，nil 实质上是 0。图 2-2 描述了其工作原理。

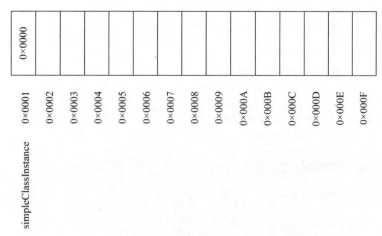

图 2-2

在 C 语言中 0 就代表 FALSE，任何比 0 大的值都代表 TRUE。如果一个对象初始化失败了，它的指针就是 nil，就需要去查找其父类是否返回了一个 nil 值而导致了问题。如果一个指针是 nil 并传递消息给它将视为无操作，什么也不会发生。Java 和 C#会抛出一个异常。

其他方面 init 方法基本与 Java 和 C#中的构造函数类似。其成员变量由之前指针返回的值进行赋值。

注意：

NSObject 类也有一个 new 方法，实现了 alloc 方法和 init 方法调用并返回一个指针。如果使用这个方法的话就意味着所有重写的带参数的 init 方法都不能被调用了，只能在对象实例化之后对成员变量进行赋值了。

另一种实例化对象的方式就是用工厂方法，这些方法是静态方法。静态方法不必建立类的实例就可调用，不能访问类的任何成员变量。如果你编写过 Java 和 C#代码的话，应该对静态方法和工厂方法比较熟悉。和 Java、C#不同，在 Objective-C 中有更简便的方法，不过其基本原理是一样的，程序清单 2-14 和程序清单 2-15 是在 Java 和 C#中演示如何实现一个工厂构造函数，程序清单 2-16 是 Objective-C 的实现方法。这种简单的方法经常用于 Objective-C 中的很多基本数据结构，将在后面"使用基本数据结构"的小节中再详细讨论。

程序清单 2-14：在 Java 中定义工厂方法

```java
package SamplePackage;
public class SimpleClass {
    public int firstInt;
    public int secondInt;
    public static SimpleClass Create(int initialFirstInt, int initialSecondInt)
    {
        SimpleClass simpleClass = new SimpleClass();
        simpleClass.firstInt = initialFirstInt;
        simpleClass.secondInt = initialSecondInt;
```

```
        return simpleClass;
    }

    // other methods discussed eariler
}

// sample code to create a new instance
SimpleClass aSimpleClassInstance = SimpleClass.Create(1, 2);
```

程序清单 2-15：在 C#中定义工厂方法

```
namespace SampleNameSpace
{
    public class SimpleClass
    {
        public int FirstInt;
        public int SecondInt;

        public static SimpleClass Create(int firstInt, int secondInt)
        {
            SimpleClass simpleClass = new SimpleClass();
            simpleClass.FirstInt = firstInt;
            simpleClass.SecondInt = secondInt;

            return simpleClass;
        }

        // other methods discussed earlier
    }
}

// sample code to create a new instance
SimpleClass aSimpleClassInstance = SimpleClass.Create(1, 2);
```

程序清单 2-16：在 Objective-C 中定义工厂方法

```
// in the SimpleClass.h file
@interface SimpleClass : NSObject
{
    @public
    int firstInt;
    int secondInt;
}

+ (id)simpleClassWithFirstInt:(int)firstIntValue secondInt:(int)secondIntValue;

// other methods discussed earlier

@end

// in the SimpleClass.m file
```

```
@implementation SimpleClass

+ (id)simpleClassWithFirstInt:(int)firstIntValue secondInt:(int)secondIntValue
{
    SimpleClass *simpleClass = [[SimpleClass alloc] init];
    simpleClass->firstInt = firstIntValue;
    simpleClass->secondInt = secondIntValue;

    return simpleClass;
}

// other methods discussed earlier

@end

// sample code to create a new instance
SimpleClass *aSimpleClassInstance =
  [SimpleClass simpleClassWithFirstInt:1 secondInt:2];
```

Java 和 C#实例化一个新的对象是依赖其各自父类所定义的默认构造函数，就像 NSObject 类中对 init 方法的定义一样。接下来返回前对新的实例设置成员变量。从语法上来讲，不同之处就在于这个方法是如何被定义为静态方法的。在 Java 和 C#中用的是给方法签名添加 static 关键字的方式进行定义，在 Objective-C 中，如果方法名称前面是一个加号(+)，则表明该方法是一个静态(static)方法，方法名称前面是一个减号(-)表明该方法是一个实例方法。

2.2.3　内存管理

内存管理对于 Objective-C 非常重要，对于一个设备来说内存是有限的资源，尤其是移动设备更是如此。当内存耗尽的时候，系统就不会执行任何指令，这显然是我们所不希望看到的情况。在低内存环境下运行程序同样会对应用产生比较大的冲击，因为系统就要被迫花更多的时间去寻找哪些内存还可以被利用，这样就会降低各线程的运行速度。内存管理就是控制把需要用到的对象保留在内存中,把已经不用的对象的内存释放掉以重复利用。

内存泄漏问题是计算机程序开发中最经典的问题之一。对内存泄漏基本的定义是这块内存被分配了但是永远没有回收它。相反的问题是内存中的内容在还未使用完之前就被释放掉了，这就是经常提到的悬挂指针。在 Objective-C 中一般被认为是僵尸对象。这些类型的内存问题一般比较容易被察觉，因为一旦调用被释放的对象时程序往往就会崩溃。

程序语言和运行环境是以两种不同的方式来对待内存管理问题的。Java 和 C#使用垃圾回收机制，该方法是由 Lisp 于 20 世纪 50 年代末发明的。垃圾回收机制的实现已经被细化了，不同之处就在于其运行环境的不同，但是基本的原理还是类似的。当程序对一个已经分配好内存的对象需要继续执行操作时，其他进程会周期性地访问这个不可能被使用到的内存，意味着任何执行中的代码都无法引用到该内存。这个类型的系统可以很好地运行，虽然与常规的观点相比代码仍会在创建对象或保持引用时发生内存泄漏，但是其不会再次使用这块内存。不过这种机制还是会有一定的系统开销，因为系统仍需要并行地执行那些正在垃圾回收处理的程序。这会导致系统运行性能问题，会限制计算机的计算能力。

Objective-C 在 iOS 系统上不使用垃圾回收机制，而是采用手动引用计数的方式。每个对象都被分配一个引用计数，我们称之为 retain count，如果一段代码用到这个对象，则 retain count 的值加 1。当用完这个对象时，retain count 的值减 1。当一个对象的 retain count 的值为 0 时，就要释放该对象的内存。

如果你不能够很好地想清楚一个对象的生命周期到底是什么样的，那么这种手动引用计数的方式理解起来会很困难。因为像 Java 和 C#的垃圾回收机制大家都比较熟悉了，一时间让开发者们习惯 Objective-C 的内存管理机制的确有一定的困难，苹果公司也认识到这一点并对内存管理机制进行了优化，会在后面的章节中详细介绍。虽然优化之后使得手动引用计数机制变得简单了，但是理解 retain count 的工作原理和规则仍然对程序的开发至关重要。

第一件事就是要理解 retain count 是如何工作的，如何避免发生内容泄漏和僵尸对象。程序清单 2-17 用到了之前的一段 SimpleClass 代码来展示一种内存泄漏的情况。

程序清单 2-17：Objective-C 中的内存泄漏示例

```
- (void)simpleMethod
{
    SimpleClass *simpleClassInstance = [[SimpleClass alloc] init];

    simpleClassInstance->firstInt = 5;
    simpleClassInstance->secondInt = 5;

    [simpleClassInstance sum];
}
```

如果是 Java 和 C#语言的话，上面这段代码是没有任何错误的。用一个方法创建了 SimpleClass 类的一个实例，当方法被执行后，simpleClassInstance 实例就不再指向任何内容而最终被垃圾回收器释放掉。但是在 Objective-C 中不是这样的。

当 simpleClassInstance 被 alloc 方法实例化之后，它的 retain count 的值为 1。当方法使用这个实例并完成后指针会指向别处，但是对象的 retain count 仍然为 1。由于 retain count 大于 0，对象就不会被释放。由于已经没有指针指向此对象，就没有办法使 retain count 减 1，因此就造成了内存泄漏，如图 2-3 所示。

想要解决这个问题就需要在方法调用结束前将 retain count 的值减 1，NSObject 类中的 release 方法用来完成这个任务，如程序清单 2-18 所示。release 方法使得 retain count 计数减 1，在这段代码中 retain count 的值被减为 0，其对象对应的内存就被释放了。

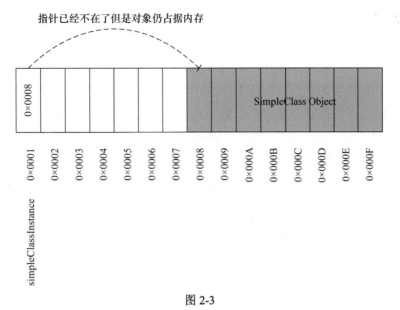

图 2-3

程序清单 2-18：在 Objective-C 中使用 release 方法

```
- (void)simpleMethod
{
    SimpleClass *simpleClassInstance = [[SimpleClass alloc] init];

    simpleClassInstance->firstInt = 5;
    simpleClassInstance->secondInt = 5;

    [simpleClass sum];

    [simpleClass release];
}
```

另外一种方式是使用自动释放池(autorelease pool)，不必再为对象使用后的计数做
release 操作，直接使用自动释放机制即可。将对象加入自动释放池，程序会追踪该对象的
生命周期和代码域来完成操作。当一段程序结束的时候，所有用到的对象都会释放占用的
内存，就像把一个水池排干。参考程序清单 2-19。

程序清单 2-19：在 Objective-C 中使用自动释放

```
- (void)simpleMethod
{
    SimpleClass *simpleClassInstance = [[SimpleClass alloc] init];

    [simpleClassInstance autorelease];

    simpleClassInstance->firstInt = 5;
    simpleClassInstance->secondInt = 5;
```

```
    [simpleClass sum];
}
```

使用 alloc 创建一个对象时默认代码所创建的这个对象是其内存所有者，也是为什么 retain count 的计数是 1 的原因。不过还有几种情况下虽然对象是在别处的代码中创建的但是代码还需要享有其拥有权。最常见的例子就是使用工厂方法创建一个对象。Objective-C 的核心类的工作方法经常返回一个加入自动释放池(autorelease pool)的对象，程序清单 2-20 用 SimpleClass 程序示例说明自动释放池(autorelease pool)的作用。

程序清单 2-20：使用 Autorelease 定义一个工厂方法

```
+ (id)simpleClassWithFirstInt:(int)firstIntValue secondInt:(int)secondIntValue
{
    SimpleClass *simpleClass = [[SimpleClass alloc] init];
    simpleClass.firstInt = firstIntValue;
    simpleClass.secondInt = secondIntValue;

    [simpleClass autorelease];
    return simpleClass;
}
```

其中一行代码用工厂方法创建了对象 simpleClass，程序希望该对象在自动释放池完全释放后仍然留在内存中。要增加 retain count 计数就需要使用 retain 方法使其加 1，之后在对象使用后一定要用 release 方式使 retain count 减 1，才能避免内存泄漏，这一点很重要。如程序清单 2-21 所示，不过还要注意很多时候，release 方式是在某段程序外进行的。

程序清单 2-21：显式保留对象

```
- (void)simpleMethod
{
    SimpleClass *simpleClass =
      [SimpleClass simpleClassWithFirstInt:1 secondInt:5];

    [simpleClass retain];

    // do things with the simple class knowing it will not be deallocated

    [simpleClass release];
}
```

另一个可能遇到的内存管理问题是引用了一个已经被释放掉的内存地址，也就是我们所说的僵尸对象，如图 2-4 所示。

如果当程序执行时发生这种问题，那么程序将发生不可预知的错误或者直接崩溃，这取决于这个内存地址是否仍是程序分配的内存中的一部分，或者这个内存已经被新对象改写。其实可以想象虽然这个内存地址被标记为可重用，但是它仍属于这段程序。程序清单 2-22 举例说明僵尸对象是如何产生的。

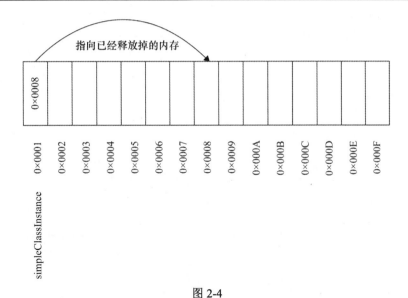

图 2-4

程序清单 2-22：Objective-C 中的悬挂指针示例

```
- (void)simpleMethod
{
    SimpleClass *simpleClassInstance = [[SimpleClass alloc] init];
    [simpleClassInstance release];

    simpleClass.firstInt = 5;
    simpleClass.secondInt = 5;

    int sum = [simpleClass sum];
}
```

警告：

NSObject 类有一个属性叫 retainCount，既不要相信它的值也不要使用它。它只是用来临时判断一个对象何时被释放或检查内存泄漏。我们应该使用 Xcode 自带的错误查找工具来完成该任务，学习使用错误查找工具请参见：https://developer.apple.com/library/ios/documentation/AnalysisTools/Reference/Instruments_User_Reference/LeaksInstrument/LeaksInstrument.html。

2.2.4　自动引用计数

手动引用计数机制和垃圾回收机制的不同在于前者是在编译阶段对对象进行分配内存或是回收内存，而后者则是在运行时完成这一操作。苹果开发工具中所用的编译器是 LLVM Project(llvm.org)的一部分，被称为 Clang(clang.llvm.org)。开发者严格遵守手动内存管理规则来保证内存不会出现泄漏或提前释放。使用 Clang 编译器的开发者认为需要开发一个能够通过分析代码库进而找出哪些对象存在潜在的内存泄漏风险的工具，所以就有了 Clang 静态分析工具的发布。

Clang 静态分析工具既是独立的工具同时也整合在苹果 Xcode 开发环境中，图 2-5 演示了我们对第一个内存泄漏示例使用静态分析工具的结果。

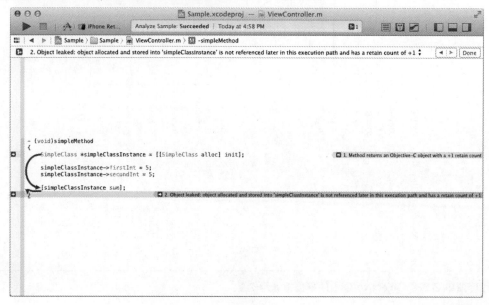

图 2-5

当静态分析工具建立后，编译器的开发者认识到通过侦测手动引用计数机制中的违规操作，可以在合适的地方插入 retain 和 release 方法来完成编译。他们就将这个想法实施于编译器的功能之中，也就是 ARC(Automatic Reference Counting)机制。由于 Xcode 采用的是 Clang 编译器，iOS 的开发者和 Mac 的开发者都可以通过开启编译器设置来使用这个新特色，不用再纠结于复杂的 retain、release、autorelease 方法了。

使用 ARC 已经成为 Mac 和 iOS 开发者的基本练习，本书所有示例代码都用到 ARC 机制，使用 ARC 的最大好处就是初学者不用再为内存管理的诸多问题而担心了，不过这并不代表你不需要知道对象在内存中的存储机制。

2.2.5　为类添加属性

本章中的 SimpleClass 类为两个整型值使用了两个公共实例变量，在所有的这些程序开发语言中，都不建议这样做。声明一个实例变量为公共属性会使程序被坏数据所干扰，如果变量已经被赋值就无法辨别其合法性。常见的方法是将这些实例变量设为私有变量，通过 getter 和 setter 方法对其进行操作。这样做就可以在设置实例变量的值之前在 setter 方法中对其进行赋值了。虽然原理是一样的，不过具体的代码实施和语法还是有所不同的。

程序清单 2-23 演示了在 Java 中如何定义一个类，这是一种最直接的方法。实例变量被声明为私有，另外分别增加了 set 和 get 方法来取值和赋值。

程序清单 2-23：在 Java 中定义 setter 和 getter

```
package SamplePackage;
public class SimpleClass {
```

```
    private int firstInt;
    private int secondInt;

    public void setFirstInt(int firstIntValue) {
        firstInt = firstIntValue;
    }

    public int getFirstInt() {
        return firstInt;
    }

    public void setSecondInt(int secondIntValue) {
        secondInt = secondIntValue;
    }

    public int getSecondInt() {
        return secondInt;
    }

    // other methods discussed previously
}

// sample code of how to use these methods
SimpleClass simpleClassInstance = new SimpleClass();

simpleClassInstance.setFirstInt(1);
simpleClassInstance.setSecondInt(2);

int firstIntValue = simpleClassInstance.getFirstInt();
```

在 C#语言中使用属性来解决同样的问题。属性可以认为其是一个实例变量，但是默认拥有 getter 和 setter 方法。如程序清单 2-24 所示。

程序清单 2-24：C#中的属性

```
namespace SampleNameSpace
{
    public class SimpleClass
    {
        private int firstInt;
        private int secondInt;

        public int FirstInt
        {
            get { return firstInt; }
            set { firstInt = value; }
        }

        public int SecondInt
        {
```

```
            get { return secondInt; }
            set { secondInt = value; }
        }

        // other methods discussed earlier
    }
}

// sample code of how to use these properties
SimpleClass simpleClassInstance = new SimpleClass();

simpleClassInstance.FirstInt = 1;
simpleClassInstance.SecondInt = 2;

int firstIntValue = simpleClassInstance.FirstInt
```

Objective-C 的方法是一种类似于 Java 和 C#相结合的方法。与 C#相同，Objective-C 有属性的概念，不过也有 Java 语言的 getter 和 setter 方法的具体实现代码。程序清单 2-25 给出了如何在 interface 中声明属性，及如何在实现代码中完成和使用的。

程序清单 2-25：Objective-C 中的属性

```
// in the SimpleClass.h file
@interface SimpleClass : NSObject
{
    int _firstInt;
    int _secondInt;
}

@property int firstInt;
@property int secondInt;

// other methods discussed earlier

@end

// in the SimpleClass.m file
@implementation SimpleClass

- (void)setFirstInt:(int)firstInt
{
    _firstInt = firstInt;
}

- (int)firstInt
{
    return _firstInt;
}

- (void)setSecondInt:(int)secondInt
```

```
{
   _secondInt = secondInt;
}

- (int)secondInt
{
   return _secondInt;
}

@end

// sample code to create a new instance
SimpleClass *simpleClassInstance = [[SimpleClass alloc] init];

[simpleClassInstance setFirstInt:1];
[simpleClassInstance setSecondInt:2];

int firstIntValue = [simpleClassInstance firstInt];
```

　　由于在 Objective-C 中使用属性是被提倡的一种让程序访问数据成员的方法，它的使用
更加简单。@synthesize 关键字也是一种改进，使用该关键字可以为代码在编译时自动生成
getter 和 setter 方法，不用再在实施程序中添加这两个方法了，不过还是可以根据具体的需
求重写 getter 和 setter 方法。随着语言的进步，@synthesize 甚至可以作为声明私有实例变
量的选择。实例变量和属性的命名类似，不同之处在于实例变量要带有一个下划线。现在
的 Objective-C 类如程序清单 2-26 所示。

程序清单 2-26：现代 Objective-C 中的属性

```
// in the SimpleClass.h file
@interface SimpleClass : NSObject

@property int firstInt;
@property int secondInt;

- (int)sum;

@end

// in the SimpleClass.m file
@implementation SimpleClass

- (int)sum
{
   return _firstInt + _secondInt;
}

@end
```

另一种对属性的改进是点标注法(dot notation)。与使用括号传递消息不同，可以简单地在类的实例后面加一个 "." 再写上属性的名称即可，如程序清单 2-27 所示。

程序清单 2-27：Objective-C 中的属性和点标注法

```
SimpleClass *simpleClassInstance = [[SimpleClass alloc] init];

simpleClassInstance.firstInt = 5;
simpleClassInstance.secondInt = 5;

int firstIntValue = simpleClassInstance.firstInt;
```

注意：

点标注法(dot notation)最初在 Objective-C 中使用时并不被看好，不过之后就渐渐成为设置属性的标准方法。本书使用点标记法，一些比较旧的代码和从事 Objective-C 开发时间比较长的开发者可能不是很接受这种写法。

属性也可以是一个指向其他对象的指针。在 Objective-C 中这些属性需要特别注意，在 C#中声明一个指向其他对象的属性就相当于对原始数据类型进行声明。在 Objective-C 中你仍然需要告知编译器该对象是否是另一个对象的拥有者，就像如何对其赋值及如何在线程中取回这个对象一样。例如有一个叫 SecondClass 的类，如程序清单 2-28 所示，在 SimpleClass 类的接口文件中给定了两个该类的属性。

程序清单 2-28：现代 Objective-C 中的 Strong 和 Weak 属性

```
// in the SimpleClass.h file
@interface SimpleClass : NSObject

@property (atomic, strong) SecondClass *aSecondClassInstance;
@property (nonatomic, weak) SecondClass *anotherSecondClassInstance;

@end
```

在上面的例子中第一个属性具有 atomic(原子性)特性，同时第二个属性为 nonatomic(非原子性)特性。一般情况下属性默认会被设置为 atomic。atomic 属性将会同步 getter 和 setter 方法，并保证当程序异步访问多个线程时其数据的读取和设置都是一定能完全执行的，防止在写入未完成的时候被另外一个线程读取。nonatomic 就不能保证这一点。atomic 属性需要在其实现中有额外的开销来保证这一原则，虽然看起来它确保了线程安全，但其实不然。一个稳固的带有合适锁的线程模型同样可以创建相同的保障，所以使用 atomic 属性是有限制的。大部分情况下都声明属性为 nonatomic 以避免额外的开销。

另一对特性是 strong 和 weak，对它们的理解更为重要。就如本章前面所学习到的，一个对象的 retain count 计数为 0 时将会被释放。属性的 strong 和 weak 的概念和其基本相同。如果一个对象没有设置为 strong 属性，其将会被释放。如果一个对象的属性中声明了其为

strong，则只要有内容指向该对象就不会被释放，这其实暗示着你的对象拥有其他对象。如果对象的属性声明为 weak，意为只要有一些其他对象有 strong 指针指向其时，它仍然保存在内存中。

　　weak 属性用于避免强引用循环，这种情况出现在两个对象具有互相指向对方的属性时。如果两个对象都有一个 strong 的引用互相指向，则它们将永远不会释放内存，即使没有其他对象引用它们也是不行的。图 2-6 解释了这个问题，两个对象间的 strong 引用使用带有箭头的实线表示。

　　在这个示例中一共有 3 个对象，第一个是 Company 对象代表了一些公司，每个公司都有雇员。示例中公司有两个雇员，分别有两个 Employee 对象表示。在一个公司中有老板和员工。老板需要一个方法向他们的员工发消息，同样员工也需要一种方式向老板发消息。这就意味着两者都需要引用彼此。如果 Company 对象被释放掉了，其和两个 Employee 对象的引用就断了。这就会导致 Employee 对象也被释放。但是如果老板的 Employee 对象和员工的 Employee 对象都是 strong 引用，其就不会被释放。如果这个引用是 weak 引用，如图 2-7 所示的虚线，失去了从 Company 对象到每个 Employee 对象的 strong 引用关系意味着再也没有一个 strong 引用指向这些对象，所以其将会适时地被释放掉。在本例中 Company 对象拥有这两个 Employee 对象，所以就使用了 strong 引用来指明这种所属关系。

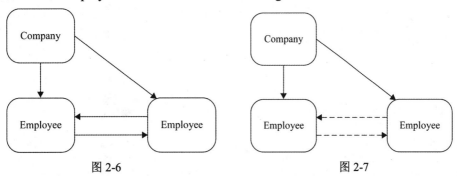

图 2-6　　　　　　　　　　　　　　　　　　图 2-7

2.2.6　字符串

　　Java、C#和 Objective-C 都有针对字符串处理的专门的类。可能开发者刚开始对于 Objective-C 字符串的操作会觉得比较困惑，但是通过其和 Java、C#的比较进行讲解会帮助我们更好地理解。本小节只是一个简单的对 Objective-C 中字符串处理做个简述来帮助开发者起步，当你理解了基本原理和一些限制后，就会比较容易地学会如何处理一些复杂的问题，并且学会由苹果公司提供的类的帮助文档，地址如下：http://developer.apple.com/library/mac/documentation/Cocoa/Reference/Foundation/Classes/NSString_Class/Reference/NSString.html。

　　程序清单 2-29 展示了如何在 Java、C#和 Objective-C 中声明一个基本的字符串，当然这些例子仅仅是创建一个字符串实例的一种方法。所有这三种语言都有很多其他的方法也可以实现同样的功能，不过这里只是展示一下如何创建一个字符串的实例。

程序清单 2-29：在 Java、C#和 Objective-C 中声明字符串

```
//declaring a string in Java
String myString = "This is a string in Java";

// declaring a string in C#
String myString = "This is a string in C#";

// declaring a string in Objective-C
NSString *myString = @"This is a string in Objective-C";
```

在 Java 和 C#中，代表字符串的类被称为 String，在 Objective-C 中称为 NSString。因为 Objective-C 是 C 的扩展集，所以不能仅使用引号来创建 NSString。在 C 中使用引号就能创建一个 C 的字符串。在引号前添加@符号，可以告诉编译器将文本内容视为 NSString 类型而不是一个 C 的字符串。

C 语言不允许运算符重载，这就意味着在 Objective-C 中也是不可以的。运算符重载是一种在代码中使用运算符代替方法调用的一种方法。编译器会知道当其看见该运算符时会使用相应的方法进行替代。

让我们以本节之前讨论的 Company 和 Employee 对象为例，即有一个 Company 对象，其拥有 Employee 对象。这里我们假设有两个 Company 对象，每个带有一组 Employee 对象，我们希望将其合并为一个新的 Company 对象，并且保证所有的 Employee 对象都被包含进来。在 C#语言中，可以重载"+"运算符，然后编写代码实现上述的合并操作，如程序清单 2-30 所示。

程序清单 2-30：重载"+"运算符的伪代码

```
Company firstCompany = new Company();
Company secondCompany = new Company();

// you could write a merge method as part of the Company class
// then create a new company using it
Company thirdCompany = new Company();
thirdCompany.merge(firstCompany);
thirdCompany.merge(secondCompany);

// or you could override the + operator and do the same in a single line
Company thirdCompany = firstCompany + secondCompany;
```

在 Objective-C 中是不可以这样做的。如果我们将 NSString 类和 Java、C#中的 String 类进行比较的话，就会发现这一区别还是很明显的。在所有语言中文本字符串都是由内存中的一组字符数组所表示的。在程序代码中我们用于处理字符串操作的类或多或少都是比较方便的类，所以我们不需要处理原始字符数组而是处理一个单独的对象。类的具体实现中隐藏了其字符数组的属性。在允许运算符重载的语言中我们可以通过重载的"+"运算符实现字符串连接等操作，如程序清单 2-31 所示，或者像在 Java 中那样调用 concat 方法。

程序清单 2-31：在 Java 中拼接字符串

```java
// this code is correct in Java
String firstString = "This is a";
String secondString = "full sentence";
String combinedString = firstString + " " + secondString;

// or you could use concat
String combinedString = new String();
combinedString.concat(firstString);
combinedString.concat(secondString);
```

在 Objective-C 中是不可以通过 NSString 类来实现这个功能的。首先是因为不能重载 "+" 运算符，其次是因为当 NSString 被创建之后就不能被改变了。其没有类似 concat 的方法，它是一个不能修改的对象。想要在 Objective-C 中做同样的事我们需要用到 NSMutableString 类，它是 NSString 的子类。程序清单 2-32 展示了如何使用 NSMutableString 类来实现字符串的拼接操作。

程序清单 2-32：在 Objective-C 中拼接字符串

```objectivec
// this code is correct in Objective-C
NSString *firstString = @"This is a";
NSString *secondString = @"full sentence";

NSMutableString *combinedString = [[NSMutableString alloc] init];
[combinedString appendString:firstString];
[combinedString appendString:@" "];
[combinedString appendString:secondString];
```

可变对象和不可变对象的概念在 Objective-C 的学习中会一直存在，在下一小节中将要讨论的所有的数据结构都具有可变的子类和不可变的父类。这样规定的原因在于要保证对象在用户操作时不会发生变化。

另一个在 Objective-C 中字符串操作的不同之处在于字符串的格式化，在 Java 和 C#中可以通过使用 "+" 运算符将文本和整型值创建为一个字符串，如程序清单 2-33 所示。

程序清单 2-33：在 Java 中格式化字符串

```java
int numberOne = 1;
int numberTwo = 2;
String stringWithNumber = "The first number is " + numberOne +
" and the second is " + numberTwo;
```

上面的代码将会生成文本字符串 "The first number is 1"。不过在 Objective-C 中我们实现字符串格式化是通过在 C 中使用 IEEE printf 规范实现的(http://pubs.opengroup.org/onlinepubs/009695399/functions/printf.html)。程序清单 2-34 给出了一个在 Objective-C 中实现相同文本字符串的方法，其使用了 stringWithFormat:静态便利方法为我们分配字符串而不是调用 alloc 方法。

程序清单 2-34：在 Objective-C 中格式化字符串

```
int numberOne = 1;
NSString *stringWithNumber = [NSString stringWithFormat:
@"The first number is %d and the second is %d", numberOne, numberTwo];
```

stringWithFormat:方法在实际的文本内容中查找格式化的标识符，然后与其遵守的规则中的一系列的值进行匹配。如果格式化没有匹配参考值列表中的任何值的话，编译器就会报错。格式化标识符的全列表信息可以参考苹果公司的文档，地址为http://developer.apple.com/library/ios/documentation/cocoa/conceptual/Strings/Articles/formatSpectifiers.html。

在 Objective-C 中使用字符串还需要注意的最后一点是字符串的比较，同样还是涉及运算符重载的问题。在 Java 中可以使用 "==" 运算符来比较两个字符串，其比较两个字符串中每个相同的索引位置的字符是否一样。在 Objective-C 中，需要记住 NSString 实例变量在内存中仅保存一个指向对象的指针，所以在两个 NSString 实例中使用 "==" 的意思是查看两个对象是否指向内存中的同一位置。所以要想真的比较两个字符串的话，应该使用isEqualToString:方法，如程序清单 2-35 所示。

程序清单 2-35：在 Objective-C 中比较字符串

```
NSString *firstString = @"text";
NSString *secondString = @"text";

if(firstString == secondString)
{
    NSLog(@"this will never be true");
}
else if ([firstString isEqualToString:secondString])
{
    NSLog(@"this will be true in this example");
}
```

提示：

程序清单 2-35 中使用了 NSLog()函数，这是一种在 Xcode 中向控制台输出错误调试信息的方式。其同样使用了和 stringWithFormat:一样的方式，即格式化标识符之后接一系列值的形式来实现，与此相比的在Java中是System.out.println()，在C#中是Console.WriteLine()。

2.2.7 使用基本数据结构

程序开发语言中数据结构是用于组织数据用的，一个对象是一个数据结构，虽然你可能有时候并不这样认为，一般倾向于认为数据结构就像数组、集或者字典。所有的程序开发语言都通过某些方式支持这些类型的数据结构。它们实际上在软件如何通过多种不同的语言编写上扮演着非常重要的角色，因此理解数据结构及其用法就非常重要。在

Objective-C 中有多种数据结构可用，本小节只介绍在 Bands app 中所需要用到的数据结构。

最基础的数据结构就是数组，对于数组的简单定义就是按特定顺序及其索引号所表示的存储在一起的一个列表的元素。数组的计数可以从 0 开始(即第一个元素的索引值为 0)，也可以从 1 开始。基于 C 语言的数组使用从 0 开始计数的方式，像 Pascal 这类的语言是从 1 开始计数的。程序清单 2-36 展示了在基于 C 的语言中如何创建一个整数数组并按索引号设置它们每个元素的值。

程序清单 2-36：创建整数数组

```
int integerArray[5];
integerArray[0] = 101;
integerArray[1] = 102;
integerArray[2] = 103;
integerArray[3] = 104;
integerArray[4] = 105;
```

在 Java 或 C#中也可以使用相似的语法创建数组对象，不过在 Objective-C 中是不可以的。取而代之的是我们需要使用 NSArray 类及其子类 NSMutableArray。

NSArray 与 NSString 类似，其是不可改变的并且它的对象在创建后也是不能修改的，也不能添加和删除。这一点与 NSString 所遵循的原则一样，目的是使代码确保 NSArray 中的对象是不能改变的。对于数组元素需要改变或动态变化的话，就需要使用 NSMutableArray 类。

NSArray 和典型的 Java 或 C#中的数组有一点不同。在 Java 和 C#中经常会声明数组中的每一个对象的类型，不过在 NSArray 中就不要这样。Objective-C 中对每个根类为 NSObject 的对象都将进行保存。如程序清单 2-37 所示，给出了几种不同的在 Objective-C 中创建 NSArray 实例的方法。语法上和其他语言略有不同，但是创建数据的结果都是一样的。同时还要记住使用@"my string"语法创建了一个 NSString 并且其是 NSObject 的子类。

程序清单 2-37：创建 NSArray

```
NSArray *arrayOne = [[NSArray alloc] initWithObjects:@"one", @"two", nil];
NSArray *arrayTwo = [NSArray arrayWithObjects:@"one", @"two", nil];
NSArray *arrayThree = [NSArray arrayWithObject:@"one"];
NSArray *arrayFour = @[@"one", @"two", @"three"];

NSString *firstItem = [arrayOne objectAtIndex:0];
```

第一个数组使用 alloc/init 模式创建，第二个使用 arrayWithObjects:便捷方法创建了一个同样的数组。这两种方法都使用了对象的 C 数组方式即数组对象元素最后会接一个 nil。第三种模式同样使用了便捷方法，但是其只有一个对象。最后一个使用了 NSArray 语法，不需要在最后加入 nil。

在 NSArray 数组中取得对象数据与其他语言在数组中取得数据略有不同，数组元素被其带括号和数组名称加索引号的方式引用。由于括号在 Objective-C 中是向对象发送消息的符号，不能使用这种方式。取而代之的是使用 objectAtIndex:方法，同时可以使用 indexOfObject:方法在 NSArray 中查找对象，或使用 sortedArrayUsingSelector:对数据进行排序。我们将在本书的后面进行讲解。

像之前已经强调过的那样，NSArray 类是不可变的，所以不能在创建了一个数组后改变其数据的值和数组的大小。取而代之的是可以使用 NSMutableArray。表 2-2 列出了 NSMutableArray 类的一些附加的方法用于对数组进行修改。

表 2-2　NSMutableArray 方法

方　　法	描　　述
addObject:	在数组最后添加一个对象
insertObject:atIndex:	在指定的索引位置插入一个对象
replaceObjectAtIndex:withObject:	在指定的索引下由传入的对象替换原对象
removeObjectAtIndex:	在指定的索引位置下删除一个对象
removeLastObject	删除数组的最后一个对象

注意：

literal syntax，即在程序清单 2-37 中所示，其仅用于创建一个 NSArray，不能使用 literal syntax 来创建 NSMutableArray。此外本书不会在任何示例代码中使用 literal syntax，而是使用调用的方法进行实现。这是处于增强程序可读性的考虑，不过如果读者愿意的话也可以在实现示例代码的时候自行选择使用 literal syntax 方式。

和 NSArray 数据结构类似的是 NSSet 和 NSMutableSet 类，该类型的数据结构保存一组对象但是没有一个特定的顺序。set 类型用于开发者不需要访问每个对象时使用，但是程序会将这个集合视为一个整体进行交互操作。在 NSSet 类中没有方法用于返回集合中的单个对象，然而有方法获取整个集合中的一个子集。Sets 类型在开发者需要检查某对象是否包含在一个集合中时是非常有帮助的。在创建 Bands app 时没有用到 set 数据类型，所以在本章也不做太深入的展开了。

最后一个 Objective-C 中常见的数据结构是字典或哈希表，其使用键值存储范例的方式。在 Objective-C 中由 NSDictionary 和 NSMutableDictionary 类表示该数据结构的类型，NSDictionary 拥有一个 key 值的集合，其为 NSObject 子类的实例。通常情况下我们会使用 NSString 作为 key 值，字典中的 value 值同样是 NSObject 的子类对象。

那么如何展示代码中字典的使用方法呢，回想之前章节中用到的 company 的例子，一个 company 有很多 employee，由于 employee 可能有相同的姓和名称，所以给每个 employee 分配一个唯一 ID。当 employee 得到一个新的名称时，其信息需要更新，但是现在 employee 唯一有的信息就是他们的 ID。如果仅使用数组或集合的方式来保存并跟踪 employee 信息的话，将需要遍历所有的 employee 对象，检查其 ID 直到找到正确的 employee。但是使用字典方式的话，我们只需要简单地使用其唯一 ID 进行查询即可。程序清单 2-38 展示了在 Objective-C 中如何使用 NSMutableDictionary 来实现这个功能。

程序清单 2-38：使用 NSMutableDictionary

```
NSString *employeeOneID = @"E1";
NSString *employeeTwoID = @"E2";
NSString *employeeThreeID = @"E3";

Employee *employeeOne = [Employee employeeWithUniqueID:employeeOneID];
Employee *employeeTwo = [Employee employeeWithUniqueID:employeeTwoID];
Employee *employeeThree = [Employee employeeWithUniqueID:employeeThreeID];

NSMutableDictionary *employeeDictionary = [NSMutableDictionary dictionary];
[employeeDictionary setObject:employeeOne forKey:employeeOneID];
[employeeDictionary setObject:employeeTwo forKey:employeeTwoID];
[employeeDictionary setObject:employeeThree forKey:employeeThreeID];

Employee *promotedEmployee = [employeeDictionary objectForKey:@"E2"];
promotedEmployee.title = @"New Title";
```

在本例中一共有 3 个 Employee 对象，每个对象都带有一个唯一的 ID。NSMutable Dictionary 通过便捷方法 dictionary 创建，Employee 对象通过 setObject:forKey:方法被添加到字典中。如果要查找 ID 为 "E2" 的 Employee 对象，程序可以使用 objectForKey:方法快速地定位到需要的对象。

提示：

由于 NSArray 和 NSDictionary 都可以存储 NSObject 实例，因此不可以将对象设置为诸如整型或布尔型等原始类型。可以使用 NSNumber 类进行替代，它是 NSObject 的继承，所以可以使用这个类在 NSArray 和 NSDictionary 中保存原始数据类型。

2.3　讨论高级概念

Objective-C 在语法上和其他的基于 C 语言的变异的程序开发语言类似，但是有些概念和模式确实存在区别。本章接下来就针对这些概念和模式进行讨论，并告诉开发者在实际创建 Bands app 时如何应用这些概念。

2.3.1　Model-View-Controller 设计模式

Model-View-Controller 设计模式也是受影响于 Smalltalk 语言，它是一种高级的设计模式，可以用于几乎所有的程序开发语言。在 Mac 和 iOS 程序开发中 Model-View-Controller 设计模式是最主要的设计模式，并与 Cocoa 和 Cocoa Touch 框架深度整合。在开发 iOS 应用程序前，需要对 Model-View-Controller 设计模式的工作原理进行很好的理解，这样就会对一个 iOS 应用程序的类和用户界面有更好的掌握了。

这个观点将一部分软件所包含的所有组件分成了 3 个角色。这个分隔使得组件变得独立且可以自行配置和重用。如果这个分隔成功施行的话，那将会大幅减少代码的编写量，并使得软件的整体架构更加容易被理解。这也帮助了新的开发者快速地融入项目的开发中。

Model

第一个角色就是 Model。它定义了应用程序的一些规则和数据，同时也定义了数据间如何进行交互等相关操作。它负责从永久存储介质中载入和保存数据，并对数据有效性进行验证。Model 角色并不关心也并不存储对任何保存的数据进行显示的相关信息。

View

第二个角色就是 View，它是 Model 的可视化表示。View 不以任何方式和 Model 进行交互，也不会存储数据到 Model。它是严格意义上的仅用来显示软件的用户界面。

Controller

最后一个角色是 Controller，它是 Model 和 View 的桥梁。当 Model 发生变化时，就会通知 Controller，Controller 会知道其是否需要更新 View 来显示新的数据。如果一个 View 接收到用户的操作，就将这个操作通知给 Controller，Controller 会根据其描述来确定是否需要更新 Model。

为了更好地理解这一模式，还是用之前的 Company 的示例来设想一个软件。这个软件将会被公司的行政助理使用来跟踪雇员的信息及更新他们的信息。图 2-8 展示了如何使用 Model-View-Controlle 模式来创建这个软件。

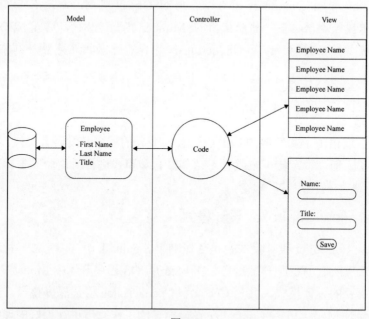

图 2-8

本例中的 Model 是图标左侧的 Employee 和其潜在的数据库，每个 employee 都有三个属性保存于数据库中，分别是名称、身份和唯一 ID。该 Model 只负责从数据库中载入

employee 信息及在内存中保存这些数据的值。

本例中的 View 为图标右侧的一列 employee 及 employee 详情视图。一列的 employee 显示每个雇员的名称。行政助理可以使用这个 View 来选择 employee。employee 详情视图也会显示雇员的名称和身份，此外还提供给行政助理修改界面中显示的那些值的功能。其还有一个 Save 按钮可以让行政助理通过单击该按钮实现信息更新。

Controller 是一个圆形的图形连接 Employee model 到 employee 列表界面和 employee 详情界面。当 employee 列表界面需要展示给行政助理时，employee 列表就会向 Controller 询问每个 employee 的名称。其并不关心 employee 的身份和唯一 ID，因为它不展示这两个属性。看起来它好像扮演过滤 Model 数据的作用，这样行政助理就可以只看到他需要查看的正确的 employee 的信息。

当行政助理选择一个雇员时，这个交互动作再一次传递给 Controller。Controller 将屏幕切换到 employee 详情界面。当界面载入时，View 向 Controller 发起需要 employee 的名称和身份的请求。Controller 从 Model 中取到数据信息并将其传递给详情 view 进行展示。

行政助理之后在详情视图中改变雇员的身份属性，在这一点上这个改变仅是详情展示界面直观上的变化，并没有改变其在 Model 中的值，也没有更新数据库。当 Save 按钮被单击时，View 会通知 Controller 关于用户操作的信息。Controller 之后查看 View 中的数据并决定 Model 中的数据是否需要更新，其传递新的值到 Model 中并通知数据库进行保存。

如果有另一个行政助理对视图进行操作，那么 Controller 也会更新视图的，也就是说现在有两个行政助理在查看同一个 employee 详情界面。第一个人更改了一个 employee 的名称，由 Tom 改到 Ted，并单击了 Save 按钮，告知 Controller 更新 Model。由于 Model 的改变，其通知 Controller 告知其值已经更新了。Controller 得到这个通知并决定控制器会得到这个通知信息并以此来确定第二个行政助理所展示的值是否已经过期，这样就会通知细节视图并以可视化的方式更新该值。

这个例子展示了该设计模式的优势，即 employee model 是独立于软件其他组成部分的，同样 View 的角色也是这样的。它们不关心其展示的 employee model 对象的具体内容，因为视图是需要负责展示，并有能力展示任何数据。Controller 扮演着催化师的作用，保持着 View 和 Model 的相关联系。在一个更大的软件部分中，开发者可能有不同的独立开发片段甚至不同的开发团队来分别实现不同的功能模块，通过这种开发模式使得这种分工在实现过程中相干方不需要彼此知道对方的代码情况也可以顺利进行。

2.3.2　委托和协议

Model-View-Controller 是一个非常优秀的高级程序开发模式，但是要在编程过程中使用这个模式，我们还需要一些工具来实现。Objective-C 就具有这些工具。通过类和属性实现的 model layer 可以实现对象的复用，同时 Cocoa 和 Cocoa Touch API 实现了 view layer，包含了可重用的 view 和一些 subview，例如按钮和文本框。使用委托和数据源的方式实现 controller layer 来实现上面两者的交互。

委托和数据源在 Objective-C 中的应用非常重要,是软件一个功能部分通过软件的另一个部分协作完成某一功能的一种方式。这一模式也符合 MVC 的设计模式,即在 View 和 Controller 中进行交互。由于 View 只和 Controller 发生交互并且从不关心 Model,所以其需要一种方式从 Controller 中请求 Model 数据。这就是数据源的角色。当一个用户和 View 发生交互操作时,View 就需要告诉 Controller 这一事件,委托就扮演这一角色。也就是说我们的 Controller 一般将会扮演这两个角色。

一个 View 需要定义其可能请求的数据源涉及的所有问题,并且要提供期望的答案的返回值类型。同样要定义其可能需要的所有用户交互操作的委托反馈的任务。在 Objective-C 中这些都是通过 protocol(协议)实现的。开发者可以将 protocol 视为 View 和其数据源或委托之间的契约。

回想之前的例子 company 中有一个 employee 的列表视图,本章这个简单的例子说明了 protocol 和 delegate 是如何进行编码的。当在第 5 章"使用表视图"中学习使用表视图的概念时也会实现一个类似的列表。

本例中 employee 列表被称为 EmployeeListView。为了使 EmployeeListView 能够显示公司所有的员工信息,其需要为这些数据向数据源发出请求。当行政助理在视图中选择一个 employee 详细信息时,EmployeeListView 需要告诉它的委托哪个 employee 被选择了。这一步调用了两个不同的协议进行定义,其中一个是针对数据源的,另一个是针对委托的。这些协议都将在 EmployeeListView.h 中进行声明。为了实现 EmployeeListView 向其数据源发起请求及告诉其委托哪个 employee 被选中,View 需要建立一个到委托和数据源二者的关联。这个关联以 ID 类型的属性的形式被添加,因为 View 并不关心类的类型,只要实现了协议即可。程序清单 2-39 展示了应该如何实现这一编码过程。

程序清单 2-39: employee 列表数据源和委托协议声明

```
@protocol EmployeeListViewDataSource

- (NSArray *)getAllEmployees;

@end

@protocol EmployeeListViewDelegate

- (void)didSelectEmployee:(Employee *)selectedEmployee;

@end

@interface EmployeeListView : NSObject

@property (nonatomic, weak) id dataSource;
@property (nonatomic, weak) id delegate;

@end
```

示例中的 Controller 我们命名为 EmployeeListViewController，为了使 EmployeeList-
ViewController 可以与 EmployeeListView 进行交互，EmployeeListViewController 需要声明
其实现了 EmployeeListViewDataSource 和 EmployeeListViewDelegate 协议。Controller 经常
会在属性列表中加入一个对其所控制的 View 的引用。在本例中，对 EmployeeListView 的
引用通过 initWithEmployeeListView:方法进行设置。如程序清单 2-40 所示。

程序清单 2-40：Employee 列表数据源协议声明

```
#import "EmployeeListView.h"

@interface EmployeeListViewController : NSObject <EmployeeListViewDataSource,
EmployeeListViewDelegate>

- (id)initWithEmployeeListView:(EmployeeListView *)employeeListView;

@property (nonatomic, weak) EmployeeListView *employeeListView;

@end
```

注意：

在 EmployeeListView 和 EmployeeListViewController 两个类的接口中，所有的属性都
设置为 weak 特性。以免出现本章前面所提到的 Strong Retain Cycle 问题。

在 EmployeeListViewController 的实现部分，需要添加在协议中声明的方法的具体实现
方式，并设置其作为 EmployeeListView 的数据源和委托。在 Xcode 中有几种办法可以实现
这个过程，但是作为一个简单的例子，这里使用 initWithEmployeeListView:方法来实现。
程序清单 2-41 为 EmployeeListViewController.m 文件的具体实现。

程序清单 2-41：Employee Controller 的实现

```
#import "EmployeeListViewController.h"

@implementation EmployeeListViewController
- (id)initWithEmployeeListView:(EmployeeListView *)employeeListView
{
    self.employeeListView = employeeListView;
    self.employeeListView.dataSource = self;
    self.employeeListView.delegate = self;
}

- (NSArray *)getAllEmployees;
{
    // ask the model for all the employees
    // create an NSArray of all the employees
    // return the array

    return allEmployeesArray;
```

```
}

- (void)didSelectEmployee:(Employee *)selectedEmployee;
{
    // display the employee detail view with the selected employee
}

@end
```

现在当 EmployeeListView 需要展示雇员信息或者确定何时选择一个雇员时，其就会使用引用来调用协议中的方法，如程序清单 2-42 所示。

程序清单 2-42：委托和数据源的调用方法

```
// in the implementation of the EmployeeListView it would
// get the array of employees using this code

NSArray *allEmployees = [self.dataSource getAllEmployees];

// to tell its delegate that an employee was selected
// it would use this code

[self.delegate didSelectEmployee:selectedEmployee];
```

2.3.3 使用 Blocks

对于 iOS 开发来说，Blocks 是一个相对比较新的编程结构，初次被引入 iOS 程序开发是在 iOS 4.0 版本发布时。不过其背后的概念在其他程序开发语言中已经使用很久了。C 和 C++有函数指针，C#有 lambda 表达式，JavaScript 有回调方法。如果你曾经接触过这些方法的话，那么 blocks 的使用可能会相对容易理解。如果你没有接触过上述的概念，虽然这里不会用到其他语言的模式，但是你可能还是需要查看一些上述方法的概念来加强理解。本小节给出一个关于语法的概述及比较宏观的解释可以满足开发者对其原理进行掌握，让开发者在创建 Bands app 中如果涉及这方面的知识和代码可以有比较好的理解。

对于 block 的定义最简单的就是它是一段可以被分配给变量的代码，或者这段代码可以视为一个方法的参数。"^"操作符及在大括号中写入实际代码可以用于声明一个 block，blocks 可以有自己的参数列表及其返回类型。Objective-C 中的 blocks 具有可以使用在其定义域中声明的本地变量的功能。

本书中在 completion handlers 的内容中使用 blocks 用于其他的方法，当调用这些方法时，方法需要什么参数就传递什么参数进来，并且同时声明可能在方法中用到的这段代码的 block。例如，设想一个方法从 URL 中提取字符串，这个示例使用伪装对象 networkFetcher，其拥有一个名为 stringFromUrl:withCompletionHandler:的伪装方法，开发者可以通过这个例子对 blocks 的语法有个直观的感觉。我们将会在第 10 章中使用真实的 Cocoa 框架来实现上述功能，本小节作为一个开始，仅简单地介绍了 block 的基本语法。程序清单 2-43 显示了这段示例的描述。

程序清单 2-43：在 Objective-C 中定义内嵌 block

```
NSString *websiteUrl = @"http://www.simplesite.com/string";

[networkFetcher stringFromUrl:websiteUrl
  withCompletionHandler:^(NSString* theString) {

    NSLog("The string: %@ was fetched from %@, theString, websiteUrl);

}];
```

这段示例代码定义了一段内嵌 block，该 block 作为一个参数被传递到 stringFormUrl:
withCompletionHandler:方法。"^"字符标志了 block 开始的位置，(NSString * theString)部
分为传入 block 中的参数列表。block 代码包含之后的 { } 中的内容，代码简单地打印出从
URL 字符串中取回的字符串。当这些代码执行时 networkFetcher 类会使网络建立连接并且
开始处理有关字符串的各种复杂的任务。当任务完成时，就会调用 block 处的代码和该字
符串。

示例代码展示了在本书中如何使用 block，但是这也仅仅停留在对该模式表面上的讲
述，其实这个功能相当强大，它会改变软件的整体设计和实现。

2.3.4　错误处理

最后一个需要谈论的概念就是 Objective-C 的错误处理机制，这一点对于从 Java 背景
转过来的开发者尤其重要。Objective-C 具有异常机制及 try/catch/finally 语句，虽然这些并
不经常使用。开发者可能在学习 Objective-C 时也急于继续使用上述机制，但是你并不需要
这样做，或者说在 Objective-C 中这种机制并不常用。

异常在大部分面向对象语言中都是一个特殊的对象，其在出现错误的时候被创建，之
后这个对象被抛出到系统的运行时中。接下来系统运行时查找"捕捉"异常的代码并通过
一些方法处理这个错误。如果没有"捕捉"到异常，就认为有未捕捉到的异常程序并且通
常会在运行时崩溃。

在 Java 和 C#中，异常是代码处理和运行中常见的部分。一般的用法是当开发者想要
完成某些功能又不确定程序代码在实现中是否已经满足了开发者的需求，如从文件中读取
信息。如果文件不存在就会产生一个错误，就会通知用户这个问题。在 Java 和 C#中使用
try/catch/finally 语句来侦测这种情况。程序清单 2-44 使用模拟代码实例来展示其实现的方
法，并没有在这些程序语言的实际代码实现细节中进行展示。

程序清单 2-44：捕获异常

```
public void readFile(string fileName)
{
    // create the things you would need to read the file
    FileReaderClass fileReader = new FileReaderClass(fileName);
```

```
try
{
    FileReaderClass.ReadFile();
}
catch(Exception ex)
{
    // uh-oh, something happened. Alert the user!
}
finally
{
    // clean up anything that needs to be cleaned up
}
}
```

在 Objective-C 中这类代码很少使用，一般会用到 NSError 类。在 Objective-C 中将文件读入字符串会用到这个方法，如程序清单 2-45 所示。

程序清单 2-45：在 Objective-C 中使用 NSError

```
- (void) readFile:(NSString *)fileName
{
    NSError *error = nil;

    NSString *fileContents = [NSString stringWithContentsOfFile:fileName
encoding:NSASCIIStringEncoding error:&error];

    if(error != nil)
    {
        // uh-oh, something happened. Alert the user!
    }
}
```

在这个例子中，代码首先创建了一个值为 nil 的 NSError 指针，之后用按引用传递的方式而非按值传递的方式将错误实例传递到方法中。按引用传递和按值传递的概念在 C#和 Java 中都有，一般典型的方法调用对象都是使用按值传递，意思是方法得到一个对象的副本，而不是对象本身。如果方法中对对象进行了修改，修改的仅仅是其复制过来的对象，而不是对象本身。当方法返回时，对象保持不变并且不影响其他的修改。

在本例中使用&符号传递对象的地址而不是传递对象本身。如果在读取文件的时候出现错误，方法会创建一个 NSError 对象并将出错对象的地址传递过来。当方法返回时查看错误是否指向一个实际的对象错误或者是否其仍然指向 nil。我们知道当通过引用的方式传递一个参数时，会在方法签名中看见"**"标志。本例中全部的标志如下所示。

```
+ (instancetype)stringWithContentsOfFile:(NSString *)path
encoding:(NSStringEncoding)enc error:(NSError **)error
```

虽然使用 try/catch 并不被推荐，但是还是可以使用的。程序中还是会提供一些基类来实现异常抛出。再次使用 NSString 类，如果在潜在的字符数组中尝试通过一个超出范围的索引号来获取一个字符时，程序就会抛出一个异常。如程序清单 2-46 所示。

程序清单 2-46：在 Objective-C 中捕获异常

```
- (void)someMethod
{
    NSString *myString = @"012";
    @try
    {
        [myString characterAtIndex:3];
    }
    @catch(NSException *ex)
    {
        // do something with the exception
    }
    @finally
    {
        // do any cleanup
    }
}
```

Objective-C 处理这种情况的方法是添加一段检查代码用于判断方法是否调用失败。程序清单 2-47 展示了如何使用这种方法代替 try/catch。

程序清单 2-47：在 Objective-C 中捕获异常

```
- (void)someMethod
{
    NSString *myString = @"012";

    if([myString length] >= 3)
    {
        [myString characterAtIndex:3];
    }
    else
    {
        // nope, can't make that method call!
    }
}
```

2.4　小结

如果你是从其他程序开发语言，如 C#和 Java，转过来的话，那么对于 Objective-C 可能会觉得比较陌生。它的语法比较有意思，不过基本的原理和程序结构都差不多。当然还有一些主要的区别，最大的区别在内存管理。Objective-C 及其开发工具和编译器也是走过了一段比较长的发展之路，直到最近几年终于使得关于内存管理方面的负担从开发者身上卸了下来。如果你已经比较熟悉其他的面向对象程序开发语言了，学习 Objective-C 可能会觉得相对简单一点。

　　本章涉及一些比较难的主题,这些主题现在看来可能很难理解,但是随着阅读的深入,其会变得越来越容易。要理解新的概念,最简单的办法就是在实际中使用它。在第 3 章中就开始实际创建 Bands app。

练　习

　　(1) Objective-C 的消息传递语法是基于哪种语言的?

　　(2) 在 Objective-C 中定义一个类需要哪两种文件,它们的扩展名分别是什么?

　　(3) 几乎所有的 Objective-C 的共同基类为?

　　(4) 在 Objective-C 的接口中定义一个名为 ChapterExercise 的类,其带有一个 writeAnswer 的方法,并且它没有参数和返回值。

　　(5) 如何实例化一个 ChapterExercise 类的对象?

　　(6) Objective-C 中增加和减少对象的引用计数使用的关键字是什么?

　　(7) ARC 代表什么?

　　(8) strong 特性在类属性的范畴中的意思是什么?

　　(9) 为什么在 Objective-C 中不可以将两个 NSString 实例用+运算符进行拼接?

　　(10) 如何比较两个 NSString 实例的值?

　　(11) NSArray 和 NSMutableArray 类的区别是什么?

　　(12) MVC 代表什么?

　　(13) 如何声明 ChapterExercise 类实现一个 ChapterExerciseDelegate 协议?

　　(14) 在 Objective-C 中推荐哪个类与 NSException 类一起使用?

本章知识点

标　　题	关　键　概　念
Objective-C	用于编写 Mac 和 iOS 应用程序的程序开发语言为 Objective-C,其在 20 世纪 80 年代被开发出来,成为与 Java 和 C#一样的比较成功的面向对象程序开发语言
类和对象	面向对象程序开发语言的基本组成单元是对象和定义对象所用的类
手动引用计数	一共有两种方法实现内存管理。像 Java 和 C#这类的语言使用垃圾回收机制,而 Objective-C 语言使用手动引用计数机制,开发者需要对使用的对象在生命周期的变化负责
自动引用计数	一种和手动引用计数相比更优的方式,其将内存管理的计数和引用交给编译器完成
类属性	面向对象程序开发语言建议使用公用的 getter 和 setter 方法来修改成员变量,同时保持实际的成员变量为私有的。Objective-C 使用类属性实现这一概念

(续表)

标　　题	关 键 概 念
数据结构	高级程序开发语言的设计都内置了诸如数组和字典等类型的数据结构,开发者可以用来组织数据让其代码更快和有效。Objective-C 语言包括了基础的数据结构,如 NSArray、NSSet 和 NSDictionary
Model-View-Controller 设计模式	Model-View-Controller 设计模式是一种高级的设计模式,其将所有的软件组件分为 3 个角色。这些角色各自独立又可以很好地被复用
委托和协议	Cocoa 框架使用委托和协议的概念来实现 Model-View-Controller 设计模式,主要处理其涉及的三个角色间的交流和彼此传送数据等功能
Objective-C 的错误处理机制	所有的面向对象程序开发语言都包含异常处理和错误处理,不过不同的语言用到的机制是不同的。理解 Objective-C 和 Cocoa 的错误处理机制是编写 iOS 应用程序的基础

第 3 章

从一个新的 App 开始

本章主要内容：

- 在 Xcode 中新建一个项目
- 学习 Xcode 布局和编辑器的使用
- 使用 Interface Builder 编辑 Storyboard
- 分别在模拟器和真实设备上运行自己编写的 App

本章代码下载说明：

本章代码可以从 www.wrox.com/go/begiosprogramming 的 Download Code 选项卡中下载。本章代码在"chapter 03"下载链接中，根据代码名称即可找到相应的代码。

在第 2 章中介绍了开发 iOS 应用程序所用到的语言 Objective-C，本章你会学习到实际用来开发 iOS 应用程序的集成开发环境(IDE)Xcode，Xcode 就相当于 Microsoft Visual Studio 或者 Eclipse。开发一个 App 的步骤一般是：先新建一个项目，然后编辑代码和用户界面文件，其中用户界面的编写也是在 Xcode 中完成的。不过几年前并不是这样，那时 Xcode 严格地区分了程序实现代码的编写和用户界面的编写，当时用户界面是在 Interface Builder 中实现的。现在 Xcode 已经整合了 Interface Builder，这样对于从其他平台迁移的开发者们就更加方便了。

3.1 使用 Xcode 创建一个新 App

Xcode 是 iOS 应用程序及 Mac OS X 桌面程序二者的集成开发环境，那么就让我们从 Bands app 开始，用 Xcode 新建一个 iOS 项目吧。

试试看 **创建只有一个视图的 iOS 应用程序**

(1) 在 Xcode 菜单栏中依次单击 File | New | Project。

(2) 如图 3-1 所示，在打开的 Templates 对话框中选择左边栏中 iOS 设备下面的
Application，在右边选择 Single View Application，单击右下角的 Next 按钮。

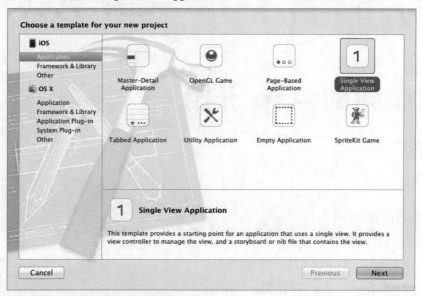

图 3-1

(3) 如图 3-2 所示，在 Options 对话框中 Product Name 一栏输入 Bands，在 Devices list
下拉框中选择 iPhone，单击 Next 按钮。

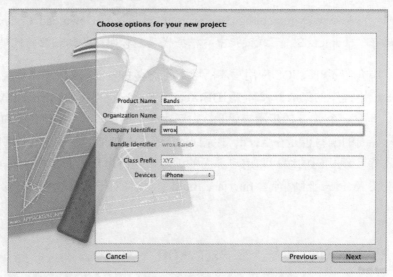

图 3-2

(4) 选择保存该项目的地址，单击 Create 按钮。

示例说明

对任何一个 iOS 应用程序，第一步就是在 Xcode 中新建一个项目。这个项目包含所有代码文件、多媒体素材，以及编译和发布应用程序时用到的设置和配置文件。Xcode 提供了多种项目模板供开发者选择，包括具体代码撰写的模板和编辑用户界面的程序模板。

首先选择 Single View Application 模板，这个模板提供只有一个视图的应用程序代码文件和用户界面文件。对于大部分应用程序，从 Single View Application 模板开始是比较好的选择，开发者可以在其基础上根据需求添加更多的视图。

一般来说项目的名称就是所编写的应用程序的名称，不过这也不是必须的。你可以在配置文件中修改应用程序的名称，本书中的项目名和程序名都使用 Bands，以保持一致。

最后将这个项目存盘，项目保存在一个单独的目录下，下面还包含少量的子目录。Bands 项目如图 3-3 所示。

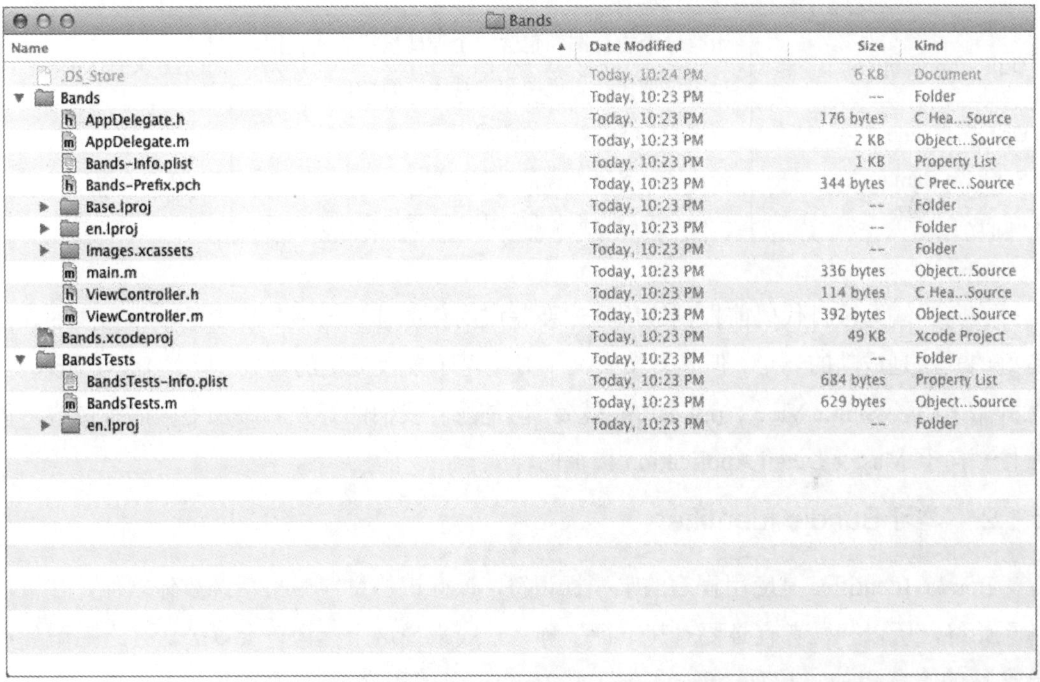

图 3-3

项目的代码文件保存在程序同名子目录下，像本程序就在 Bands 目录下，常用项目名加Tests构成的文件夹来保存默认的测试用单元文件，即图3-3中的 BandsTests文件夹。.xcodeproj后缀的文件严格地讲是代表程序所在目录的一个包，但实际在 Finder 中以一个单独文件的形式展示，它包含 Xcode 中用到的所有配置文件和资源文件。

3.1.1　讨论 Xcode 模板

Xcode 提供多种项目模板供开发者使用，上一节中就是用 Single View Application 模板创建了 Bands 项目。计算器类的 App 就是 Single View Application 模板的一个很好的应用。

表 3-1 列出了在 Xcode 5 中默认包含的其他几类模板，并给出了这些模板适用的示例 Apple 应用程序。

表 3-1　Xcode 默认模板

模 板 名	模 板 描 述	示 例 App
Master-Detail Application	该应用构建一个表视图，列出对象和切换到对象详情视图的导航控制器	通讯录
Page-Based Application	包含多个视图，这些视图可以通过左右滑动进行切换。这些应用程序底部还包含一个采用"点表示法"显示共有多少页和当前所在页的提示	罗盘应用
Tabbed Application	底部带有标签栏(tab bar)用于切换不同视图的模板	音乐
Utility Application	带有一个主视图和包含一个详情按钮的次视图，单击该按钮在主视图和次视图之间切换	iOS 6 天气 App
OpenGL Game	使用 OpenGL 绘图的游戏应用	无尽之剑
SpriteKit Game	使用 SpriteKit 绘图的游戏应用	蜜蜂连连看
Empty	一个只有空白窗体和基本应用委托文件的模板	无

在着手编写项目代码前根据应用程序要完成的任务选择合适的模板是非常重要的，毕竟好的开始是成功的一半。但是开发者又不必拘泥于模板提供的框架，就像 Bands app，虽然开始采用了 Single View Application 模板，但是随着我们的开发和添加更多的视图也可能慢慢倾向于 Master-Detail Application 模板的样式。

3.1.2　学习 Bundle Identifier

Bundle Identifier 是应用程序的唯一标识符，该标识符贯穿苹果系统整体软件提交审核体系始终，所以开发者有必要对其进行了解。一般来说这个标识符会以公司名之后附加产品名称的方式组成，比如 Wrox 公司的 Bands 应用程序就把 Bundle Identifier 定义为 wrox.Bands。虽然 Xcode 没有在创建应用程序向导里面要求你对这个标识符进行设置，但是开发者仍然可以在创建完项目后对其进行编辑。我们会在第 12 章中进行详细介绍。

3.1.3　Xcode 项目布局介绍

当创建一个项目后，就可以看见 Xcode workspace Window 了。界面的样式同其他的 IDE 类似，Xcode IDE 如图 3-4 所示。

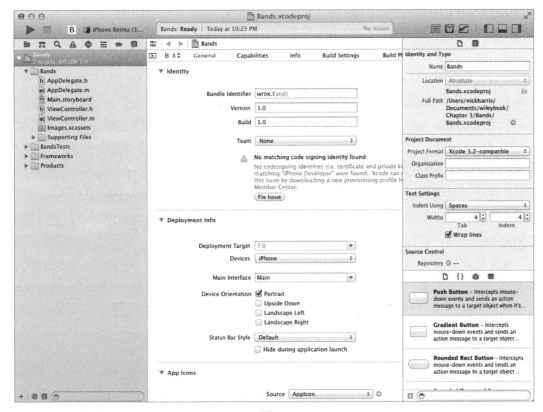

图 3-4

　　界面的左侧区域是导航面板。该区域默认显示项目的文件路径，比如项目中用到的各个文件及你自己新建的一些文件夹。黄色的文件夹代表组的概念，不过仅仅是把相关文件以组的方式显示在这里，并没有在磁盘上实际对应某个文件夹。你可以手动添加这些文件夹到磁盘，之后文件夹的图标就会以蓝色显示。实际上是用组的概念代替了文件夹的形式，这更符合开发者的习惯。你还可以使用特定符号对项目中的文件进行查找，类似对文件进行搜索一样，还可以显示所有设置过的断点。

　　中间面板区域为具体的编辑区，其会根据编辑的文件类型不同而显示不同的工作区样式。单击左侧窗体中的项目标识，中间区域就会相应地显示项目的配置界面；单击具体文件会相应地显示代码编写界面；单击用户界面相关文件，则区域内就会显示 Interface Builder(用户界面编辑器)的编辑界面。

　　右侧区域主要是一些功能面板，对编辑区中的一些相关内容进行进一步设置和相关信息的查看。本书后面会逐步对这一区域的内容进行介绍。

　　最后介绍一下错误调试区域，一般来说这个区域是处于隐藏状态的，直到需要对应用程序进行调试的时候才会显示。其包含一个控制台以及相应的按钮让你通过变量的信息一步一步地调试程序。

3.1.4　UIkit 框架

在介绍用户界面开发规范之前，有必要对其用到的组件和框架先进行讲解，几乎所有 iOS 应用程序都用到了 UIKit 框架，它是 Cocoa Touch 的一部分。苹果公司帮助开发者通过清晰的命名规范来识别框架中的类和协议具体完成哪些功能，一般习惯是用该框架的缩写来预命名一个类，当然最主要的特征还是所有 UIKit 框架中的类和协议都是以 UI 开头的。

应用程序本身由 UIApplication 对象和相应的 UIApplicationDelegate 协议所表示，每个使用 Xcode 自带模板创建的项目都包含一个 AppDelegate 类，其实现了 UIApplicationDelegate 协议。通过协议中的方法可以处理在项目生命周期中出现的一些关键事件，比如应用程序何时启动、激活甚至终止。虽然 Bands app 没有对这些事件进行特别的处理，但是开发者仍需要知道在项目创建时为什么这些文件会被加载。

所有的用户界面对象都是 UIKit 的一部分。开发者可以通过可视化的开发方法对用户界面进行设置和编辑，用来告知用户如何与应用程序进行交互。在明白了这些之后就动手开始制作 Bands app 的用户界面吧。

3.1.5　Main Storyboard

Main.Storyboard 是应用程序的用户界面文件，Storyboard 模式是在 iOS 5 SDK 中被引入 Xcode 的。通过 Storyboard 开发者可以对应用程序的整个交互流程进行创建和查看，Storyboard 最重要的两个组件是 Scenes(场景)和 Segues(联线)。Scenes 就是应用程序用户界面的视图，一般来说每个视图都有一个名为 UIViewController 的子类。Segues 则代表两个场景(Scenes)之间的过渡转换，我们会在第 5 章对多场景的情况和联线进行介绍。

3.2　在 Storyboard 中添加标签

对于任何程序开发语言来说，用户界面用到的最基本的对象就是文本标签(text Label)，在 iOS 中我们称之为 UILabel。下面的"试试看"环节会告诉你如何在 Main.Storyboard 中添加该 UIKit 对象。

试试看	在 Scene 中添加一个 UILabel

(1) 在导航面板中选择 Main.Storyboard。

(2) 在 Utility 面板的底部选择由正方形图标代表的 Object 选项卡。

(3) 在屏幕最下方的搜索框中输入"label"找到 UILabel 控件。

(4) 将该 label 控件拖到 Interface Builder 中，如图 3-5 所示。

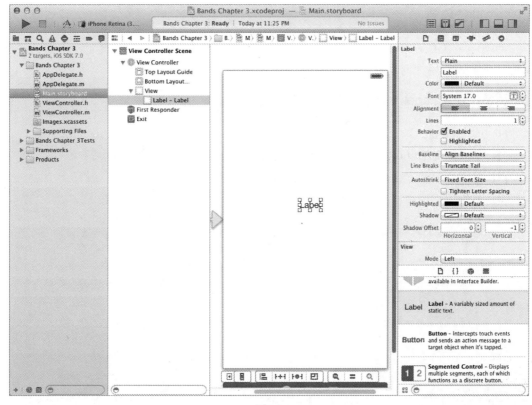

图 3-5

示例说明

Storyboard 是用户界面编写的主文件，在 Model-View-Controller 设计模式中扮演 View 的角色。现在项目仅有一个在 UIKit 框架下的 UIView 对象所代表的场景。应用程序创建用户界面的过程就是不断地向 Storyboard 中添加其他 UIKit 对象。在 Xcode 中所有的这些对象组件都会在功能面板中列出，开发者可以通过最下面的搜索框输入要查找的组件名就会快速找到所需要的对象。在上面这个"试试看"环节，在最基本的 UIView 视图中添加了一个 UILabel 对象，这也是之后创建 Bands 应用程序所有用户界面的基本方法。

3.2.1 Interface Builder 的使用

Interface Builder 是 Xcode 中的用户界面编辑器，编辑器左侧给出了所有用户界面开发中会用到的控件对象及描述其继承关系的继承树。注意到 Label 控件对象被置于 View 之下，因为它是 View 的一个子视图。在继承树中把选择的对象置于场景中是编辑器最主要完成的任务之一。

在 Interface Builder 中的功能面板的上部给出了一系列的查看器(inspectors)，同时在下方则是具体用到的一些组库。最常用到的库就是对象库，包含了用于构建一个 iOS 应用程序的所有 UIKit 对象。

3.2.2　设置特性

当把一个 UI 对象添加到视图中后，就需要对这个对象的特性进行设置，下面的"试试看"环节将介绍如何设置特性。

试试看　设置 Label Text 特性

(1) 选择 label。

(2) 在右侧的 Utility 界面上选择 Attributes Inspector，图标是一个滑块。

(3) 将该标签的文字由原来的 Label 改成 Bands。

(4) 调整主视图中标签框的大小来适应新文本的内容，如图 3-6 所示。

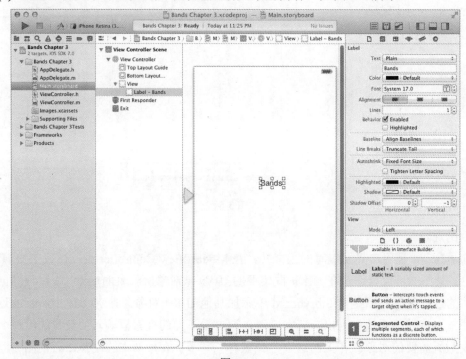

图 3-6

示例说明

所有的 UIKit 对象都有特性，对于这些特性的设置可以在运行时完成也可以在设计该对象时完成，上例中就是通过将文本从 Label 改为 Bands 来设置 Label 的文本特性。Label 组件对象的其他特性的设置与文本的设置类似，比如颜色、字体和对齐方式。

3.2.3　查看器

除了上例中介绍的特性查看器外，功能面板还有 5 个查看器。文件查看器(File inspector)用来查看具体文件的特性；快速帮助查看器(Quick Help inspector)给出已选对象的文档信息；标识查看器(Identifier inspector)可以使开发者设置对象的父类，将在第 5 章对其进行详细讲述；尺寸查看器(Size inspector)可以改变对象组件的大小以符合布局的限制；最后还有一个连接查看器(Connections inspector)，将在第 4 章中进行介绍。

3.2.4　UI 对象的对齐

Interface Builder 在添加子视图时会提供对齐参照线，这些参照线是苹果公司设计用于帮助开发者在创建视图对象时进行对齐，使界面的整体效果更美观的一种辅助工具。

> **试试看**　**让一个 UI 对象居中**

(1) 在视图中选择一个标签。

(2) 向视图左侧拖动该标签直到显示左边的参照线。

(3) 向视图右侧拖动该标签直到显示右边的参照线。

(4) 拖动标签到屏幕的中间位置直到可以看见水平参照线和垂直居中参照线。

示例说明

当在视图中移动 UI 对象临近不同位置的时候，Interface Builder 会显示相应的参照线，用于 UI 对象和已存在的文本框等其他对象进行位置的调整和放置。

3.3　在模拟器中运行程序

Xcode 自带 iOS 模拟器，可以帮助开发者快速地在不使用真机设备的情况下进行应用程序的模拟运行，在模拟器上调试错误要比真机调试便捷得多，并且还可以使用到模拟器自带的一些便捷工具，这些优势都是真机调试所不具备的。

模拟器自身在一个独立窗口中运行，并支持开发者在 3.5 英寸的 iPhone、4 英寸设备及 iPad 设备间进行选择，还可以模拟标准屏或者视网膜屏(retina)的效果，甚至是切换调试用的 OS 版本。

注意：

视网膜屏的最初使用是在 iPhone 4 中，其把更多的像素点压缩至一块屏幕，从而达到更高的分辨率并提高屏幕显示的细腻程度，用户在浏览文本和图片时肉眼看不见单个物理像素点。

警告：

iOS 设备在文件名上是区分大小写的，而模拟器是不区分的。如果运行时某些资源文件没有正确载入，可以注意一下是否是文件名大小写问题导致的。

3.3.1　选择一个设备

启动模拟器首先要选择在哪种设备平台上进行测试，具体步骤参考下面的"试试看"环节。

在 4-inch iPhone Retina 模拟器上运行程序

(1) 在 Xcode 界面中，运行按钮 Run 旁边就是调用模拟器的选择框。

(2) 在这个下拉框中的模拟器部分选择 iPhone Retina(4-inch)。

(3) 单击 Run 按钮，模拟器启动并运行应用程序，如图 3-7 所示。

图 3-7

示例说明

在 scheme selector 中选择使用 iPhone Retina 4-inch 模拟器运行应用程序，应用程序经过编译、安装之后就会在相应的模拟器中成功启动了。

3.3.2 在所有类型的设备上测试

由于设备屏幕尺寸的不同，开发者需要在所有支持的设备环境下测试应用程序。当设计用户界面的时候就要特别针对不同尺寸的设备进行处理，下面的"试试看"环节中，我们在其他设备上进行测试就出现了布局不正确的问题。

试试看 在 3.5-inch iPhone Retina 模拟器上运行应用程序

(1) 在 Xcode 界面中，在模拟器类型选项中选择 iPhone Retina 3.5-inch 设备。

(2) 单击 Run 按钮。模拟器的界面就切换成 3.5-inch iPhone Retina 设备，如图 3-8 所示。

图 3-8

示例说明

这里把模拟器的设备类型做了改变,结果显示原来居中的标签现在位置有了变化,这是由于选择的屏幕尺寸(3.5-inch)更小。如果仍然需要标签居中显示的话,就需要使用 Auto Layout(自动布局)功能。

3.4 学习 Auto Layout

Auto Layout(自动布局)功能是 Xcode 提供的帮助开发者在屏幕尺寸变化时保持界面上对象的相对位置不变的功能。上一小节中界面上的标签在 4 英寸屏和 3.5 英寸屏上进行测试时位置发生了变化,同理如果屏幕发生了旋转也会导致同样的问题。接下来的"试试看"环节将使用 Auto Layout 功能让我们添加的标签始终处于居中位置。

| 试试看 | 设置 Auto Layout Contraints |

(1) 在 Xcode 中,选择 Project Navigator 中的 Main.storyboard。

(2) 选择 Interface Builder 中的标签。

(3) 在屏幕的下方单击 Align 按钮,打开 Alignment Constraint 选项界面,如图 3-9 所示。

(4) 勾选 Horizontal Center in Container(水平居中约束)和 Vertical Center in Container(垂直居中约束)的选择框,并单击 Add 2 Constraints 按钮。在 Xcode 界面中就能看到两条水平和垂直的约束线,如图 3-10 所示。

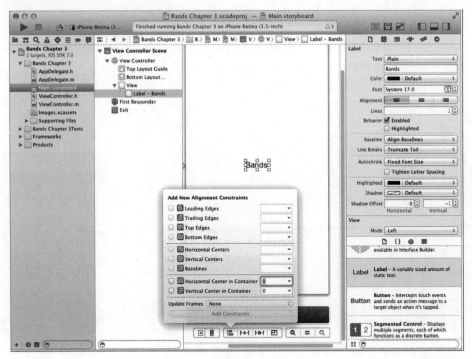

图 3-9

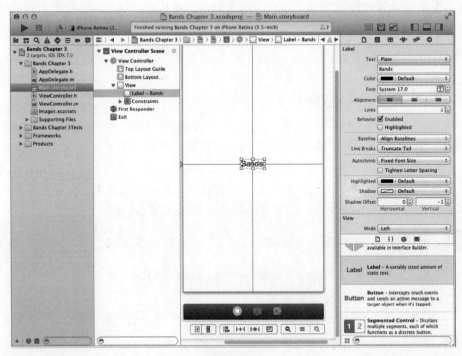

图 3-10

(5) 再次选择 iPhone 3.5-inch 模拟器运行应用程序，这次标签的位置保持居中，如图 3-11 所示。

图 3-11

示例说明

通过为标签添加水平约束参照线和垂直约束参照线，可以看出无论屏幕尺寸是否发生了变化，该标签始终保持居中。

3.4.1　自动布局基础

自动布局的工作机制就是通过对用户界面对象添加不同的约束参照线。约束线可以作用于单个对象也可以对一组对象进行设置，就如上节"试试看"中所示。

在"试试看"中，通过屏幕下方的一组菜单完成添加参照线，相反，还可以将已有的约束用于我们期望的对象上，拖动约束参照线到期望的对象上会高亮显示，如图 3-12 所示。松开鼠标就会弹出一个可用约束对话框。

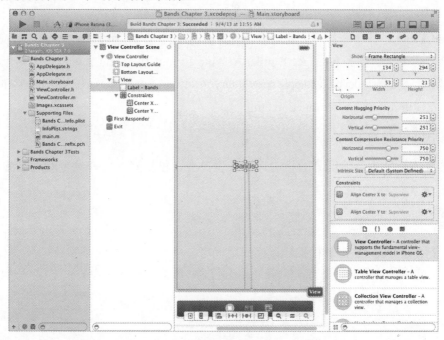

图 3-12

开发者有两种方法可以对每个对象所设置的约束参照进行查看，第一种是通过 Interface Builder 左侧的 Storyboard 继承树进行查看，一种是在右侧的 Utilities 面板选择尺寸查看器进行查看，如图 3-13 所示。

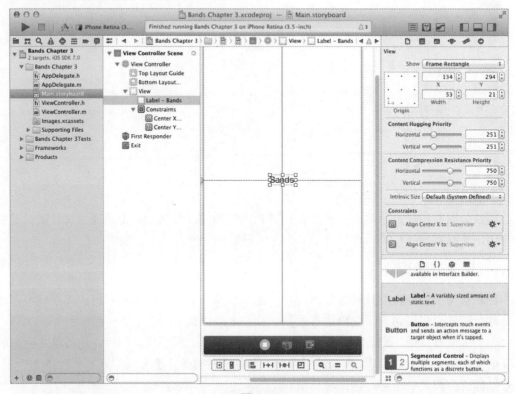

图 3-13

Auto Layout 是一个非常强大的功能，根据所构造的用户界面类型的不同，Xcode 有很多种用处。需要了解更多 Interface Builder 中 Auto Layout 功能的读者可以参考苹果的帮助文档，地址：https://developer.apple.com/library/ios/documentation/UserExperience/Conceptual/AutolayoutPG/Introduction/Introduction.html.

3.4.2　测试屏幕旋转

屏幕发生旋转也会使屏幕的相对尺寸发生改变，模拟器支持开发者对屏幕旋转进行测试。

试试看　旋转模拟器

(1) 使用 iPhone 3.5-inch 模拟器运行应用程序。

(2) 在模拟器菜单中选择 Hardware | Rotate Left，屏幕向左翻转成为水平模式，如图 3-14 所示。

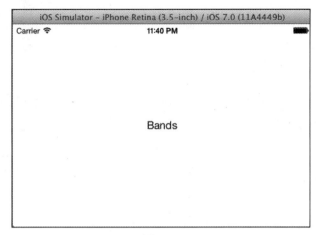

图 3-14

(3) 在模拟器菜单中选择 Hardware | Rotate Right，屏幕向右翻转恢复到原来的状态。

示例说明

开发者可以在模拟器提供的功能选项中模拟对硬件下指令来旋转屏幕，以完成对屏幕旋转相关功能的测试。另外还可以通过使用 Command+方向键的组合完成屏幕旋转指令的下发。如果你的应用程序需要支持多方向旋转的话，一定要对每个可能的旋转方向进行测试，对于程序能够支持哪些方向旋转是可以进行设置的，在 Application settings 中可以对屏幕支持的方向进行设置。

3.5　应用程序设置

现在你的应用程序已经可以运行了，接下来就是对版本号、图标等参数进行设置使程序完整起来。Xcode 采用属性列表文件的形式对这些信息进行保存，开发者可以通过在 Project Navigator 中展开 Supporting Files(支持文件)组并选择 Bands-info.plist 文件来查看应用程序的参数配置信息。虽然开发者可以使用 plist 编辑器设置参数，但还是在 Xcode 中进行设置的方式要更简单一些。

3.5.1　设置版本和编译号

每个 iOS 应用程序都和桌面应用程序类似，要有程序的版本号和编译号来标识运行中的应用程序是哪个版本，下面的"试试看"环节通过 Xcode 的设置界面一步步带你了解如何对这些参数进行设置。

试试看　使用 Info Property Editor 对属性进行设置

(1) 在 Project Navigator 中选择具体项目。

(2) 在对应的编辑器中选择 General 选项卡，打开 info property editor，如图 3-15 所示。

(3) 在 Identity 部分，设置 Version 为 1.0，设置 Build 为 0.1。

(4) 在 Project Navigator 中选择 Bands-info.plist 文件，可以看到该文件内容中 Bundle Version String，Short 的属性已经被设置为 1.0，Bundle Version 的属性已经被设置为 0.1，如图 3-16 所示。

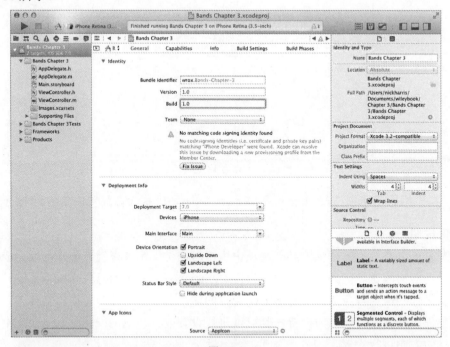

图 3-15

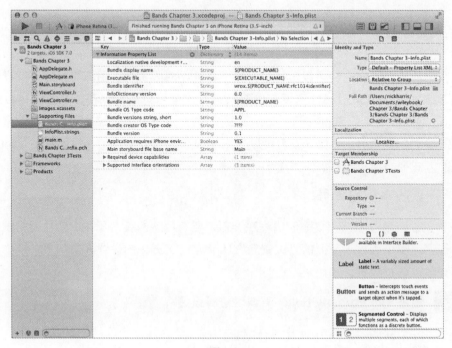

图 3-16

示例说明

Xcode 可以帮助开发者在不确定属性复杂名称的情况下更加方便地编辑应用的 info 信息，一般这些复杂的名称要在例如 Bands-info.plist 的文件中才可以查到，显然使用 Xcode 的 info property 编辑器更加简单。

3.5.2 设置支持的旋转方向

应用程序是否支持旋转是可选的，能够设计出无论是水平还是纵向都美观可用的应用程序是具有挑战性的，有时候甚至吃力不讨好。下面的 "试试看" 环节试着规定应用程序只能垂直方向显示(Portrait orientation)。

试试看 设置支持的旋转方向

(1) 在 Project Navigator 中选择具体项目。

(2) 在 Deployment Info 设置部分勾选 Portrait，取消勾选 Upside Down、Landscape Left 和 Landscape Right。

(3) 在 iPhone 4–inch 模拟器中运行应用程序。

(4) 让模拟器旋转成水平方向(Landscape orientation)，可以看到应用程序并没有向这个方向旋转，如图 3-17 所示。

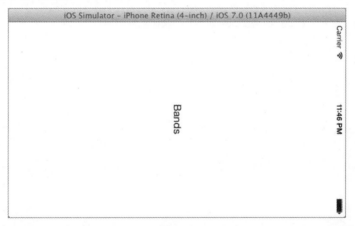

图 3-17

示例说明

在应用程序设置中有一组对应可旋转方向的参数供开发者选择，这些参数隶属于 Supported Interface Orientations property。如果在 info property 编辑器中仅勾选 Portrait 这个选项，则相当于禁止了其他所有旋转的方式，即程序在运行时只保持 Portrait 方向不变。

3.5.3 设置 App 图标

没有图标的 App 是不完整的，图标对于 App 是非常重要的部分之一。用户在 App Store 中浏览时图标是他们对应用程序的第一印象，所以图标一定要漂亮且能够吸引人。本书对于如何制作一个好的图标不展开阐述，不过苹果官方网站对图标应该怎么做才符合要求并且吸引人给出了一些指导性的建议，可以参考如下地址：https://developer.apple.com/library/ios/
documentation/userexperience/conceptual/mobilehig/AppIcons.html。

    根据不同的支持设备开发者需要准备不同尺寸的图标，对于视网膜屏的 iPhone 手机和
iPod touch 系列设备，图标的分辨率为 120×120 像素，如果需要支持非视网膜屏的设备，
则需要另外准备 60×60 尺寸的图标。对于采用视网膜屏的 iPad 和 iPad mini 系列，图标的
分辨率为 152×152，非视网膜屏的这两个系列则为 76×76。由于本书的重点在于程序代码
的实现而非设计，所以你只需要使用 120×120 的图标就可以满足示例代码程序的需求。下
面的"试试看"环节就实际操作给程序添加一个图标。

试试看　设置 Bands App 图标

(1) 首先从 www.wrox.com 网站下载图标文件 BandsIcon.png 到桌面。

(2) 在 Project Navigator 中选择具体项目。

(3) 在 App Icons 部分，单击 Source 下拉列表旁边的箭头打开图标设置编辑器，如图 3-18
所示。

(4) 将 BandsIcon.png 文件拖进 Xcode 中，放置在 iPhone App iOS 7 对应的位置。

(5) 在模拟器中运行应用程序。

(6) 在模拟器中返回 iPhone 的主界面(依次选择 Hardware | Home from the menu)，可以
看到我们为应用程序添加的图标已经成功了，如图 3-19 所示。

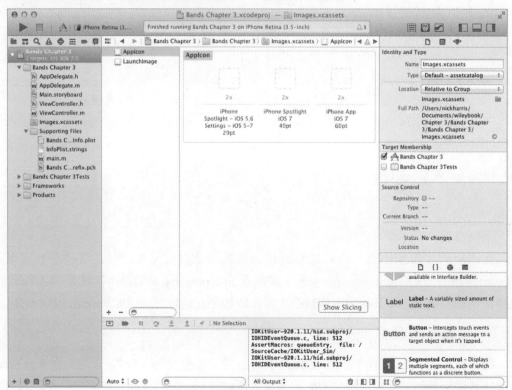

图 3-18

图 3-19

示例说明

应用程序的图标都有特定的名称来进行标识和显示，不过开发者不必了解这些复杂的名称，Xcode 使用 asset catalogs 来简化管理程序内用到的图片，图标就是其中之一。拖曳相应的文件到 Xcode 图标设置编辑器中，asset catalogs 就会将图标添加到合适的位置，系统就会在 iPhone 的主界面中正确地显示应用程序的图标了。

3.5.4　设置启动界面

当应用程序第一次启动的时候一般需要花费几秒钟的时间，显然几秒钟的黑屏肯定是很不美观的，所以 Apple 公司要求开发者为自己的程序添加启动界面的图片，图片可以是任何内容，不过最好还是要和应用的内容和功能相关。这样就做到了启动界面和程序运行界面在视觉上的无缝衔接，开发者需要提供期望适配设备所有尺寸、所有方向的图片。下面的"试试看"环节为程序添加一个启动图片。

试试看　**创建和设置启动图片**

(1) 使用 iPhone 4-inch 模拟器运行应用程序。

(2) 从菜单中依次选择 File | Save Screen Shot，这样就会在本地桌面创建一张 PNG 格式的图片。

(3) 在 Xcode 中，从 Project Navigator 中选择项目。

(4) 在 Launch Images 部分，单击 Source 选择器边上的箭头打开启动图片编辑器，如图 3-20 所示。

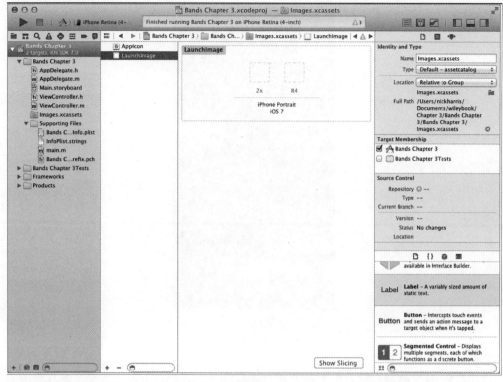

图 3-20

(5) 将刚才保存在桌面上的图片拖到第二个占位符的地方，松开鼠标，项目会自动完成保存图片。

(6) 再次使用模拟器运行应用程序，这次选择 iPhone 3.5-inch。

(7) 重复步骤 2 创建屏幕截图并保存在桌面。

(8) 将新创建的图片从桌面拖到第一个占位符的位置，松开鼠标，项目同样会自动保存该图片。

示例说明

Xcode 会自动适配应用程序支持的屏幕尺寸，根据开发者提供的启动画面尺寸和支持的屏幕类型而选择合适的图片。如果没有图片，则默认支持 4-inch 显示。使用模拟器进行截图，开发者可以创建加载 app 后比较能够代表用户界面的图片文件。与上节提到的图标原理类似，iOS 对于启动图片也规定了特殊的名称来区别不同的设备，Xcode 通过再次调用 asset catalog 来保存这些名称，这样系统就可以在不必特别记住特定文件名的前提下知道应该调用哪些图片。

3.6 真机调试

用模拟器测试 app 可以让开发者快速地对程序的原型和功能进行把握，不过想要真的

体验应用程序在 iPhone 设备上是如何展示的还是需要进行真机调试。当然首先要加入苹果
公司的 iOS 开发者计划，需要花费每年 99 美元的费用，这样就可以使用真机调试和发布
应用程序到 App Store，同时可以访问苹果开发者论坛寻找所需的资源。网址为：
https://developer.apple.com/devcenter/ios/。

　　每个运行在 iOS 系统真机上的应用程序都需要有对应的 Provisioning Profile，
Provisioning Profile 是一种数字版权管理(DRM)的形式。当用户从 App Store 购买 app 时，
就通过 App Store 的 Provisioning Profile 进行安装，当开发者对 app 进行测试时，需要安装
开发者 Provisioning Profile。两种 Provisioning Profile 都需要认证来对 profile 文件进行签名，
Xcode 对上面这个流程进行处理，如接下来的"试试看"环节所示。

试试看　真机测试

　　(1) 连接你的设备到 Mac 机器。

　　(2) 在 Xcode 中，依次单击 Window | Organizer 来打开 Organizer。

　　(3) 从 Organizer 窗体的最上面选择设备，如图 3-21 所示。

　　(4) 选择已经连接的设备，在主界面窗口中单击 Use for Development 按钮。

　　(5) 从出现的对话框中选择对应你的账户名，单击 Choose。

　　(6) 如果显示 Certificate Not Found 对话框，则单击 Request 申请一个新的证书并等待
Xcode 完成该任务。

　　(7) 在 Xcode 设备下拉选项中选择需要的 iOS 设备，单击 Run。Xcode 会将 app 自动
安装到开发者的设备中并运行。

图 3-21

示例说明

现在你用开发者账户注册了设备，生成了证书，注册成功了一个团队 Provisioning Profile。这个 Profile 由 Xcode 进行管理，现在就可以使用这个 Provisioning Profile 来进行真机测试了。

3.7　小结

本章使用 Xcode 开发环境完成开发了第一个 iPhone 应用程序，学到了 Xcode 工具的布局及如何使用其不同的编辑器完成具体的工作，比如 Interface Builder 和 info properties 编辑器等。同时学到了如何使用自带的模拟器选择不同的设备对应用程序进行测试，包括通过 Auto Layout 来实现支持屏幕的不同转向和不同尺寸。最后学习了如何注册开发者计划及创建证书，将应用程序在真机上进行测试。

练　习

(1) Xcode 左侧面板的名称是什么？

(2) 创建 iOS 应用程序用户界面用到的 Cocoa 框架是什么？

(3) 存储应用程序设置信息的文件类型是什么？

(4) 能够保证应用程序在不同屏幕尺寸下正确显示的 Xcode 的特色功能叫什么？

(5) 在 Interface Builder 中编辑用户界面对象属性的观察器名称是什么？

(6) 将 Bands 标签的颜色从黑色变为浅灰色。

(7) 添加一个带有文本的标签，并通过 auto layout 的底部、居中参照线使其底部对齐并始终在屏幕的下方显示。

(8) 变更版本号为 1.1。

本章知识点

标　题	关　键　概　念
创建一个 Xcode 项目	所有的 iOS 应用程序都在 Xcode 中编写，Xcode 中的项目包含了所有应用程序用到的代码文件、图像资源、配置文件和设置
构建一个用户界面	用户界面扮演着 Model-View-Controller 设计模式中的 View 的角色，是应用程序中用户交互的一部分。在 Xcode 中用户界面是使用 storyboard 的方式实现的，其中用到了场景和联线来表示应用程序的使用流程
使用 Auto Layout	iOS 设备有不同尺寸，并且屏幕和设备都可以自由旋转。苹果公司在 Xcode 中设计了 Auto Layout 特性来确保用户界面无论在设备如何旋转和变化下都能正确显示

标　　题	关 键 概 念
改变 App Settings	iOS 应用程序有很多设置项，其都存储在属性列表文件中，也称为 plist 文件。Xcode 自带的编辑器可以让开发者修改一些属性，这样就不必去记那些关键字和设置项。不过如果开发者选择在 plist 文件中修改这些设置也是可以的
在模拟器中运行应用程序	iOS 模拟器在 iOS 应用程序开发中是一个非常重要的工具，可以让开发者快速地使用 iOS 设备的环境来测试应用程序，而不需要连一台真实的设备到电脑上
在真机设备上运行应用程序	为了在真实设备上测试你的应用程序，需要通过开发者账户在苹果公司的网站上注册并进行配置。配置测试设备可以在 Xcode 中完成

第 4 章

创建用户输入窗体

本章主要内容：

- 创建模型对象并添加属性
- 构建一个可交互的用户界面
- 保存和读取数据

本章代码下载说明

本章代码可以从 www.wrox.com/go/begiosprogramming 的 Download Code 选项卡中下载。本章代码在 "chapter 04" 下载链接中，根据代码名称即可找到相应的代码。

第 3 章介绍了如何创建一个 iOS 应用程序，虽然应用程序的功能很简单，仅仅是对一些信息进行了显示，不过我们其实更希望让用户能够添加和编辑这些信息。本章将继续打造 Bands app，让用户可以添加和保存具体的乐队信息。

如果你曾经开发过桌面应用程序或者 Web 应用程序，应该对数据输入窗体很熟悉，包括涉及的对象和具体的类函数也应该有所了解。典型的就是提供给用户一个带有文本输入、开关或者选择栏等可供输入的组件，用户可以输入或者选择数据对象，这些在 iOS 应用程序中也是同样的。在 Visual Studio 中开发者添加用户界面对象到对话框或者窗体中，然后双击对象来关联用户行为对应的具体方法和处理事件，但是在 Xcode 中的方式略有不同，虽然两者的概念是类似的。

第一步就是添加一个代表乐队的基本模型对象。

4.1 Band 模型对象

在第 2 章中讨论过 iOS 应用程序都采用 Model-View-Controller 设计模式。对于 Bands

app 来说，model 就代表一个乐队(band)，最终将有多个模型代表的乐队信息，所以第一步就是创建一个类，这个类封装了应用程序可能用到的所有 band 模型所具有的属性。

band 对象应具备的属性包括：

- 名称——乐队名称。
- 备注——用户给乐队做的备注。
- 评级——用户对乐队的评级，从 1 到 10 分为 10 个等级。
- 巡演情况——乐队是否在巡演中或者是否已解散。
- 亲身经历——是否在演唱会中见过该乐队。

4.1.1 创建 Band 模型对象

WBABand 类将用于创建 Band 模型对象，三个大写字母作为前缀的类名也是遵循了苹果规定的命名习惯。该类的名称前缀使用了 Wrox 公司名和 Bands 应用程序名相结合的方式，就像苹果在规则中建议的那样。更多的有关命名的习惯可以参照苹果开发者资料库所示，地址在：http://developer.apple.com/library/mac/documentation/Cocoa/Conceptual/CodingGuidelines/CodingGuidelines.html。

试试看　**创建 WBABand 类**

(1) 在 Xcode 中，打开第 3 章我们创建的 Bands 项目。

(2) 依次单击 File | New | File，之后选择 Objective-C class，如图 4-1 所示。

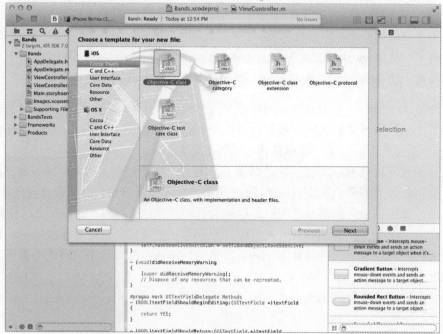

图 4-1

(3) 在接下来的对话框中，将类命名为WBABand，并在subclass下拉框中选择NSObject，如图 4-2 所示。

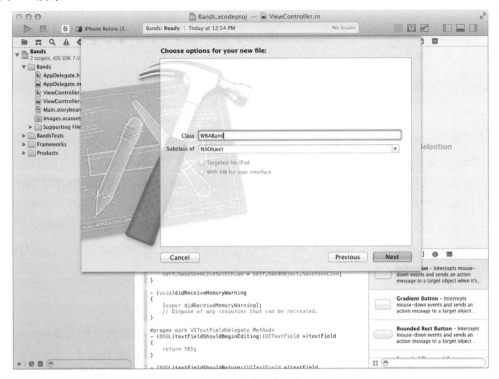

图 4-2

(4) 和其余项目文件一起保存，并确保其对应到 Bands 目标，最后单击 Create。

示例说明

我们创建了一个名称为 WBABand 的类，它是 NSObject 类的子类。正如我们在第 2 章所讨论的，NSObject 类为最基础的类，几乎是 iOS 应用程序中所有类的父类。开发者可以在 NSArrays 中使用 WBABand 类的实例，在第 5 章 "使用表视图"中我们会更多地用到。

4.1.2　创建枚举

在向 WBABand 类中添加属性前，应该先声明一个枚举类型的变量来表示乐队巡演情况的三种状态，即巡演中、不在巡演中、已解散。

枚举类型在大部分应用程序语言中都是非常常见的，开发者声明一个类型，其包含了已经命名好的元素。每个元素代表一个简单的整型，在代码中只要使用定义好的元素名称就可以了，这样就会大大增加应用程序的可读性。

试试看　创建枚举类型

(1) 在 Xcode 中，从 Project Navigator 中选择 WBABand.h 文件。

(2) 在代码编辑器中，将下面的代码添加到文件上面且置于 imports 部分之下。

```
typedef enum {
    WBATouringStatusOnTour,
    WBATouringStatusOffTour,
    WBATouringStatusDisbanded,
} WBATouringStatus;
```

(3) 保存文件,依次单击菜单中的 Project | Build 编译应用程序,验证代码没有错误。

示例说明

通过在 WBABand.h 文件中添加 typedef enum 关键字,创建了一个名为 WBATouring-Status 的新类型,通过导入 WBABand.h 文件就可以在任何代码编写中使用这个类型。最典型的枚举命名习惯就是采用统一的类名缩写作为前缀,之后跟着具体枚举要描述的事情,最后再把期望的不同值的名称填在后面。这样无论是对开发者自己还是其他应用程序阅读者来说都大大增加了应用程序的可读性。列在大括号中的元素会被默认分配一个整型的值,比如 WBATouringStatus 中 WBATouringStatusOnTour 的值为 0,WBATouringStatusOffTour 的值为 1,WBATouringStatusDisbanded 的值为 2。

4.1.3 为 Band 模型对象添加属性

我们已经声明了 WBATouringStatus 枚举类型,所有需要的类型都已经具备了,现在可以对 WBABand 类添加属性了。为了让代码可以访问属性,需要将其作为属性添加到 WBABand.h 类中,如下面的"试试看"环节中所示。

试试看　为类添加属性

(1) 在 Project Navigator 中选择 WBABand.h 文件。
(2) 在接口文件处添加如下代码。

```
@property (nonatomic, strong) NSString *name;
@property (nonatomic, strong) NSString *notes;
@property (nonatomic, assign) int rating;
@property (nonatomic, assign) WBATouringStatus touringStatus;
@property (nonatomic, assign) BOOL haveSeenLive;
```

(3) 保存文件,依次单击菜单中的 Project | Build 编译应用程序,验证代码没有错误。

示例说明

在第 2 章中介绍过,属性可以为一个 Objective-C 类添加成员变量,上面的代码创建的属性为 WBABand 类添加了所有有用到的成员变量。通过上一小节声明的枚举类型,就可以在类接口中使用该类型来声明一个属性。

现在创建了 WBABand 类并准备将其作为 Bands app 的模型,下一步就是学习如何创建一个用户界面用来让用户添加和编辑对象。

4.2　创建一个可交互的用户界面

前面的章节中在 UIView 中添加了 UILabel 对象，并通过 Xcode 自带的 Attributes Inspector 设置了它的属性。这些属性的设置都是在应用程序设计阶段就能确定下来的对象属性，大部分的用户界面对象可以通过这种预设值的方式进行操作，不过一旦用这种方式设置了对象的属性就无法用代码修改了。想要通过代码关联用户界面对象需要了解 IBOutlet 关键字的使用方法。

4.2.1　学习 IBOutlet

IBOutlet 代表 Interface Builder Outlet 的意思，是其缩写的一个组合。Xcode 通过这个关键字将代码中的对象与实际用户界面中添加的对象相关联。通过 Model-View-Controller 设计模式，一个 UIView 视图由一个 UIViewController 所控制。之前创建 Band 对象时使用的 Single View Application 模板包含了一个 ViewController 类，是 Storyboard 中为 UIView 对应创建的 UIViewController。这个类就是声明 IBOutlet 对象的地方，在这里将需要关联的在 UIView 中添加的 UIKit 对象进行声明，下面的"试试看"环节就来实际操作。

注意：

当关联 UI(User Interface)对象时，本书将使用你在 Xcode 可见的默认名称进行举例，因为有些情况下会关联到其 UIKit 名。比如当你从 Object library 或由 Storyboard 继承而添加一个新的 UI 对象时，在 Xcode 中该 UI 对象的名称通常为 Label、TextField，在这种情况下本书将使用 Label、TextField 这样的名称进行关联。而在实际操作中遇到的大多数其他情况下会关联其 UIKit 名。如果接下来的"试试看"环节中代码关联 IBOutlet 属性用的是 UIKit 对象名，那么在"示例说明"中也会使用同样的名称。

试试看　关联 IBOutlet

(1) 在 Xcode 中，将一个 UILabel 对象拖到 UIView 中，用 Interface Builder 的参照线使其处于 UIView 视图上方居中的位置，设置其 text 为 Band。

(2) 在 Project Navigator 中选择 ViewController.h 文件。

(3) 添加如下代码到 interface 部分。

```
@interface ViewController : UIViewController

@property (nonatomic, weak) IBOutlet UILabel *titleLabel;

@end
```

(4) 返回到 Main.storyboard，在编辑器左边的 Storyboard 继承树中选择 View Controller。

(5) 按住 Control 并拖曳会出现一条直线，将其另一端拖到之前创建的 UILabel 上直到两者相连并都处于高亮显示，如图 4-3 所示。

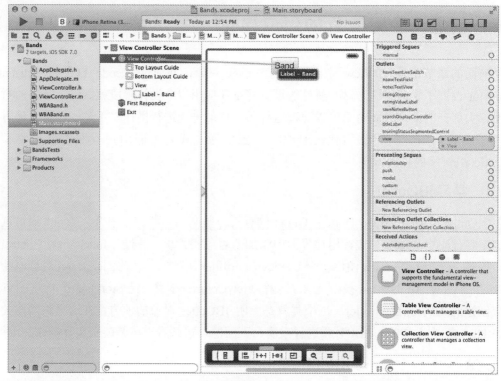

图 4-3

(6) 松开鼠标，之后在 Outlets 对话框中选择 titleLabel。

(7) 在 Project Navigator 中选择 ViewController.m 文件。

(8) 添加如下代码到 viewDidLoad 方法中。

```
- (void)viewDidLoad
{
    [super viewDidLoad];
    // Do any additional setup after loading the view, typically from a nib.

    NSLog(@"titleLabel.text = %@", self.titleLabel.text);
}
```

(9) 在模拟器中运行应用程序，可以看到控制台中显示：titleLabel.text=Band。

示例说明

在 ViewController 类接口中已经声明了一个具有 IBOutlet 关键字名称为 titleLabel 的 UILabel 属性，之后用 Interface Builder 将代码中的 titleLabel 和 UIView 中的 UILabel 进行了关联。最后在控制台打印输出了 titleLabel 中的文本属性，证明我们的关联是成功的。

注意：

IBOutlet 属性一般使用 weak 参数而非 strong 参数，因为对象的所有者就是 Storyboard，代码只需要对象的弱引用就可以了。

4.2.2 使用 UITextField 和 UITextFieldDelegate

UILabel 是最基本的 UIKit 对象之一，然而 Bands app 需要用户能够自行编辑乐队的名称，如果文本内容最多不超过一行文字，就可以使用 UITextField。遵循 Model-View-Controller 设计模式，UITextField 控件仍由其对应的 controller 来控制，完成这一任务是通过 UITextFieldDelegate 协议实现的。在 Bands app 中 UITextField 的控制器是 ViewController 类，所以该类需要实现 UITextFieldDelegate 协议。接下来的"试试看"环节具体介绍这一过程是如何实现的。

试试看　**添加一个 UITextField**

(1) 在 Main.storyboard 中添加一个 UILabel 对象到 UIView 中，用 Interface Builder 参照线使其处于 UIView 左边的位置，设置其 text 为 Name。

(2) 在 Objects library 中找到并拖曳一个新的 Text Field 对象到 UIView 中，并使其与刚才名为 Name 的 UILabel 对象对齐，并调整使其达到 UIView 的左右参照线的位置，如图 4-4 所示。

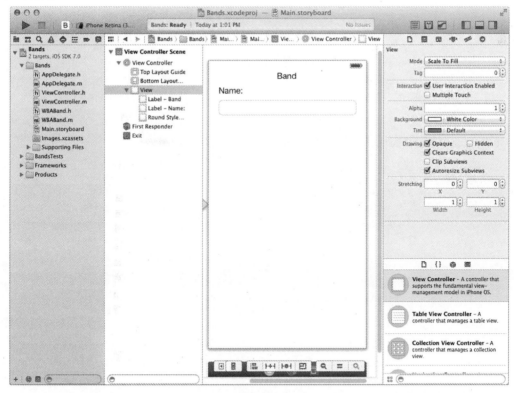

图 4-4

(3) 在 Project Navigator 中选择 viewController.h 文件，在 interface 部分添加下面的代码。

```
#import "WBABand.h"
```

```
@interface ViewController : UIViewController <UITextFieldDelegate>

@property (nonatomic, strong) WBABand *bandObject;
@property (nonatomic, weak) IBOutlet UILabel *titleLabel;
@property (nonatomic, weak) IBOutlet UITextField *nameTextField;

@end
```

(4) 返回到 Main.storyboard，在编辑器左边的 Storyboard 继承树中选择 View Controller。

(5) 用上一小节介绍的方法将 nameTextField 和 UITextField 进行关联。

(6) 在 UIView 中选择 UITextField，之后用同样的按住 Control 拖曳的方式从 UITextField 拖一条线到 Storyboard 继承树中的 View Controller 上。

(7) 松开鼠标，在显示的对话框中选择委托。

(8) 从 Project Navigator 中选择 viewController.m 文件。

(9) 添加如下代码到 viewDidLoad 方法中。

```
- (void)viewDidLoad
{
    [super viewDidLoad];
    // Do any additional setup after loading the view, typically from a nib.

    NSLog(@"titleLabel.text = %@", self.titleLabel.text);

    self.bandObject = [[BandObject alloc] init];
}
```

(10) 在具体功能实现代码段中添加如下应用程序。

```
- (BOOL)textFieldShouldBeginEditing:(UITextField *)textField
{
    return YES;
}

- (BOOL)textFieldShouldReturn:(UITextField *)textField
{
    self.bandObject.name = self.nameTextField.text;
    [self.nameTextField resignFirstResponder];
    return YES;
}

- (BOOL)textFieldShouldEndEditing:(UITextField *)textField
{
    self.bandObject.name = self.nameTextField.text;
    [self saveBandObject];
    [self.nameTextField resignFirstResponder];
    return YES;
}
```

(11) 选择 iPhone 4-inch 模拟器运行应用程序，选择 UITextField，屏幕下方就会弹出软键盘用于输入内容，如图 4-5 所示。

(12) 在 UITextField 输入框中键入 My Band，之后单击软键盘右下角的 return，文本 My Band 输入成功并且软键盘也被隐藏。

图 4-5

示例说明

在 ViewController.h 文件中为名为 nameTextField 的 UITextField 对象添加了 IBOutlet 属性，同时也声明了名为 bandObject 的 WBABand 属性来表示一个模型。并且还声明了 ViewController 类实现 UITextFieldDelegate 协议。

使用 Interface Builder 在 UIView 视图中添加一个 UILabel 和 UITextField 对象供用户输入内容。在建立 UITextField 和 nameTextField 对象的关联后，又设置了其委托类为 viewController。之所以可以这样做是因为我们声明了 ViewController 类实现了 UITextFieldDelegate 协议。

最后在 ViewController 类中添加具体的实现代码，在 viewDidLoad 方法中加入代码对 bandObject 对象初始化，接下来还添加了 UITextFieldDelegate 协议的方法。

UITextFieldDelegate 协议处理用户与 nameTextField 对象进行交互或者触发等事件，实现的协议中的第一个方法是 textFieldShouldBeginEditing:，用于告诉系统 nameTextField 对象为第一响应者，成为第一响应者的意思就是当有用户发生交互操作时该对象为第一处理者。由于我们将 UITextField 设为第一响应者，所以在用户单击该对象时就弹出了软键盘。我们没有对输入数据的正确性进行认证，所以其返回值一直是 YES。不过还有很多应用程序可能需要对输入的其他数据进行验证，并避免 UITextField 成为第一响应者。这些情况下需要返回 NO。

第二个实现的 UITextFieldDelegate 协议的具体方法名称为 textFieldShouldReturn:，当用户单击弹出的软键盘上的 return 键时会触发该方法。在实现过程中首先对 bandObject 设置 name 属性，之后取消 nameTextField 的第一响应者。由于此时第一响应者不再是 UITextField，所以系统应隐藏软键盘。

实现的 UITextFieldDelegate 协议的最后一个方法为 textFieldShouldEndEditing:，是用来处理当另一个对象试图成为第一响应者时的动作，具体的实现内容和 textFieldShouldReturn: 类似。

常见错误：

如果当你测试应用程序时发现单击了键盘上的 return 按钮但键盘没有隐藏，需要注意应用程序是否实现了 textFieldShouldReturn:方法，并且是否取消了 nameTextField 的第一响应者的身份。并确认 nameTextField 的委托与 ViewController 类是否正确关联。上面的两点中有一个没有实现就会导致屏幕上键盘弹不回去的错误。

4.2.3 使用 UITextView 和 UITextViewDelegate

Bands app 有一个功能就是对每一个乐队添加备注信息，这些信息是用户自行输入的，而且内容可以是需要多行显示的。对于文本输入的问题，支持多行输入的对象为 UITextView。UITextView 的实现大部分与 UITextField 类似。其对应的控制器为 UITextViewDelegate 协议。与上面的 UITextField 一样，ViewController 类作为对应 UITextView 的委托。

试试看　添加一个 UITextView

(1) 在 Main.storyboard 中添加一个 UILabel 到 UIView 上，使用 Interface Builder 参照线使其左对齐，设置其 text 为 Notes:。

(2) 在 Object library 中找到并拖曳一个新的 Text View 对象到 UIView 视图中，使其置于 Notes UILable 下面并对齐，并调整输入框的大小达到 UIView 的左右参照线的位置，设置其 height 属性为 90 像素。

(3) 在 Attributes Inspector 中，将 UITextView 的背景色改为 Light Gray(浅灰)。

(4) 在 Project Navigator 处选择 ViewController.h，在 interface 部分添加如下代码。

```
@interface ViewController : UIViewController <UITextFieldDelegate,
UITextViewDelegate>

@property (nonatomic, strong) WBABand *bandObject;
@property (nonatomic, weak) IBOutlet UILabel *titleLabel;
@property (nonatomic, weak) IBOutlet UITextField *nameTextField;
@property (nonatomic, weak) IBOutlet UITextView *notesTextView;

@end
```

(5) 返回到 Main.storyboard，选择编辑器左侧 Storyboard 继承树中的 View Controller。

(6) 用之前介绍过的方法将 notesTextView 与 UITextView 进行关联。

(7) 同样用之前的方法将 notesTextView 的委托与 ViewController 相关联。

(8) 在 Project Navigator 中选择 ViewController.m 文件。

(9) 添加如下代码到实现应用程序中。

```
- (BOOL)textViewShouldBeginEditing:(UITextView *)textView
{
    return YES;
}

- (BOOL)textViewShouldEndEditing:(UITextView *)textView
{
    self.bandObject.notes = self.notesTextView.text;
    [self.notesTextView resignFirstResponder];
    return YES;
}
```

(10) 选择 iPhone 4-inch 模拟器运行应用程序，单击 notesTextView 对象时会弹出键盘，用户可以输入文本。

(11) 单击 return 按钮切换到下一行。

示例说明

UITextView 和 UITextViewDelegate 的关系同 UITextField 和 UITextFieldDelegate 类似。
UITextViewDelegate 协议中的 textViewShouldBeginEditing: 方法用来告知系统当前
notesTextView 应该成为第一响应者，并需要弹出软键盘。另一个 UITextViewDelegate 协议
的方法为 textViewShouldEndEditing:，当有其他对象成为第一响应者时调用该方法。在具
体的实现部分用用户在 notesTextView 中输入的内容设置 bandObject 对象的 notes 属性，之
后取消 notesTextView 的第一响应者的身份。

UITextField 和 UITextView 的不同在于单击弹出的键盘上的 return 后，UITextView 是
换行操作，而不是直接触发像 UITextField 那样的委托方法。这就带来了一个问题，用户如
何告诉 UITextView 已经输入完成了呢？

4.2.4　使用 UIButton 和 IBAction

告诉 UITextView 输入结束的最简单的方法就是添加一个 UIButton，当用户单击该按钮
时，UITextView 就作为第一响应者被释放。不过 UIButton 对象是没有相对应的
UIButtonDelegate 的，取而代之的是必须通过和一系列的单击操作事件进行关联。在
Interface Builder 中为了使具体的方法可见，需要使用到 IBAction 关键字，IBAction 其实
就是 Interface Builder Action 的缩写。

试试看　添加一个 UIButton

(1) 在 Project Navigator 中选择 Main.storyboard，打开 Interface Builder。

(2) 从 Object library 中找到并拖曳一个新的 Button 对象到界面中，放置于 Notes
UILabel 的右上方并和它对齐。

(3) 在 Attributes Inspector 中设置 UIButton 的 text 为 Save。

(4) 同样在 Attributes Inspector 中，取消 Enabled 复选框的勾选。

(5) 在 Project Navigator 中选择 ViewController.h 文件，添加如下代码到 interface 部分。

```
@interface ViewController : UIViewController <UITextFieldDelegate,
UITextViewDelegate>

@property (nonatomic, strong) WBABand *bandObject;
@property (nonatomic, weak) IBOutlet UILabel *titleLabel;
@property (nonatomic, weak) IBOutlet UITextField *nameTextField;
@property (nonatomic, weak) IBOutlet UITextView *notesTextView;
@property (nonatomic, weak) IBOutlet UIButton *saveNotesButton;

- (IBAction)saveNotesButtonTouched:(id)sender;

@end
```

(6) 选择 ViewController.m 文件，添加如下代码到应用程序实现部分。

```
- (BOOL)textViewShouldBeginEditing:(UITextView *)textView
{
    self.saveNotesButton.enabled = YES;
    return YES;
}

- (BOOL)textViewShouldEndEditing:(UITextView *)textView
{
    self.bandObject.notes = self.notesTextView.text;
    [self.notesTextView resignFirstResponder];
    self.saveNotesButton.enabled = NO;
    return YES;
}

- (IBAction)saveNotesButtonTouched:(id)sender
{
    [self textViewShouldEndEditing:self.notesTextView];
}
```

(7) 返回到 Main.storyboard，建立 saveNotesButton 到 UIButton 的关联。

(8) 按住 Control 键反向拖曳到 Storyboard 中的 View Controller 上，在选择框中选择 saveNotesButtonTouched:。

(9) 选择 iPhone 4-inch 模拟器运行应用程序，当用户选择 notesTextView 对象时，saveNotesButton 处于可被单击状态。当用户单击了 saveNotesButton 按钮后，该按钮处于不可单击状态，同时键盘隐藏。

示例说明

通过实现 IBAction 的方法 saveNotesButtonTouched:，可以将按钮 saveNotesButton 与单击按钮事件相关联。我们可以使用 saveNotesButton 的 enabled 特性表示该按钮是同其对应的 NotesTextView 的输入情况相关。当 saveNotesButton 按钮可单击或者被单击时，就会调用 saveNotesButtonTouched:方法，同时 notesTextView 不再是第一响应者并隐藏键盘。

4.2.5 使用 UIStepper

很多时候在创建用户界面时会有这样一种需求，就是对整型数量进行增减操作，UIStepper 控件就是用来完成这个操作的。一个 UIStepper 控件由一组位于左边的"减号"按钮和右边的"加号"按钮组成，单击任何一边都会相应地对数值进行加或减的操作。可以使用 UIStepper 对象来表示 bandObject 的 rating 属性，即乐队评级参数的设置。

试试看 添加一个 UIStepper

(1) 在 Main.storyboard 中添加一个新的 UILabel 对象，并用 Interface Builder 参照线使其靠左对齐，设置该 UILabel 的文本为 Rating:。

(2) 从 Object library 中找到并拖曳一个新的 Stepper 到 UIView 中，并用 Interface Builder 参照线使其置于 Rating UILabel 的下面并使两者靠左对齐。

(3) 在 Attributes Inspector 中设置 minimum 值为 0，maximum 值为 10，current 值为 0，step value 值为 1。

(4) 再添加另一个 UILabel 到 UIView 中，并用 Interface Builder 参照线使其置于 UIView 的右端对齐，并和 UIStepper 竖直居中，设置其 text 为 0，如图 4-6 所示。

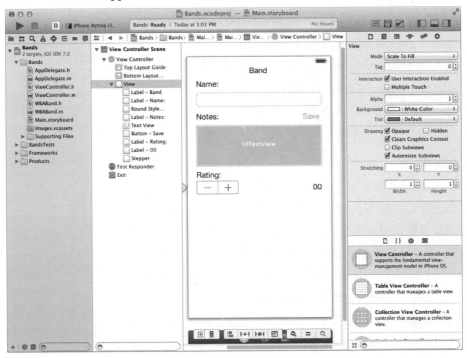

图 4-6

(5) 从 Project Navigator 处选择 ViewController.h，添加如下代码到应用程序的 interface 部分。

```
@interface ViewController : UIViewController <UITextFieldDelegate,
UITextViewDelegate>

@property (nonatomic, strong) WBABand *bandObject;
@property (nonatomic, weak) IBOutlet UILabel *titleLabel;
@property (nonatomic, weak) IBOutlet UITextField *nameTextField;
@property (nonatomic, weak) IBOutlet UITextView *notesTextView;
@property (nonatomic, weak) IBOutlet UIButton *saveNotesButton;
@property (nonatomic, weak) IBOutlet UIStepper *ratingStepper;
@property (nonatomic, weak) IBOutlet UILabel *ratingValueLabel;

- (IBAction)saveNotesButtonTouched:(id)sender;
- (IBAction)ratingStepperValueChanged:(id)sender;


@end
```

(6) 选择 ViewController.m 并添加如下代码到应用程序实现部分。

```
- (IBAction)ratingStepperValueChanged:(id)sender
{
    self.ratingValueLabel.text =
[NSString stringWithFormat:@"%g", self.ratingStepper.value];
    self.bandObject.rating = (int)self.ratingStepper.value;
}
```

(7) 返回到 Main.storyboard，建立 ratingStepper 到 UIStepper 的关联及 ratingValueLabel 到 UILabel 的关联。

(8) 将 ratingStepperValueChanged:方法关联到 ratingStepper。

(9) 选择 iPhone 4-inch 模拟器运行应用程序，当单击 ratingStepper 对象的加号"+"或者减号"-"按钮时，ratingValueLabel 的数值会对应的增减，如图 4-7 所示。

示例说明

UIStepper 对象包含最小值和最大值两个属性，用户通过加减按钮操作改变数值时不会超过其限制。通过设置 ratingStepper 的最大值和最小值及每次改变的阶梯数值，我们就可以实现用户在 0 到 10 中每次以 1 的增减量进行调整数值。我们还实现了 IBAction 方法使代码关联到 ratingStepper 对象的数值改变事件(Value Changed event)，当 ratingStepper 的数值发生改变时就会调用 ratingStepperValueChanged:方法，完成同步更新 ratingLabel 显示

图 4-7

数值的操作。由于 UIStepper 的值是双精度类型，因此需要在设置 bandObject 对象的 rating 属性前将其强制转化为整型。

4.2.6 使用 UISegmentedControl

接下来要在 WBABand 类的众多功能中添加乐队巡演状态的信息，使用到的是 UISegmentedControl。UISegmentedControl 和上一小节介绍的 UIStepper 类似，除了该对象可以控制其需要包含多少部分及指定具体每个部分的文本或图片是什么样子。每个部分都可视为一个独立的按钮，当单击时可以一直处于选中状态，也可以像 UIStepper 那样随时改变。对于巡演状态的设定，使用 UISegmentedControl 使其保持选中状态。

试试看

(1) 在 Main.storyboard 中添加一个 UILabel 并用 Interface Builder 参照线使其靠 UIView 的左侧对齐，设置其 text 为 Touring Status:。

(2) 在 Object library 中找到并拖曳一个新的 Segmented Control 到视图中，调整它的尺寸使其正好与视图的左边和右边对齐，且置于 Touring Status UILabel 之下。

(3) 在 Attributes Inspector 中设置其分三个部分。

(4) 设置 Segment 0 部分的 Title 为 On Tour。

(5) 使用 segment selector 选择 Segment 1 部分，并设置其 Title 为 Off Tour。

(6) 使用 segment selector 选择 Segment 2 部分，并设置其 Title 为 Disbanded。

(7) 在 Project Navigator 中选择 ViewController.h，在 interface 部分添加如下代码。

```
@interface ViewController : UIViewController <UITextFieldDelegate,
UITextViewDelegate>

@property (nonatomic, strong) WBABand  *bandObject;
@property (nonatomic, weak) IBOutlet UILabel *titleLabel;
@property (nonatomic, weak) IBOutlet UITextField *nameTextField;
@property (nonatomic, weak) IBOutlet UITextView *notesTextView;
@property (nonatomic, weak) IBOutlet UIButton *saveNotesButton;
@property (nonatomic, weak) IBOutlet UIStepper *ratingStepper;
@property (nonatomic, weak) IBOutlet UILabel *ratingValueLabel;
@property (nonatomic, weak) IBOutlet UISegmentedControl
*touringStatusSegmentedControl;

- (IBAction)saveNotesButtonTouched:(id)sender;
- (IBAction)ratingStepperValueChanged:(id)sender;
- (IBAction)tourStatusSegmentedControlValueChanged:(id)sender;

@end
```

(8) 选择 ViewController.m，添加如下代码在实现应用程序中。

```
- (IBAction)tourStatusSegmentedControlValueChanged:(id)sender
{
    self.bandObject.touringStatus =
self.touringStatusSegmentedControl.selectedSegmentIndex;
}
```

(9) 返回Main.Storyboard，建立 touringStatusSegmentedControl 到 UISegmentedControl 的关联。

(10) 建立 touringStatusSegmentedControl 到 tourStatusSeg-mentedControlValueChanged:方法的关联。

(11) 选择 iPhone 4-inch 模拟器运行应用程序，当用户按下 touringStatusSegmentedControl 的某一部分时，该部分被选中，其他部分自动处于未被选中状态，如图 4-8 所示。

图 4-8

示例说明

我们在 UIView 中添加了一个 UISegmentedControl 对象，并设置其由三个部分组成，分别代表一种乐队巡演状态，状态的值就是在本章一开始创建的 WBATouringStatus 枚举类型。之后在 ViewController 类中建立了该对象到 touringStatusSegmented-

Control 的关联。同 UIButton 类似，UISegmentedControl 也没有相应的委托协议，所以要得到用户操作的信息就需要添加名为 tourStatusSegmentedControlValueChanged:的 IBAction 方法，当用户在 Segment 的不同部分进行选择时应用程序就会调用该方法，在其具体实现代码中可以用 selectedSegmentIndex 属性对 bandObject 对象的 touringStatus 属性进行设置，因为 segment 和 WBATouringStatus 枚举都是从 0 开始计数的。

4.2.7　使用 UISwitch

下面要为 WBABand 类添加最后一个属性了，即使用 UISwitch 对象实现用户是否看过某一乐队演出的标记。UISwitch 对象的功能很容易理解，主要实现对一个动作是开启还是关闭状态的切换，UISwitch 同样没有对应的委托协议，所以仍需要一个 IBAction 方法来接收用户动作的响应。

试试看　**添加一个 UISwitch**

(1) 在 Main.storyboard 中添加一个新的 UILabel，并用 Interface Builder 参照线使其靠 UIView 的左侧对齐，设置其 text 为 Have Seen:。

(2) 从 Object library 中找到并拖曳一个新的 Switch 对象到 UIView，同上面的 Have Seen UILabel 水平对齐，置于 UIView 的右侧。

(3) 在 Project Navigator 中选择 ViewController.h，在 interface 部分添加如下代码。

```
@interface ViewController : UIViewController <UITextFieldDelegate,
UITextViewDelegate>

@property (nonatomic, strong) WBABand *bandObject;
@property (nonatomic, weak) IBOutlet UILabel *titleLabel;
@property (nonatomic, weak) IBOutlet UITextField *nameTextField;
@property (nonatomic, weak) IBOutlet UITextView *notesTextView;
@property (nonatomic, weak) IBOutlet UIButton *saveNotesButton;
@property (nonatomic, weak) IBOutlet UIStepper *ratingStepper;
@property (nonatomic, weak) IBOutlet UILabel *ratingValueLabel;
@property (nonatomic, weak) IBOutlet UISegmentedControl
*touringStatusSegmentedControl;
@property (nonatomic, weak) IBOutlet UISwitch *haveSeenLiveSwitch;

- (IBAction)saveNotesButtonTouched:(id)sender;
- (IBAction)ratingStepperValueChanged:(id)sender;
- (IBAction)tourStatusSegmentedControlValueChanged:(id)sender;
- (IBAction)haveSeenLiveSwitchValueChanged:(id)sender;

@end
```

(4) 在 Project Navigator 中选择 ViewController.m，添加如下代码到实现部分。

```
- (IBAction)haveSeenLiveSwitchValueChanged:(id)sender
{
```

```
    self.bandObject.haveSeenLive = self.haveSeenLiveSwitch.on;
}
```

(5) 返回到 Main.Storyboard，建立 haveSeenLiveSwitch 属性和 haveSeenLiveSwitchValue-Changed:方法到 UISwitch 的关联。

(6) 选择 iPhone 4-inch 模拟器运行应用程序，可以操作 UISwitch 控件设置开启关闭状态，实时改变 bandObject 中 haveSeen 属性的值，如图 4-9 所示。

图 4-9

示例说明

我们在 Storyboard 中给 UIview 添加了一个 UISwitch 对象，之后声明了一个命名为 haveSeenLiveSwitch 的 IBOutlet 接口和一个名为 haveSeenLiveSwitchValueChanged: 的 IBAction 方法，并将其和 UISwitch 进行了关联，最后在应用程序具体实现部分设置了 bandObject 的 haveSeenLive 属性和 haveSeenLiveSwitch 的关联。

4.3 保存和取回数据

让用户可以在应用程序中自由输入数据固然是非常好的，但是应用程序必须要做的一件事就是要对输入的数据进行保存并可以取回再次呈献给用户。在 iOS 应用程序中有很多方法可以实现数据的存储和读取，其中最简单的方法是采用 NSUserDefaults 的方式。文档系统使用 NSUserDefaults 来保存应用程序的基本设置项，但是由于其比较简单，因此一般用于数量比较小的保存取回操作，可以用这个方法来保存和取回 WBABand 类的一个实例。

4.3.1 实现 NSCoding 协议

在对 WBABand 类的实例进行保存前，需要声明 WBABand 类实现了 NSCoding 协议，并给WBABand类的实现文件添加该协议的两个方法，即initWithCoder:和 encodeWithCoder:。

这两个方法主要是完成编码和解码操作，好让系统对数据进行归档并保存到本地。

| 试试看 | 实现 NSCoding 协议 |

(1) 在 Project Navigator 中选择 WBABand.h 文件，在 interface 部分添加如下代码。

```objc
@interface WBABand : NSObject <NSCoding>

@property (nonatomic, strong) NSString *name;
@property (nonatomic, strong) NSString *notes;
@property (nonatomic, weak) int rating;
@property (nonatomic, weak) WBATouringStatus touringStatus;
@property (nonatomic, weak) BOOL haveSeenLive;

@end
```

(2) 在 Project Navigator 中选择 WBABand.m 文件，添加如下代码到实现文件。

```objc
static NSString *nameKey = @"BANameKey";
static NSString *notesKey = @"BANotesKey";
static NSString *ratingKey = @"BARatingKey";
static NSString *tourStatusKey = @"BATourStatusKey";
static NSString *haveSeenLiveKey = @"BAHaveSeenLiveKey";

@implementation WBABand

-(id) initWithCoder:(NSCoder*)coder
{
    self = [super init];

    self.name = [coder decodeObjectForKey:nameKey];
    self.notes = [coder decodeObjectForKey:notesKey];
    self.rating = [coder decodeIntegerForKey:ratingKey];
    self.touringStatus = [coder decodeIntegerForKey:tourStatusKey];
    self.haveSeenLive = [coder decodeBoolForKey:haveSeenLiveKey];

    return self;
}

- (void)encodeWithCoder:(NSCoder *)coder
{
    [coder encodeObject:self.name forKey:nameKey];
    [coder encodeObject:self.notes forKey:notesKey];
    [coder encodeInteger:self.rating forKey:ratingKey];
    [coder encodeInteger:self.touringStatus forKey:tourStatusKey];
    [coder encodeBool:self.haveSeenLive forKey:haveSeenLiveKey];
}

@end
```

示例说明

NSCoding 协议可以实现对类的实例进行编码并归档,就如同用归档的方法将其初始化一样。在 WBABand 类的 interface 部分我们在协议列表中添加该协议,来完成对这个协议的声明,并将该协议的两个方法 initWithCoder:和 encodeWithCoder:添加到 WBABand 类实现中。这两个方法将 NSCoder 对象的实例视为一个对数据实际进行归档和反归档操作的实体,应用程序具体如何对 NSCoder 对象进行归档和反归档对于 WBABand 类来说并不重要,需要做的就是调用编码和解码函数对其成员变量通过键值匹配的方式进行打包,数据原始类型都有自身的编码和解码函数。对于 WBABand 类中的整型和枚举类型的成员变量,使用 encodeInteger:forKey:和 decodeIntegerForKey:方法,比如 haveSeenLive 这种布尔型的属性可以使用 encodeBool:forKey 和 decodeBoolForKey:方法,对于 NSObject 对象实例的成员变量可以使用 encodeObject:forKey 和 decodeObjectForKey:方法。其中的这些 Key 值始终是 NSString 的实例,在 WBABand.m 文件的最开始就要对所有的 key 都声明其为静态 NSString 类型的实例,通过对 NSCoding 协议两个方法的实现过程,就可以准备对 WBABand 类进行数据保存工作了。

4.3.2　保存数据

要将 WBABand 类的实例保存到本地需要使用 standardUserDefaults 类,该类是 NSUserDefaults 类的一个全局实例,其工作原理类似 NSCoder,通过键值匹配将原始类型和 NSObject 实例保存到本地磁盘上。要将 WBABand 类的实例保存的第一步需要将其归档为 NSData 对象,其可以理解为一个缓冲区内的面向对象的封装。使用 NSCoder 的子类 NSKeyedArchiver 类来实现,当调用 archiveDataWithRootObject:方法时其会调用在 WBABand 类中实现的 encodeWithCoder:方法来创建 NSData 归档,之后该归档会通过 setObject:forKey:方法将其保存到 standardUserDefaults 中。

试试看　使用 NSUserDefaults 保存数据

(1) 在 Project Navigator 中选择 ViewController.h 文件,在 interface 部分添加如下代码。

```
@interface ViewController : UIViewController <UITextFieldDelegate,
UITextViewDelegate>

@property (nonatomic, strong) WBABand *bandObject;
@property (nonatomic, weak) IBOutlet UILabel *titleLabel;
@property (nonatomic, weak) IBOutlet UITextField *nameTextField;
@property (nonatomic, weak) IBOutlet UITextView *notesTextView;
@property (nonatomic, weak) IBOutlet UIButton *saveNotesButton;
@property (nonatomic, weak) IBOutlet UIStepper *ratingStepper;
@property (nonatomic, weak) IBOutlet UILabel *ratingValueLabel;
@property (nonatomic, weak) IBOutlet UISegmentedControl
*touringStatusSegmentedControl;
@property (nonatomic, weak) IBOutlet UISwitch *haveSeenLiveSwitch;
```

```
- (IBAction)saveNotesButtonTouched:(id)sender;
- (IBAction)ratingStepperValueChanged:(id)sender;
- (IBAction)tourStatusSegmentedControlValueChanged:(id)sender;
- (IBAction)haveSeenLiveSwitchValueChanged:(id)sender;

- (void)saveBandObject;

@end
```

(2) 在 Project Navigator 中选择 ViewController.m 文件,添加如下应用程序到实现文件。

```
#import "ViewController.h"

static NSString *bandObjectKey = @"BABandObjectKey";

@implementation ViewController
```

(3) 添加如下代码段到 ViewController 实现文件。

```
- (void)saveBandObject
{
    NSData *bandObjectData =
[NSKeyedArchiver archivedDataWithRootObject:self.bandObject];
    [[NSUserDefaults standardUserDefaults]
setObject:bandObjectData forKey:bandObjectKey];
}
```

(4) 在对之前的方法属性进行设置后,添加一个对 saveBandObject 方法的调用。

```
- (BOOL)textFieldShouldReturn:(UITextField *)textField
{
    self.bandObject.name = self.nameTextField.text;
    [self saveBandObject];
    [self.nameTextField resignFirstResponder];
    return YES;
}


- (BOOL)textViewShouldEndEditing:(UITextView *)textView
{
    self.bandObject.notes = self.notesTextView.text;
    [self saveBandObject];
    [self.notesTextView resignFirstResponder];
    self.saveNotesButton.enabled = NO;
    return YES;
}


- (IBAction)ratingStepperValueChanged:(id)sender
{
    self.ratingValueLabel.text = [NSString stringWithFormat:@"%g",
self.ratingStepper.value];
    self.bandObject.rating = (int)self.ratingStepper.value;
```

```
    [self saveBandObject];
}

- (IBAction)tourStatusSegmentedControlValueChanged:(id)sender
{
    self.bandObject.touringStatus =
self.touringStatusSegmentedControl.selectedSegmentIndex;
    [self saveBandObject];
}

- (IBAction)haveSeenLiveSwitchValueChanged:(id)sender
{
    self.bandObject.haveSeenLive = self.haveSeenLiveSwitch.on;
    [self saveBandObject];
}
```

(5) 编译项目并确保没有错误。

示例说明

首先在 ViewController 类的 interface 部分声明了一个名为 saveBandObject 的新方法，在其实现文件中使用 NSKeyedArchiver 类的 archiveDataWithRootObject:方法对 bandObject 对象进行归档操作，之后在 standardUserDefaults 中通过 setObject:forKey 方法对该归档进行设置。其 Key 就是一串 NSString 类型且名为 bandObjectKey 的字段，该字段是之前在 ViewController.m 文件中声明的静态变量。standardUserDefaults 会定时将数据写入磁盘而不需要开发者花费多余的精力来进行处理。最终添加一系列的对 saveBandObject 对象的调用方法 IBAction 来确保用户操作的数据能够准确地被保存下来。

4.3.3 取回数据

从 NSUserDefaults 中取回已存储的数据基本上就是保存操作的逆过程，使用 objectForKey:方法和相同的 bandObjectKey 值从 standardUserDefaults 中取回需要的对象。其会返回 NSData 类型的归档，之后使用 NSKeyedUnarchiver 类的 unarchiveObjectWithData: 方法对数据进行反归档，最终得到之前归档的 WBABand 的实例。

试试看 从 NSUserDefaults 中取回数据

(1) 在 Project Navigator 中选择 ViewController.h 文件，在 interface 部分添加如下代码。

```
@interface ViewController : UIViewController <UITextFieldDelegate,
UITextViewDelegate>

@property (nonatomic, strong) WBABand *bandObject;
@property (nonatomic, weak) IBOutlet UILabel *titleLabel;
@property (nonatomic, weak) IBOutlet UITextField *nameTextField;
@property (nonatomic, weak) IBOutlet UITextView *notesTextView;
@property (nonatomic, weak) IBOutlet UIButton *saveNotesButton;
@property (nonatomic, weak) IBOutlet UIStepper *ratingStepper;
```

```
@property (nonatomic, weak) IBOutlet UILabel *ratingValueLabel;
@property (nonatomic, weak) IBOutlet UISegmentedControl
*touringStatusSegmentedControl;
@property (nonatomic, weak) IBOutlet UISwitch *haveSeenLiveSwitch;

- (IBAction)saveNotesButtonTouched:(id)sender;
- (IBAction)ratingStepperValueChanged:(id)sender;
- (IBAction)tourStatusSegmentedControlValueChanged:(id)sender;
- (IBAction)haveSeenLiveSwitchValueChanged:(id)sender;

- (void)saveBandObject;
- (void)loadBandObject;
- (void)setUserInterfaceValues;

@end
```

(2) 在 Project Navigator 中选择 ViewController.m 文件，添加如下代码到实现应用程序中。

```
- (void)loadBandObject
{
    NSData *bandObjectData = [[NSUserDefaults standardUserDefaults]
objectForKey:bandObjectKey];

    if(bandObjectData)
        self.bandObject =
[NSKeyedUnarchiver unarchiveObjectWithData:bandObjectData];
}

- (void)setUserInterfaceValues
{
    self.nameTextField.text = self.bandObject.name;
    self.notesTextView.text = self.bandObject.notes;
    self.ratingStepper.value = self.bandObject.rating;
    self.ratingValueLabel.text = [NSString stringWithFormat:@"%g",
self.ratingStepper.value];
    self.touringStatusSegmentedControl.selectedSegmentIndex =
self.bandObject.touringStatus;
    self.haveSeenLiveSwitch.on = self.bandObject.haveSeenLive;
}
```

(3) 用下面的代码修改 viewDidLoad 方法。

```
- (void)viewDidLoad
{
    [super viewDidLoad];
    // Do any additional setup after loading the view, typically from a nib.

    NSLog(@"titleLabel.text = %@", self.titleLabel.text);

    [self loadBandObject];
```

```
    if(!self.bandObject)
        self.bandObject = [[BandObject alloc] init];

    [self setUserInterfaceValues];
}
```

(4) 选择 iPhone 4-inch 模拟器运行应用程序并输入一些数据。

(5) 重启应用程序，第 4 步中输入的数据会被重载。

示例说明

在 ViewController 的 interface 部分声明了两个新方法，分别是 loadBandObject 和 setUserInterfaceValues。在 loadBandObject 方法的实现过程中首先尝试从 standardUser-Defaults 中通过 bandObjectKey 取回一个 NSData 类型的归档。如果没有归档对象，则返回 nil；如果有，则调用 NSKeyedUnarchiver 类的 unarchiveObjectWithData:方法对 WBABand 实例进行反归档并设置 bandObject 属性。

在 ViewController 的 viewDidLoad 方法中添加了一个对 loadBandObject 的调用，及判断 bandObject 属性是否是归档数据类型的功能。如果 bandObject 为 nil，代码就会实例化一个新的 WBABand 的实例。最后添加了一个对 setUSerInterfaceValues 的调用，其用来实现使用 bandObject 的成员值来对用户界面进行设置。

4.3.4　删除已存数据

如果需要删除已经保存在 standUserDefaults 中的数据，只需要将具体对象对应的关键值(key)设成 nil 即可。在用户界面流加删除功能还是有点麻烦的。当你要删除指定数据前一定要核实用户是否确定要删除该数据。在 iOS 应用程序中最理想的办法就是用 UIActionSheet 提示用户，该弹出框包含一个红字提醒的"destructive"按钮，用来特别提醒用户是否确定永久删除该数据。

UIActionSheet 同样有自己的委托。当用户单击 UIActionSheet 上具体的按钮时，就会通知委托函数用户行为，该过程是通过集成在 UIActionSheetDelegate 协议中的 actionSheet:clickedButtonAtIndex:方法实现的。对于 Bands app，ViewController 类可以视为其委托类，所以需要在其中实现 UIActionSheet 协议。

试试看　从 NSUserDefaults 中删除数据

(1) 在 Main.storyboard 中添加一个 UIButton 到 UIView 上，设置其 text 为 Delete，并通过自动布局限制机制使其居于视图的最下方居中位置，如图 4-10 所示。

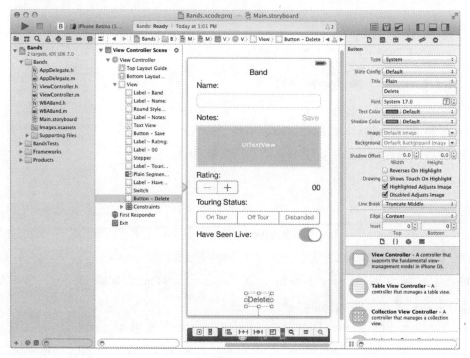

图 4-10

(2) 在 Project Navigator 中选择 ViewController.h 文件，添加如下代码。

```
@interface ViewController : UIViewController <UITextFieldDelegate,
UITextViewDelegate, UIActionSheetDelegate>

@property (nonatomic, strong) WBABand *bandObject;
@property (nonatomic, weak) IBOutlet UILabel *titleLabel;
@property (nonatomic, weak) IBOutlet UITextField *nameTextField;
@property (nonatomic, weak) IBOutlet UITextView *notesTextView;
@property (nonatomic, weak) IBOutlet UIButton *saveNotesButton;
@property (nonatomic, weak) IBOutlet UIStepper *ratingStepper;
@property (nonatomic, weak) IBOutlet UILabel *ratingValueLabel;
@property (nonatomic, weak) IBOutlet UISegmentedControl
*touringStatusSegmentedControl;
@property (nonatomic, weak) IBOutlet UISwitch *haveSeenLiveSwitch;

- (IBAction)saveNotesButtonTouched:(id)sender;
- (IBAction)ratingStepperValueChanged:(id)sender;
- (IBAction)tourStatusSegmentedControlValueChanged:(id)sender;
- (IBAction)haveSeenLiveSwitchValueChanged:(id)sender;
- (IBAction)deleteButtonTouched:(id)sender;

- (void)saveBandObject;
- (void)loadBandObject;
- (void)setUserInterfaceValues;

@end
```

(3) 在 Project Navigator 中选择 WBABand.m 文件，添加如下代码到实现文件中。

```
- (IBAction)deleteButtonTouched:(id)sender
{
    UIActionSheet *promptDeleteDataActionSheet = [[UIActionSheet alloc]
initWithTitle:nil delegate:self cancelButtonTitle:@"Cancel"
destructiveButtonTitle:@"Delete Band" otherButtonTitles:nil];
    [promptDeleteDataActionSheet showInView:self.view];
}

- (void)actionSheet:(UIActionSheet *)actionSheet
clickedButtonAtIndex:(NSInteger)buttonIndex
{
    if(actionSheet.destructiveButtonIndex == buttonIndex)
    {
        self.bandObject = nil;
        [self setUserInterfaceValues];

        [[NSUserDefaults standardUserDefaults] setObject:nil forKey:bandObjectKey];
    }
}
```

(4) 选择 iPhone 4-inch 模拟器运行应用程序，当用户单击 Delete 按钮时会弹出 UIActionSheet 选择框询问用户是否确定删除数据，单击 delete 即可将数据从 standardUserDefaults 中删除，如图 4-11 所示。

示例说明

用户要在 standardUserDefaults 中删除一个 WBABand 类的实例，第一步需要在 UIView 上添加一个 UIButton，之后在 ViewController 的 interface 部分添加一个新的 IBAction 方法，名为 deleteButtonTouched:并将其和新的 UIButton 关联。

deleteButtonTouched:方法的具体实现代码中创建了一个新的 UIActionSheet 实例，名为 promptDeleteDataActionSheet。一个 UIActionSheet 对象包含一个 Cancel 按钮，一个 Destructive 按钮，及数量不等的自定义按钮，这些自定义的按钮具体由

图 4-11

开发者指定，所有的这些按钮选项都是可选的。对于 promptDeleteDataActionSheet 设置了其 Cancel 按钮的显示文本为 Cancel，destructive 按钮的显示文本为 Delete Band，并同时设置了 ViewController 为其委托类。

为了响应用户对不同按钮的单击，实现了 UIActionSheetDelegate 协议的 actionSheet: clickedButtonAtIndex: 方法。在具体的实现代码中使用 actionSheet 参数中的 destructiveButtonIndex 属性与 buttonIndex 参数的索引值进行匹配，如果相同，我们就知道用户是单击了 Delete Band 按钮，所以代码中用相同的 bandObjectKey 值将 standardUser-

Defaults 中的对应值设置为 nil。

4.4 小结

本章我们对 WBABand 类进行了具体的实现，作为 Bands app 的模型主要实现了数据存取等功能。同时学习了如何使用 UIKit 提供的各种控件对象来完成用户界面的各种功能，及如何使用 IBOutlet 和 IBAction 关键字以委托的方式对数据进行设置和存取，这些都是开发 iOS 应用程序非常重要的知识点，虽然有些内容现在看来有点难度，但是随着我们学习的深入就会慢慢融会贯通的。下一章会在该模型中添加更多的乐队信息来展开讲解，在表中将这些乐队信息展示出来，介绍表和本章创建的用户界面间进行切换导航操作的实现方法。

练习

(1) 使用什么关键字使类中的 UIKit 属性和 Interface Builder 中的 UIKit 对象进行关联？
(2) 使用什么关键字使 Interface Builder 中的 UIKit 对象与类中的具体方法相关联？
(3) 第一响应者的意思是什么？
(4) 要使用 NSKeyedArchiver 的某些功能需要在具体类中实现哪个协议？

本章知识点

标　题	关　键　概　念
创建 WBABand 类	iOS 应用程序使用 Model-View-Controller 设计模式构建。对于 Bands app，WBABand 类就是 Band 对象的模型
使用 IBOutlets	为了建立 Interface Builder 中的用户界面对象到代码的关联，需要使用 IBOutlet 关键字，IBOutlet 的意思就是 Interface Builder Outlet
显示和隐藏软键盘	用户在 iOS 设备上向应用程序输入文本的操作是通过软键盘实现的。系统通过用户界面对象第一响应者的归属情况来判断何时显示键盘，何时隐藏键盘。应用程序开发中第一响应者的意思就是处理当前用户操作的第一个对象
实现 IBAction	当有用户交互事件发生时应用程序通过 IBAction 关键字来调用对应的方法，IBAction 的意思就是 Interface Builder Action
在 NSUserDefaults 中存储模型对象	有很多方法可以在 iOS 应用程序中永久保存数据，不过最简单的方式是使用 NSUserDefaults

第 **5** 章

使用表视图

本章主要内容:

- 添加一个 UITableView
- 创建一个数据源
- 在 UITableView 中编辑数据
- 呈现模型视图
- 使用 segues

本章代码下载说明

本章代码可以从 www.wrox.com/go/begiosprogramming 的 Download Code 选项卡中下载。本章代码在 "chapter 05" 下载链接中,根据代码名称即可找到相应的代码。

本章我们将学习如何使用表视图,即 UITableView。这里所说的 UITableView 可能和用户预想的表有所不同,它是由一个可以上下滑动的 scroll view 和单行单元格组成,而不是传统的行列方式的表格。我们通常将其理解为一串带有滚动条的单元格,这里我们称每一格为一个 cell。

UITableView 也许是 iOS 应用程序中最常用的视图,最主要的原因就是它非常灵活。可以用 UITableView 和基本 UITableViewCells 完成标准的视觉效果和用户体验,也可以通过自定义 UITableViewCell 来改变单元格的样式,无论是单元格高度还是内容都可以满足多种更加复杂的用户界面的要求。

最典型的使用基础 UITableViewCells 表视图的例子就是苹果公司自带的 Settings app,更复杂一点的应用表视图的例子可以参考 Facebook 和 Twitter 这样优秀的应用程序。

苹果公司花费了大量的时间来思考如何让表视图更强大,所以 UITableView 可以用于展示比较大的数据模型但必须是内存中可见的数据的应用程序中，当加载和卸载模型对象时，这会使它们滑动和动画的过程更顺畅。

对于 Bands app，使用基本的 UITableViewCells 函数实现 UITableView 的方式展示应用程序中所有存储的乐队信息。我们用乐队名称的首字母聚类的方式将不同的单元格进行分隔，每个首字母都作为一个区域的表示和索引。我们继续对之前的 Bands 项目进行完善以加入新增乐队的功能，同时也使用 UITableView 的方式展示新加入的乐队。

5.1 表视图

UITableViews 拥有自己的委托类 UITableViewDelegate，其大致的外观与第 4 章介绍过的 UITextViewDelegate 类似。它们也有数据源协议 UITableViewDataSource 用于与应用程序数据模型发生交互。由于 UITableView 在 iOS 应用程序中非常广泛，苹果公司提供了一个 UITableViewController 类，该类是 UIViewController 的子类，它实现了 UITableViewDelegate 委托和 UITableViewDataSource，以及与 UITableView 关联的 IBOutlet。开发者并非一定要使用 UITableViewController，但是它比把所有功能在另外一个类中实现还是要简单得多。

5.1.1 学习 Tables

最好的掌握 UITableView 工作原理的方法就是实际添加一个该视图到 Bands app 中。虽然有些情况下开发者会用 UITableView 作为应用程序的主视图，但是更多的情况下是使用 UINavigationController 导航栏，这就是所谓的 Master-Detail 应用程序。UINavigationController 是一个容器控制器，可以使其中多个 UIViewController 进行展示。一般在屏幕上方还会有一个 UINavigationItem，UINavigationItem 包含一个当前展示页面的标题，还包含一些内置的按钮用来实现具体的导航功能或者与当前页面的交互操作。在本章的"修改数据"一节中将详细讲述 UINavigationController 的使用范围和用法。

试试看	添加一个 UITableView

(1) 在 Xcode 中打开 Bands 项目。

(2) 在 Project Navigator 中选择 Main.storyboard。

(3) 从 Object 库中找到并拖曳一个新的 Navigation Controller 到 Storyboard 上，如图 5-1 所示。

(4) 移动指向 View Controller 左侧的箭头，并使其指向 Navigation Controller。

(5) 在 Storyboard 层次结构中选择 Bands List Table View Controller 包含的 Navigation Item，如图 5-2 所示。

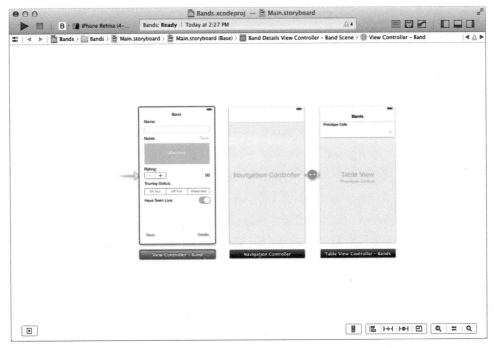

图 5-1

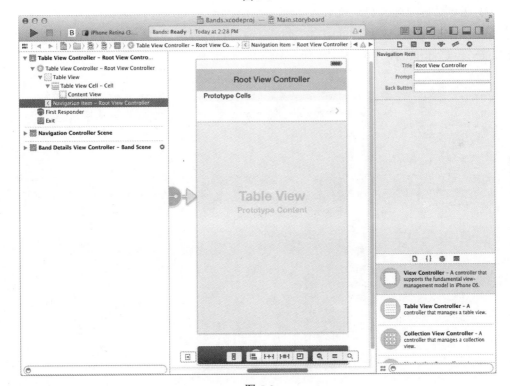

图 5-2

(6) 在 Attributes Inspector 中，将 Title 由 Root View Controller 改为 Bands。

(7) 使用 iPhone 4-inch 模拟器运行应用程序可以看到创建的表视图，如图 5-3 所示。

示例说明

当开发者从 Object 库中添加一个 Navigation Controller 到 Storyboard 后，会默认生成一个 UITableView 作为其根 UIViewController，Storyboard 中用两点一线的方式显示这种关系。使用从 View Controller 引出的指向 Navigation Controller 的箭头通知 Storyboard 哪个场景是应用程序运行的第一界面。通过在 Navigation Controller 明确的指向，UITableView 会在应用程序启动时取代默认的 View Controller。

现在我们成功地在 Storyboard 中添加了 UITableView，需要继续添加 UITableViewController 类。当最初创建项目时，View Controller 已经在项目中自动生成了它的 ViewController 类并在 Storyboard 中与 UIView 进行了关联。不过对于 UITableView 需要手动添加 UITableViewController 类。

图 5-3

试试看　添加 UITableViewController

(1) 在 Xcode 菜单中选择 File | New | File。

(2) 在对话框中选择 Objective-C class，单击 Next。

(3) 修改类名为 WBABandsListTableViewController，并在 Subclass of 选项中选择 UITableViewController，如图 5-4 所示。

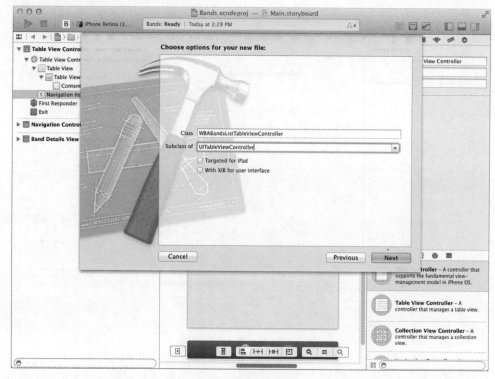

图 5-4

(4) 在下一个对话框中，选择项目中其他类文件所在的 Bands 目录以确保项目用到的类都放在一起。

(5) 从 Project Navigator 中选择 Main.storyboard。

(6) 从 Storyboard 继承树视图中选择 Table View Controller。

(7) 在 Utilities 面板处选择 Identity Inspector。

(8) 为 Table View Controller 设置刚创建的 WBABandsListTableViewController 类。

(9) 在 Storyboard 继承树视图中按住 Control 键拖曳 UITableView 到 Bands List Table View Controller，并将其设置为 dataSource。

(10) 同样按住 Control 拖曳 UITableView 到 Bands List Table View Controlle，并将其设置为 delegate。

示例说明

在 Xcode 中添加一个新类到项目时，我们可以设置其属于哪一个基本类的子类。当我们在第 4 章中添加 WBABand 类时，将其设置为 NSObject 类的子类。在上面的"试试看"环节中我们添加了一个新类，它是 UITableViewController 的子类。这就意味着 WBABandsListTableViewController 拥有一个对应 UITableView 视图的接口 IBOutlet，并且实现了 UITableViewDelegate 和 UITableViewDataSource 协议。在 Xcode 中要知道在 Storyboard 中哪个类关联了 UITableView，需要更改新创建的类的 Identity。最后将 UITableView 的 dataSource 和 delegate 都和 WBABandsListTableViewController 类相关联。这样当应用程序运行时就会调用该数据源的委托来获取要显示的数据信息并对 UITableView 进行控制。

5.1.2　学习 Cells

UITableViewCell 对象代表 UITableView 视图中的一个单元格。与 UITableView 不同的是它没有委托类，而且如果开发者对单元格使用预定义过的类型，则不需要增加代码文件了。预定义的单元格非常灵活，在你首次创建自定义单元格前都应该考虑使用预定义单元格。

一共有四种预定义单元格样式可供使用，分别是 basic、left detail、right detail 和 subtitle。每个预定义单元格都有一个 UILabel 类型的 textLabel 及一个 UIView 类型的 accessoryView。

right detail、left detail 和 subtitle 类型的单元格包含的 UILabel 名为 detailsTextLable。basic、right detail 和 subtitle 类型单元格同时还包括一个名为 imageView 的 UIImageView。

basic 类型单元格如图 5-5 所示，左边的图就是 imageView，中间部分黑色字体左对齐的文本就是 textLabel，而 accessoryView 位于整个单元格的右侧。其中 accessoryView 可以在我们定义过的 UIView 中进行设置，接下来就可以看到 accessoryView 使用了标准的 checkmark 类型。

right detail 类型单元格如图 5-6 所示。它与 basic 类型单元格类似，只是在 accessoryView 边上多了一个灰色字体显示的 detailTextLabel。

图 5-5   图 5-6

    subtitle 类型单元格如图 5-7 所示。它与 basic 和 right detail 类型类似，只不过它的 detailsTextLabel 是黑色字体显示且置于 textLabel 之下。

    left detail 类型的单元格如图 5-8 所示，它与其他三种类型有一定的区别，它没有 imageView。它只以蓝色字体显示 textLabel 并置于靠单元格 1/3 处右侧对齐，而其 details label 以黑色字体显示置于其左侧。(不过由于黑白印刷的问题，读者朋友可能从本书的插图中无法清楚地分辨颜色的差异，但笔者相信通过实际操作开发者可以很好地掌握这几种类型的区别。)

    对 Bands 应用程序用户可以使用一个基本的单元格格式。

图 5-7   图 5-8

    苹果公司花费了大量时间来确保单元格的上下滚动更加平顺，其中一个实现上的关键技术就是单元格复用。这意味着系统在内存中只保存少量的单元格，并且每次用户滑动滚动条时系统通过简单地变换显示数据而不是频繁地增加释放单元格对象来实现这一效果。

　　UITableView 通过 UITableViewDataSource 协议中的方法来识别一个具体的表对象包含几个部分、每个部分又包含几行数据以及最终获取 UITableViewCells 进行展示。在接下来的"试试看"环节，在 WBATableViewController 类中具体实现这些方法。

试试看　展示一个 UITableViewCell

(1) 从 Project Navigator 中选择 Main.storyboard。

(2) 从 Storyboard 继承树中选择 Table View Cell。

(3) 在 Attributes Inspector 中设置 cell 的 Style 为 Basic。

(4) 设置它的 Identifier 为 Cell。

(5) 从 Project Navigator 中选择 WBABandsListTableViewController.m 文件。

(6) 找到 numberOfSectionsInTableView:方法，将返回值设为 1，如下面代码所示：

```
- (NSInteger)numberOfSectionsInTableView:(UITableView *)tableView
{
    // Return the number of sections.
    return 1;
}
```

(7) 找到 tableView:numberOfRowsInSection:方法，并将返回值设为 10，如下面代码所示：

```
- (NSInteger)tableView:(UITableView *)tableView
numberOfRowsInSection:(NSInteger)section
{
    // Return the number of rows in the section.
    return 10;
}
```

(8) 找到 tableView:cellForRowAtIndexPath:方法，并添加如下代码：

```
- (UITableViewCell *)tableView:(UITableView *)tableView
cellForRowAtIndexPath:(NSIndexPath *)indexPath
{
    static NSString *CellIdentifier = @"Cell";
    UITableViewCell *cell =
[tableView dequeueReusableCellWithIdentifier:CellIdentifier
forIndexPath:indexPath];

    // Configure the cell...
    cell.textLabel.text = [NSString stringWithFormat:@"%d", indexPath.row];

    return cell;
}
```

(9) 在 iPhone 4-inch 模拟器中运行应用程序，可以看到表中 10 个数字代表单元格，如图 5-9 所示。

示例说明

Storyboard 中的 UITableView 有自带的一套原型单元格。第一步需要做的就是将类型设为 Basic 且将 identifier 命名为 Cell。之后对 UITableViewDataSource 协议的三个方法进行了修改：第一个修改的是 numberOfSectionsInTableView:方法，用来通知 UITableView 该范例只由一个部分组成；第二个修改的是 tableView:numberOfRowInSection:，用来通知 UITableView 在每个部分由 10 行单元格组成；最后一个方法是 tableView:cellForRowAtIndexPath:，用来通过 Cell 标识取出已经存在的 UITableViewCell 或者新建一个。之后应用程序还将每行单元格的 textLabel 用其对应的 indexPath 的行号进行设置。NSIndexPath 仅保存该表对象中单元格的行号和部分号。

图 5-9

注意：

如果在运行应用程序时且 UITableView 没有正确地显示单元格，要检查是否在 WBABandsListTableViewController 类定义了该表集，并且检查它的 dataSource 和 delegate 是否正确关联。

5.2 Bands 应用程序数据源的实现

第 4 章创建了一个 WBABand 数据模型对象，并学习了使用 NSUserDefaults 存储数据。本章将进一步了解当用户添加尽可能多的数据对象时如何将其正确地保存和读取。要明确在 UITableView 中将展示多少乐队信息，我们将使用表的数据源存储特征来实现。

5.2.1 创建 Band Storage

对于表中 support 部分数据存储来说最简单的办法就是使用 NSMutableDictionary。如同在第 2 章中说明的那样，NSMutableDictionary 是一组 "key/value" 类型的数据存储对象。对于 Bands 存储，乐队的首字母就是 key，而 value 就是所有以同一 key 值作为首字母的乐队数组 NSMutableArray。

由于按照乐队名称首字母的方式对乐队进行分节，那按照字母顺序对其进行排序也是理所当然的。不过要实现这件事还是需要对它的名称中的首字母进行比较。所有 NSObject 的子类都包含一个 compare:方法，只需要在 WBABand 类中对这个方法进行重写以实现对乐队名称首字母的比较。

最后还需要实现另一个对于首字母使用的 NSMutableArray 方法。我们会在第 5.3 节中详细讲解，不过出于应用程序完整性本小节可能会涉及一部分后续内容。接下来的"试试看"环节学习如何具体实现数据的存取。

试试看	添加 Band 对象 Storage

(1) 从 Project Navigator 中选择 WBABand.m 文件，并在实现中添加如下代码：

```objc
- (NSComparisonResult)compare:(WBABand *)otherObject
{
    return [self.name compare:otherObject.name];
}
```

(2) 从 Project Navigator 中选择 WBABandsListTableViewController.h 文件，添加如下代码：

```objc
@class WBABand;
@interface WBABandsListTableViewController : UITableViewController

@property (nonatomic, strong) NSMutableDictionary *bandsDictionary;
@property (nonatomic, strong) NSMutableArray *firstLettersArray;

- (void)addNewBand:(WBABand *)WBABand;
- (void)saveBandsDictionary;
- (void)loadBandsDictionary;

@end
```

(3) 从 Project Navigator 中选择 WBABandsListTableViewController.m 文件。

(4) 用如下代码导入 WBABand.h 头文件：

```objc
#import "WBABand.h"
```

(5) 在实现代码前添加如下声明：

```objc
static NSString *bandsDictionarytKey = @"BABandsDictionarytKey";
```

(6) 添加如下代码到应用程序中的实现部分：

```objc
- (void)addNewBand:(WBABand *)bandObject
{
    NSString *bandNameFirstLetter = [bandObject.name substringToIndex:1];
    NSMutableArray *bandsForLetter = [self.bandsDictionary
objectForKey:bandNameFirstLetter];

    if(!bandsForLetter)
        bandsForLetter = [NSMutableArray array];

    [bandsForLetter addObject:bandObject];
    [bandsForLetter sortUsingSelector:@selector(compare:)];
```

```
    [self.bandsDictionary setObject:bandsForLetter forKey:bandNameFirstLetter];

    if(![self.firstLettersArray containsObject:bandNameFirstLetter])
    {
        [self.firstLettersArray addObject:bandNameFirstLetter];
        [self.firstLettersArray sortUsingSelector:@selector(compare:)];
    }

    [self saveBandsDictionary];
}

- (void)saveBandsDictionary
{
    NSData *bandsDictionaryData = [NSKeyedArchiver
archivedDataWithRootObject:self.bandsDictionary];
    [[NSUserDefaults standardUserDefaults] setObject:bandsDictionaryData
forKey:bandsDictionarytKey];
}



- (void)loadBandsDictionary
{
    NSData *bandsDictionaryData = [[NSUserDefaults standardUserDefaults]
objectForKey:bandsDictionarytKey];

    if(bandsDictionaryData)
    {
        self.bandsDictionary = [NSKeyedUnarchiver
unarchiveObjectWithData:bandsDictionaryData];
        self.firstLettersArray = [NSMutableArray
arrayWithArray:self.bandsDictionary.allKeys];
        [self.firstLettersArray sortUsingSelector:@selector(compare:)];
    }
    else
    {
        self.bandsDictionary = [NSMutableDictionary dictionary];
        self.firstLettersArray = [NSMutableArray array];
    }
}
```

(7) 用如下代码改写 viewDidLoad 方法：

```
- (void)viewDidLoad
{
    [super viewDidLoad];

    [self loadBandsDictionary];
}
```

示例说明

首先在 WBABand 类中对 compare:方法进行了重写，目的是根据对象的名称属性对两个实例进行比较。接下来分别声明了 NSMutableDictionary 和 NSMutableArray，前者用来保存所有的乐队信息，而后者用于保存乐队名称的首字母。同时还要从 NSUserDefaults 中声明乐队的添加、保存和载入等方法。

在 addNewBand:方法的实现过程中，用 substring 方法去取得乐队名称的首字母，之后通过字典来查看是否有相同首字母的乐队在列表中。如果已经存在，则在 NSMutableArray 中找到它；如果没有，就创建一个新的部分由该字母代表。这样就可以添加乐队并对其进行排序了，之后先在 firstLettersArray 中查找是否已经有对应的首字母部分。如果没有，则直接添加并重新进行排序即可。

最后添加代码将字典保存到 NSUserDefaults 中，代码描述与保存一个 WBABand 实例类似，因为 WBABand 类实现了 NSCoding 协议，就像 NSMutableDictionary 一样。

5.2.2　添加乐队

第 4 章中为添加乐队创建了一个用户界面，不过由于在项目中加入了 Navigation Controller，之前的场景目前不是可见的。但可以用 WBABandsListTableViewController 作为入口来显示该界面，用户通过单击 UINavigationItem 中的按钮来添加乐队。

首先需要对 ViewController 类进行一些改动，第一步就是按照苹果公司的命名规范给它起个新的名称，在 Xcode 中使用 Refactor 功能可以简单地实现改名。

试试看　使用 Xcode 的 Refactoring 为类改名

(1) 在 Project Navigator 中选择 ViewController.h 文件。

(2) 右击 ViewController 类的名称会弹出一个菜单，如图 5-10 所示，选择 Refactor | Rename…。

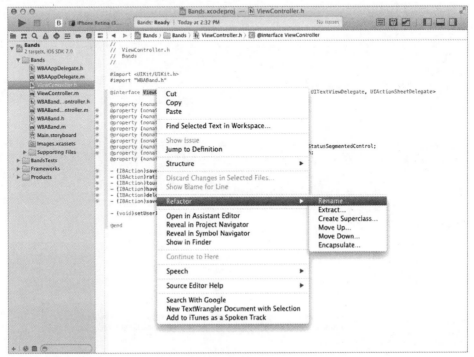

图 5-10

(3) 重新命名为 WBABandDetailsViewController 并单击 Preview。

(4) 检查更改没有问题后单击 Save。

(5) Xcode 会推荐开发者启用一个轻量级的版本控制的快照功能，是否使用它取决于开发者自身需求。

(6) 编译应用程序并确保没有错误。

示例说明

Xcode 的 refactor 功能非常方便。一般情况下重命名一个类非常复杂，因为需要开发者找到项目中所有用到该名称的地方并一一进行修改。Refactor 功能让开发者可以找到应用程序中所有用到该名称的地方，并且可以在保存前看到都有多少地方用到了即将修改的类。

Xcode 的快照功能让开发者可以对项目全局的设置反悔的时候进行回滚，是否需要开启该功能取决于开发者本身的需要。如果没有使用到其他类似 Git 或 Mercurial 的源数据，我们还是建议使用快照功能。

注意:

AppDelegate 类也需要重新命名为 WBAAppDelegate。虽然在本类中无法更改任何内容，但是示例代码中还是将其改名了。

将类名改为 WBABandDetailsViewController 的同时也改变了它的场景在 Storyboard 中的展现方式。Storyboard 中有多个场景，Interface Builder 为每个场景配有一个 dock 来显示它的容易被看懂的名称，如图 5-11 所示。为了增加可读性，本书将使用这些易懂的名称代表各个 Storyboard 中不同的场景。比如 Band Details View Controller 指的是 Band Details 场景。

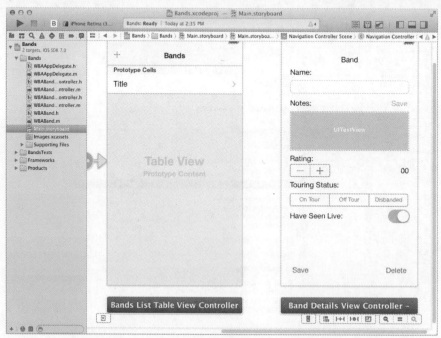

图 5-11

接下来就需要对代码进行整理并在 Band Details 场景中添加一个 Save 按钮。这时已不再需要在 NSUserDefaults 中仅保存一个 WBABand 实例了，所以可以将这部分代码移除。不过仍然需要一种方式通知 WBATableViewController 用户想要保存他们刚刚添加的新乐队。

试试看　整理 WBABandDetailsViewController

(1) 在 Project Navigator 处选择 Main.storyboard。

(2) 在 Band Details View Controller 中将 Delete UIButton 移到 UIView 的右侧并对齐。

(3) 拖曳一个新的 UIButton 对象到视图中，设置对象的 text 内容为 Save，并将其置于视图的左侧且和之前的 Delete UIButton 对齐，如图 5-12 所示。

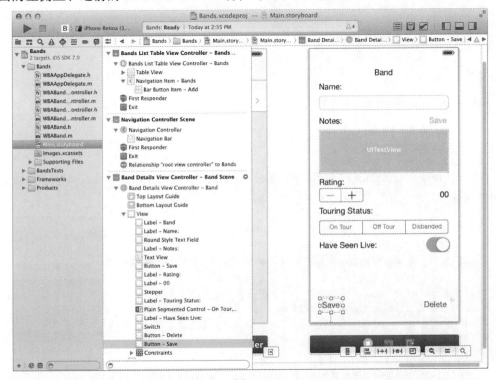

图 5-12

(4) 为 Save UIButton 添加 auto layout constraint，使它始终保持在 UIView 视图的底部。

(5) 从 Project Navigator 中选择 WBABandDetailsViewController.h 文件，并添加如下代码：

```
@interface WBABandDetailsViewController : UIViewController <UITextFieldDelegate,
UITextViewDelegate, UIActionSheetDelegate>

@property (nonatomic, strong) WBABand *bandObject;
@property (nonatomic, weak) IBOutlet UILabel *titleLabel;
@property (nonatomic, weak) IBOutlet UITextField *nameTextField;
@property (nonatomic, weak) IBOutlet UITextView *notesTextView;
@property (nonatomic, weak) IBOutlet UIButton *saveNotesButton;
@property (nonatomic, weak) IBOutlet UIStepper *ratingStepper;
@property (nonatomic, weak) IBOutlet UILabel *ratingValueLabel;
```

```
@property (nonatomic, weak) IBOutlet UISegmentedControl
*touringStatusSegmentedControl;
@property (nonatomic, weak) IBOutlet UISwitch *haveSeenLiveSwitch;
@property (nonatomic, assign) BOOL saveBand;

- (IBAction)saveNotesButtonTouched:(id)sender;
- (IBAction)ratingStepperValueChanged:(id)sender;
- (IBAction)tourStatusSegmentedControlValueChanged:(id)sender;
- (IBAction)haveSeenLiveSwitchValueChanged:(id)sender;
- (IBAction)deleteButtonTouched:(id)sender;
- (IBAction)saveButtonTouched:(id)sender;

- (void)saveBandObject;
- (void)loadBandObject;
- (void)setUserInterfaceValues;

@end
```

(6) 从 interface 部分删除如下代码：

```
- (void)saveBandObject;
- (void)loadBandObject;
```

(7) 从 Project Navigator 中选择 WBABandDetailsViewController.m 文件，并在实现部分
添加如下代码：

```
- (IBAction)saveButtonTouched:(id)sender
{
    if(self.bandObject.name && self.bandObject.name.length > 0)
    {
        self.saveBand = YES;
        [self dismissViewControllerAnimated:YES completion:nil];
    }
    else
    {
        UIAlertView *noBandNameAlertView = [[UIAlertView alloc]
initWithTitle:@"Error" message:@"Please supply a name for the band"
delegate:nil cancelButtonTitle:@"OK" otherButtonTitles:nil];
        [noBandNameAlertView show];
    }
}
```

(8) 修改 actionSheet:clickedButtonAtIndex:方法，代码如下：

```
- (void)actionSheet:(UIActionSheet *)actionSheet
clickedButtonAtIndex:(NSInteger)buttonIndex
{
    if(actionSheet.destructiveButtonIndex == buttonIndex)
    {
        self.bandObject = nil;
        self.saveBand = NO;
```

```
        [self dismissViewControllerAnimated:YES completion:nil];
    }
}
```

(9) 在代码实现部分将 saveBandObject 和 loadBandObject 方法及所有对这两个方法的调用都删除。

(10) 从 Project Navigator 中选择 Main.storyboard。

(11) 将 Save UIButton 与刚刚在 WBABandDetailsViewController 中添加的 saveButtonTouched: 方法进行关联。

示例说明

在 Storyboard 中添加了一个 Save 按钮到 Band Details 场景，在 WBABandDetailsView-Controller 类中声明了一个新的布尔类型的对象 saveBand，及一个新的名为 saveButton-Touched: 的 IBAction 方法，之后将 Save 按钮和这个新建的方法进行了关联。当用户单击 Save 按钮时，该方法先判断 bandObject 对象是否有名称。如果有，则在调用 dismissView-ControllerAnimated:completion 方法前将 saveBand 标识设置为 TRUE，这一步操作读者在现在来看可能有点迷惑，不过完成了接下来的"试试看"环节之后，就可以看到其移除视图进行切换的效果了。如果 bandObject 的名称属性没有值，则代码会弹出一个 UIAlertView 提示框给用户告知需要填写一个名称。

代码部分的工作都已经完成了，最后一步就是完成从 Band List 到 Band Details 场景的展示。在 iOS 应用程序编写习惯中，常常采用导航栏上方的"+"图标和 UIBarButtonItem 添加新数据，当在 UINavigationItem 中添加按钮时使用的是 UIBarButtonItem 对象。具体的过程参照下面的"试试看"环节。

试试看　添加 Band 对象

(1) 在 Project Navigator 中选择 Main.storyboard。

(2) 从 Object library 中拖曳一个新的 Bar Button Item 到 UINavigationItem 的左侧。

(3) 在 Attributes Inspector 中设置 button style 为 Add，相应的按钮图标就会变为一个加号"+"，如图 5-13 所示。

(4) 选择 Band Details 场景。

(5) 在 Identity Inspector 中设置 Storyboard ID 为 bandDetails。

(6) 从 Project Navigator 中选择 WBABandsListTableViewController.h 文件，添加如下代码：

```
@class WBABand, WBABandDetailsViewController;
@interface WBABandsListTableViewController : UITableViewController

@property (nonatomic, strong) NSMutableDictionary *bandsDictionary;
@property (nonatomic, strong) NSMutableArray *firstLettersArray;
@property (nonatomic, strong) WBABandDetailsViewController
*bandDetailsViewController;
```

```
- (void)addNewBand:(WBABand *)bandObject;
- (void)saveBandsDictionary;
- (void)loadBandsDictionary;

- (IBAction)addBandTouched:(id)sender;

@end
```

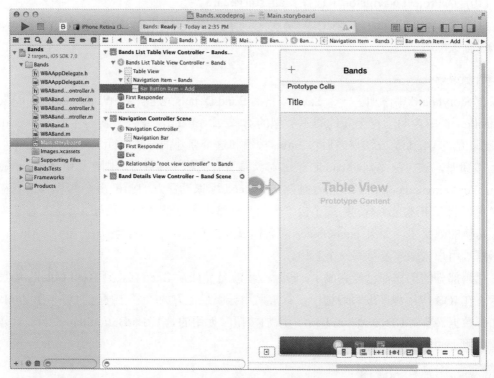

图 5-13

(7) 从 Project Navigator 中选择 WBABandsListTableViewController.m 文件。

(8) 导入 WBABandDetailsViewController.h 头文件，如下代码所示：

```
#import "WBABandsListTableViewController.h"
#import "WBABand.h"
#import "WBABandDetailsViewController.h"
```

(9) 在实现代码部分添加如下应用程序：

```
- (void)viewWillAppear:(BOOL)animated
{
    [super viewWillAppear:animated];

    if(self.bandDetailsViewController && self.bandDetailsViewController.saveBand)
    {
        [self addNewBand:self.bandDetailsViewController.bandObject];
        self.bandDetailsViewController = nil;
```

```
    }
}

- (IBAction)addBandTouched:(id)sender
{
    UIStoryboard *mainStoryboard = [UIStoryboard storyboardWithName:@"Main"
bundle:nil];
    self.bandDetailsViewController = (WBABandDetailsViewController *)
[mainStoryboard instantiateViewControllerWithIdentifier:@"bandDetails"];

    [self presentViewController:self.bandDetailsViewController animated:YES
completion:nil];
}
```

(10) 从 Project Navigator 中选择 Main.storyboard。

(11) 建立 Add 按钮到 WBABandsListTableViewController 类中 addBandTouched:方法的关联。

(12) 选择 iPhone 4-inch 模拟器运行应用程序，单击 Add 按钮就会显示 Band Details 场景。

示例说明

首先在 UINavigationItem 对象上添加了一个按钮。UINavigationItem 对象一般包含左右两个按钮。通常来说左边的按钮是用于当前场景界面返回到上一视图，但是由于在本例中的视图是根 UIViewController，所以也可以使用左边的按钮添加乐队。

本小节主要讲述的是如何展示和取消一个模型视图。先在 Storyboard 中将 identity 设置为 Band Details 场景，之后在 addBandTouched:方法中使用 Storyboard 的一个实例及 Storyboard ID 初始化 WBABandDetailsViewController 的一个副本，将其设置为 WBABandsListTableViewController 的属性来在视图被取消后返回 bandObject 对象。最后使用 presentViewController:animated: 方法和 dismissViewControllerAnimated:方法显示和隐藏乐队详情视图。

5.2.3　展示乐队信息

到现在为止已经实现了添加一个新乐队及乐队数据源管理等功能，接下来就是在 UITableView 中对这些乐队进行展示。大部分的难题都已经解决了，接下来只需要对 UITableViewDataSource 方法进行修改，以使用户在新添加一个乐队时可以使用 Bands 库且重新载入 UITableView。

试试看　展示乐队名

(1) 在 Project Navigator 中选择 WBABandsListTableViewController.m 文件。

(2) 修改 numberOfSectionsInTableView:方法，代码如下：

```
- (NSInteger)numberOfSectionsInTableView:(UITableView *)tableView
{
    // Return the number of sections.
    return self.bandsDictionary.count;
}
```

(3) 修改 tableView:numberOfRowsInSection:方法，代码如下：

```
- (NSInteger)tableView:(UITableView *)tableView
numberOfRowsInSection:(NSInteger)section
{
    // Return the number of rows in the section.
    NSString *firstLetter = [self.firstLettersArray objectAtIndex:section];
    NSMutableArray *bandsForLetter = [self.bandsDictionary
objectForKey:firstLetter];
    return bandsForLetter.count;
}
```

(4) 修改 tableView:cellForRowAtIndexPath:方法，代码如下：

```
- (UITableViewCell *)tableView:(UITableView *)tableView
cellForRowAtIndexPath:(NSIndexPath *)indexPath
{
    static NSString *CellIdentifier = @"Cell";
    UITableViewCell *cell = [tableView
dequeueReusableCellWithIdentifier:CellIdentifier forIndexPath:indexPath];

    NSString *firstLetter = [self.firstLettersArray
objectAtIndex:indexPath.section];
    NSMutableArray *bandsForLetter = [self.bandsDictionary
objectForKey:firstLetter];
    WBABand *bandObject = [bandsForLetter objectAtIndex:indexPath.row];

    // Configure the cell...
    cell.textLabel.text = bandObject.name;

    return cell;
}
```

(5) 修改 viewWillAppear:方法，代码如下：

```
- (void)viewWillAppear:(BOOL)animated
{
    [super viewWillAppear:animated];

    if(self.bandDetailsViewController)
    {
        if(self.bandDetailsViewController.saveBand)
        {
            [self addNewBand:self.bandDetailsViewController.bandObject];
            [self.tableView reloadData];
        }
        self.bandDetailsViewController = nil;
    }
}
```

(6) 选择 iPhone 4-inch 模拟器运行应用程序，当用户添加一个新乐队时就会在表格中进行显示，如图 5-14 所示。

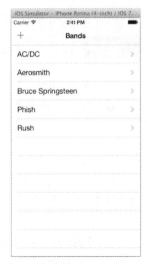

图 5-14

示例说明

方法 UITableViewDataSource 中用 NSIndexPath 的值表示一个表视图中的行。NSIndexPath 对象包含两个属性，分别是分类属性(section)和行号(row number)。NSMutableDictionary 是一个键/值(key/value)集，它并不是有序集，所以不能使用 NSIndexPath 参数的 objectAtIndex:方法。因此，开发者只能通过 firstLetterArray 来取得正确的 key 值以使用 Bands 字典。看起来似乎这么做有点得不偿失，但是考虑到后面 section header 及其索引都要用到 firstLetterArray，这样做还是有必要的。

我们还修改了 numberOfSectionsInTableView:方法，用来在 Bands 字典中返回导航栏上具体按钮的索引值。在方法 tableView:numberOfRowsInSection:中，用类别号(section number)在 firstLettersArray 中取得正确的 key 值，再通过该 key 值取得代表乐队的数组，然后根据乐队数量确定表格的行数。方法 tableView:cellForRowAtIndexPath:也进行了修改，同样是在 firstLettersArray 中通过类别号取得 key 值，之后通过行索引号取得正确的 WBABand 实例来填充每个单元格。

最后在 WBATableViewController 中添加了一个 viewWillAppear:方法，其方法为 UIViewControllerDelegate 的一部分，并在视图显示时被调用。在 Bands app 中当用户刚启动应用程序时调用该方法，同时在 WBABandDetailsViewController 消失后也被调用。如果想要仔细探究一下的话，我们对 WBABandDetailsViewController 类中 bandDetailsView-Controller 的属性设置一下显示的优先级，设置好后通过观察 saveBand 属性来检查用户是否单击了 Save 按钮。如果发现单击，则保存新的 bandObject 并重新载入 tableView。最后如果设置 bandDetailsViewController 为 nil，则保存功能段的代码并不会被触发两次。

5.3　实现分类和索引

随着 Band 应用程序的用户添加越来越多的乐队，想要在 UITableView 中一下找到需要的乐队信息就会变得非常困难。虽然为了让查找更方便已经将加入的乐队按字母顺序进行排序了，不过如果能够对其进行合理的分类及分类的索引则可以更好地解决该问题。分类功能在直观上对乐队进行了简单的处理，同时对类别的索引又大大方便了用户在不同类别中进行快速选择。

5.3.1　添加分类标识

分类标识的实现是比较简单的，因为数据的存储结构的实现是基于字典和首字母数组的形式完成的。在 UITableViewDataSource 协议中有一个单独的方法可以返回每个分类的分类标识，这就是我们所说的分类标识。

试试看 按首字母作为分类标识进行展示

(1) 从 Project Navigator 中选择 WBABandsListTableViewController.m 文件。

(2) 在实现部分添加如下代码：

```
- (NSString *)tableView:(UITableView *)tableView
titleForHeaderInSection:(NSInteger)section
{
    return [self.firstLettersArray
objectAtIndex:section];
}
```

(3) 选择 iPhone 4-inch 模拟器运行应用程序，可以看到表格中的分类标识符按照乐队的首字母进行区分，将表格分成了如图 5-15 所示的几个部分。

示例说明

当 UITableView 载入和滚动时，就会调用数据源并且使用 tableView: titleForHeaderInSection:方法为每个分类寻找该分类的标识名称。应用程序只需要返回 firstLettersArray 中的和分类号相匹配的字母即可。

图 5-15

5.3.2 显示分类索引

分类索引功能相对复杂一点，因为需要同时提供索引的标题和与该标题表达内容相对应的分类。所以开发者至少需要实现两个以上基于 UITableViewDataSource 的方法才能完成这个功能。

试试看 显示首字母分类索引

(1) 在 Project Navigator 中选择 WBABandsListTableViewController.m 文件。

(2) 在实现部分添加如下代码：

```
- (NSArray *)sectionIndexTitlesForTableView:(UITableView *)tableView
{
    return self.firstLettersArray;
}

- (int)tableView:(UITableView *)tableView sectionForSectionIndexTitle:
(NSString *)title atIndex:(NSInteger)index
{
    return [self.firstLettersArray indexOfObject:title];
}
```

(3) 选择 iPhone 4-inch 模拟器运行应用程序，可以看见在 UITableView 右侧显示了分类的索引，如图 5-16 所示。

图 5-16

示例说明

首先实现的方法是 sectionIndexTitlesForTableView。该方法通知 UITabeView 将哪些字符串写入 index(索引)，之后 tableView:sectionForSectionIndexTitle:方法通知 UITableView 如何按照用户单击的索引跳转到对应分类内容所在的位置。

5.4　编辑表数据

UITableView 还提供了对底层数据源的编辑功能。开发者可以通过对表中行属性的设置控制该行是否可以进行自定义编辑。最主要的应用就是删除数据，当然开发者也可以让用户在数据模型中对其中的数据进行重新排序。但是由于 Band 应用程序在展示乐队名称时已经按照首字母的顺序进行了排序，所以让用户移动单元格也没有太大的意义。

不过删除一条乐队的记录还是有意义的，为此需要将表视图和每个独立的行都设置成可编辑的模式。

5.4.1　开启编辑模式

UITableView 控件内置有编辑模式。UITableViewController 也有一个内置的按钮，开发者可以在 UINavigationItem 中添加这个名为 editButtonItem 的按钮使表格进入编辑模式。由于 WBABandsListTableViewController 是 UITableViewController 的子类，则可以通过 self 关键字访问 editButtonItem。

当表格进入编辑模式后，就会询问其委托函数哪些行是可编辑的。可以通过实现

tableView:canEditRowAtIndexPath:方法来控制哪些行可被编辑。如果没有实现这个方法，那么所有行都是默认不可编辑的。

试试看 实现编辑模式的方法

(1) 在 Project Navigator 中选择 WBABandsListTableViewController.m 文件。

(2) 将如下代码添加到 viewDidLoad 方法中：

```
- (void)viewDidLoad
{
    [super viewDidLoad];

    [self loadBandsDictionary];

    self.navigationItem.rightBarButtonItem = self.editButtonItem;
}
```

(3) 将如下代码添加到应用程序实现部分：

```
- (BOOL)tableView:(UITableView *)tableView
canEditRowAtIndexPath:
(NSIndexPath *)indexPath
{
    return YES;
}
```

(4) 选择 iPhone 4-inch 模拟器运行应用程序，当用户单击 Edit 按钮后，可以看到每个单元格左侧乐队名旁边都会出现一个删除选项，如图 5-17 所示。

示例说明

当视图载入时，所添加的代码将 UINavigationItem 的右侧按钮设置为 UITableViewController 内置的 editButtonItem 按钮

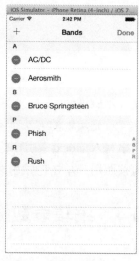

图 5-17

类型。tableView:canEditRowAtIndexPath:总返回 YES，这意味着所有在 UITableView 中的行都处于可编辑状态。

5.4.2 删除单元格和数据

你可能已经注意到了，当 UITableView 变为可编辑状态且尝试删除一行数据的时候什么事情都没有发生。这是因为我们还没有实现 UITableViewDelegate 中的一个关键方法：tableView:commitEditingStyle:forRowAtIndexPath:方法。

试试看 实现 Commit Edit 方法

(1) 在 Project Navigator 中选择 WBABandsListTableViewController.h 文件，添加如下代码到 interface 部分：

```
@class WBABand, WBABandDetailsViewController;
@interface WBABandsListTableViewController : UITableViewController

@property (nonatomic, strong) NSMutableDictionary *bandsDictionary;
@property (nonatomic, strong) NSMutableArray *firstLettersArray;
@property (nonatomic, strong) WBABandDetailsViewController
*bandDetailsViewController;

- (void)addNewBand:(WBABand *)bandObject;
- (void)saveBandsDictionary;
- (void)loadBandsDictionary;
- (void)deleteBandAtIndexPath:(NSIndexPath *)indexPath;

- (IBAction)addBandTouched:(id)sender;

@end
```

(2) 在 Project Navigator 中选择 WBABandsListTableViewController.m 文件，并添加如
下代码到实现部分：

```
- (void)tableView:(UITableView *)tableView
commitEditingStyle:(UITableViewCellEditingStyle)editingStyle
forRowAtIndexPath:(NSIndexPath *)indexPath
{
    if (editingStyle == UITableViewCellEditingStyleDelete)
    {
        [self deleteBandAtIndexPath:indexPath];
    }
}

- (void)deleteBandAtIndexPath:(NSIndexPath *)indexPath
{
    NSString *sectionHeader = [self.firstLettersArray
objectAtIndex:indexPath.section];
    NSMutableArray *bandsForLetter = [self.bandsDictionary
objectForKey:sectionHeader];
    [bandsForLetter removeObjectAtIndex:indexPath.row];

    if(bandsForLetter.count == 0)
    {
        [self.firstLettersArray removeObject:sectionHeader];
        [self.bandsDictionary removeObjectForKey:sectionHeader];
        [self.tableView deleteSections:
[NSIndexSet indexSetWithIndex:indexPath.section]
withRowAnimation:UITableViewRowAnimationFade];
    }
    else
    {
        [self.bandsDictionary setObject:bandsForLetter forKey:sectionHeader];
        [self.tableView deleteRowsAtIndexPaths:@[indexPath]
```

```
withRowAnimation:UITableViewRowAnimationFade];
    }

    [self saveBandsDictionary];
}
```

示例说明

在实现部分首先要查看编辑状态是否为 delete(删除)。如果是 delete,则调用 deleteBandAtIndexPath:方法,它使用 indexPath 再次取得 bandsForLetter 数组的 key 值,之后通过调用 removeObjectAtIndex:方法根据 indexPath 参数对应的行号将 WBABand 的实例进行删除。之后还需要检查对应该首字母的乐队个数是否为 0,如果该首字母下已经没有乐队了,则应该在表中删除该字母对应的分类;如果仍有其他乐队,则只需要在该分类中删除指定的行即可。

警告:

如果某个字母下面已经没有对应的乐队了,一定要注意把该分类也一并删除。如果忘记删除该分类,则会在 UITableView 中留下一个没有行的分类,这会导致应用程序崩溃。同时还要确保所有对数据源的变更要在删除分类及行的行为之前,否则也会导致应用程序崩溃。

5.4.3　修改数据

Bands app 的用户除了添加和删除乐队信息之外一定也需要对乐队信息进行修改。通常的做法是用户在 UITableView 中单击具体乐队名之后展示 Band Details 场景进行修改,这可以通过在 Storyboard 中使用 segue 来实现。

segue 是一种由一个视图切换到另一个视图的方法。modal 和 push segues 是最常用的两种类型。modal segue 表示新的场景完全盖住了旧场景,如同在 Add 按钮中用到的 presentViewController:animated:completion:方法。虽然可以使用 segue 完成视图的切换,但是学习并掌握通过代码的方式展示和删除视图仍然是非常重要的。

push segue 类型一般需要加上一个视图 UINavigationController。该视图从右侧切入主屏,同时在上方导航栏增加了一个 UINavigationItem 对象的返回按钮,通过该返回按钮可以返回之前的 UIViewController。整个过程采用 navigation stack 机制。当用户从一个 UIViewController 到另一个 UIViewController 时,相应的 UIViewController 会被推进堆栈。返回按钮的作用则是将上一级的 UIViewController 从堆栈中取出,直到用户返回到根 UIViewController。这一机制可以很好地让用户知道应用程序当前所处的界面。Storyboard 的引入也大大方便了开发者用可视化的方式设计用户使用应用程序时具体的浏览和导航路径。

试试看　　**实现 Push Segue**

(1) 在 Project Navigator 中选择 Main.storyboard。

(2) 在 Band Details 场景中，将除了 Save 和 Delete 按钮之外的所有子视图下移 20 像素。

(3) 按住 Control 并拖曳 prototype cell 到 Band Details 场景，在出现的 segue 弹出菜单选项中选择 Push。从 Bands List 场景到 Band Details 场景的过程中，segue 由箭头表示。现在 Band Details 场景也有一个 UINavigationItem 对象了。

(4) 选择 UINavigationItem 并通过 Attributes Inspector 设置其标题为 Band。

(5) 从 Project Navigator 中选择 WBABandsListTableViewController.h 文件，添加如下代码到 interface 部分：

```objc
@class WBABand, WBABandDetailsViewController;
@interface WBABandsListTableViewController : UITableViewController

@property (nonatomic, strong) NSMutableDictionary *bandsDictionary;
@property (nonatomic, strong) NSMutableArray *firstLettersArray;
@property (nonatomic, strong) WBABandDetailsViewController
*bandDetailsViewController;

- (void)addNewBand:(WBABand *)bandObject;
- (void)saveBandsDictionary;
- (void)loadBandsDictionary;
- (void)deleteBandAtIndexPath:(NSIndexPath *)indexPath;
- (void)updateBandObject:(WBABand *)bandObject
atIndexPath:(NSIndexPath *)indexPath;

- (IBAction)addBandTouched:(id)sender;

@end
```

(6) 从 Project Navigator 中选择 WBABandsListTableViewController.m 文件。

(7) 在 viewDidLoad 方法中添加如下代码：

```objc
- (void)viewDidLoad
{
    [super viewDidLoad];

    [self loadBandsDictionary];

    self.navigationItem.rightBarButtonItem = self.editButtonItem;
    self.clearsSelectionOnViewWillAppear = NO;
}
```

(8) 修改 viewWillAppear:方法，代码如下：

```objc
- (void)viewWillAppear:(BOOL)animated
{

    [super viewWillAppear:animated];
```

```
        if(self.bandDetailsViewController)
    {
        NSIndexPath *selectedIndexPath = [self.tableView indexPathForSelectedRow];

        if(self.bandDetailsViewController.saveBand)
        {
            if(selectedIndexPath)
            {
                [self updateBandObject:self.bandDetailsViewController.bandObject
atIndexPath:selectedIndexPath];
                [self.tableView deselectRowAtIndexPath:selectedIndexPath
animated:YES];
            }
            else
                [self addNewBand:self.bandDetailsViewController.bandObject];
            [self.tableView reloadData];
        }
        else if (selectedIndexPath)
        {
            [self deleteBandAtIndexPath:selectedIndexPath];
        }

        self.bandDetailsViewController = nil;
    }
}
```

(9) 在实现部分添加如下代码：

```
- (void)updateBandObject:(WBABand *)bandObject
atIndexPath:(NSIndexPath *)indexPath
{
    NSIndexPath *selectedIndexPath = [self.tableView indexPathForSelectedRow];
    NSString *sectionHeader = [self.firstLettersArray
objectAtIndex:selectedIndexPath.section];
    NSMutableArray *bandsForSection = [self.bandsDictionary
```

```
objectForKey:sectionHeader];
    [bandsForSection removeObjectAtIndex:indexPath.row];
    [bandsForSection addObject:bandObject];
    [bandsForSection sortUsingSelector:@selector(compare:)];
    [self.bandsDictionary setObject:bandsForSection forKey:sectionHeader];
    [self saveBandsDictionary];
}


- (void)prepareForSegue:(UIStoryboardSegue *)segue sender:(id)sender
{
    NSIndexPath *selectedIndexPath = [self.tableView indexPathForSelectedRow];
    NSString *sectionHeader = [self.firstLettersArray
objectAtIndex:selectedIndexPath.section];
    NSMutableArray *bandsForSection = [self.bandsDictionary
objectForKey:sectionHeader];
    WBABand *bandObject = [bandsForSection objectAtIndex:selectedIndexPath.row];
    self.bandDetailsViewController = segue.destinationViewController;
    self.bandDetailsViewController.bandObject = bandObject;
    self.bandDetailsViewController.saveBand = YES;
}
```

(10) 从 Project Navigator 中选择 WBABandDetailsViewController.m 文件。

(11) 修改 saveButtonTouched:方法，代码如下：

```
- (IBAction)saveButtonTouched:(id)sender
{
    if(!self.bandObject.name || self.bandObject.name.length == 0)
    {
        UIAlertView *noBandNameAlertView = [[UIAlertView alloc]
initWithTitle:@"Error" message:@"Please supply a name for the band"
delegate:nil cancelButtonTitle:@"OK" otherButtonTitles:nil];
        [noBandNameAlertView show];
    }
    else
    {
        self.saveBand = YES;

        if(self.navigationController)
            [self.navigationController popViewControllerAnimated:YES];
        else
            [self dismissViewControllerAnimated:YES completion:nil];
    }
}
```

(12) 修改 actionSheet:clickedButtonAtIndex:方法，代码如下：

```
- (void)actionSheet:(UIActionSheet *)actionSheet
clickedButtonAtIndex:(NSInteger)buttonIndex
{
    if(actionSheet.destructiveButtonIndex == buttonIndex)
    {
```

```
        self.bandObject = nil;
        self.saveBand = NO;

        if(self.navigationController)
            [self.navigationController popViewControllerAnimated:YES];
        else
            [self dismissViewControllerAnimated:YES completion:nil];
    }
}
```

(13) 选择 iPhone 4-inch 模拟器运行应用程序，我们看到视图中每行的 accessoryView 都被设置成一个 “>” 样式。选择行时可以看到视图链接到 Band Details 场景，该场景中所有的 UI 对象都是根据 bandObject 设置的。

示例说明

通过按住 Control 键拖曳的方式从 prototype 单元格到 Band Details 场景建立一个 segue。应用程序运行时，单击具体的单元格启动 segue，首先会调用 prepareForSegue:sender:方法。在该方法中可以得到在 tableView 视图中所选行的 NSIndexPath，并通过数据源中的 bandObject 对象对 WBABandDetailsViewController 中的 bandObject 对象进行设置。

在 WBABandDetailsViewController 中，通过其是否拥有 UINavigationController 来改变其被释放的过程。如果有 UINavigationController，就会调用 popViewControllerAnimated:方法来返回 WBABandsListViewController。当其出现时，会判断其是否有特定的行被选中。如果有行被选中，那么如果 saveBand 值为 true，则对该乐队进行数据更新，如果 saveBand 的值不为 true，则删除数据。

5.5　小结

UITableView 的功能非常强大，它可以采用上下滑动的视图来呈现大量的数据并支持用户对数据进行编辑。苹果公司提供了大量的工具实现对表视图的操作。我们学习了如何在 Storyboard 中添加一个 UITableView，并设置其相应的 UITableViewController、UITableViewDataSource 和 UITableViewDelegate。我们通过对 Bands app 的优化使其能够以数据模型的方式存储大量 WBABand 类的实例，并在新的 Bands List 场景中进行展示。我们还学习了如何通过 UINavigationController 类的 UINavigationItem 组件为 Bands app 添加数据、启用编辑模式及删除数据等功能。同时学习了从 Bands List 场景到 Band Details 场景的联结(segue)，从 UITableView 作为应用程序的主视图切换到具体每个乐队的详情视图，即 Bands 应用程序从 Single View Application 到 Master-Details Application 的切换。

练 习

(1) UITableViewDataSource 协议与 UITableViewDelegate 协议的区别是什么？

(2) UITableViewCell 内置的 4 种类型是什么？

（3）将 UITableViewCell 修改为 right detail 类型并以 detailTextLabel 的方式显示乐队热度。

（4）用什么方法实现展示以动画效果实现的由屏幕底端滑动到上面的 UIViewController？

（5）当使用 UINavigationController 时添加到每个 UIView 视图最上方的 UIKit 控件对象是什么？

（6）哪种 segue 类型用于 Bands List 场景到 Band Details 场景的切换？

本章知识点

类　名	原　理
UITableView	在 iOS 开发中 UITableView 是最重要的一类视图之一，它通过可下拉单元格的方式完成对数据模型对象的展示。Bands app 使用一个 UITableView 展示用户在应用程序中添加的乐队信息
UITableViewCell	UITableView 中的每一行都由一个 UITableView Cell 表示。开发者可以使用苹果公司提供的几种默认单元格样式，也可以自定义单元格的样式
UITableViewDataSource	UITableView 通过实现了 UITableViewDataSource 协议的控制器完成对数据模型的数据获取功能。开发者使用这一协议告知表视图数据应该分成几部分显示、每部分又包含多少行，并创建实际的 UITableViewCell 进行展示
UITableViewDelegate	用户可以在 UITableView 中对数据模型进行编辑，当处于编辑模式中的表示图，用户可以对每一行进行移动或者删除操作。表示图是通过其实现了 UITableViewDelegate 协议的控制器实际完成该功能的
UINavigationController	UINavigationController 允许应用程序对不同视图通过 segue 进行入栈和出栈的操作，当我们将其用于 UITableView 视图时，可以利用它实现一组数据模型对象到具体每个对象的详情展示的切换操作

第 **6** 章

在 iOS 应用程序中整合照相机和照片库

本章主要内容:

- 使用设备的摄像头进行拍照
- 从 Photo Library 导入照片
- 使用手势识别功能实现更高级的用户交互效果

本章代码下载说明

本章代码可以从 www.wrox.com/go/begiosprogramming 的 Download Code 选项卡中下载。本章代码在 "chapter 06" 下载链接中,根据代码名称即可找到相应的代码。

带有照相功能的移动设备一直以来都广受关注,即使 iPhone 在 2007 年将其推上市场大获成功之前也是如此。数码相机在当时非常流行,其热度远远超过市场上的传统相机,因此很多人都拥有两种相机。这一现象甚至在苹果公司发布了第一代 iPhone、iPhone3G 和 iPhone3GS 后一直在延续。直到 iPhone 4 的推出这一局面才发生了改变,它内置了具有革命性改进的摄像头。通过照片分享服务提供的数据可以非常明显地看到,大部分受欢迎的照片都是通过 iPhone 拍摄并上传的。现在智能手机自带的照相功能已经成为了一大卖点,随着近几年工艺的发展,制造商们为设备提供的摄像头也越来越高级了。

拍照功能也可以被加入应用程序中。iPhone 自带的 Contacts app 就是一个很好的例子:当用户添加一个通讯对象时,可以选择是否为其添加一张照片。当你接到对方的来电时,屏幕中间就会显示来电方的照片。在以前的电话通信时代,需要记住每个来电号码以用来识别打来电话的是谁,之后发展到来电用户会显示来电者的名称或公司,不过这仍然需要用户仔细阅读一番来电信息的。真正能够做到只要瞥一眼就知道来电者是谁的最好办法就是为其定义一个有代表意义的照片。

Bands app 在添加乐队信息时也用到了照片相关功能。用户可以在照片库中为乐队选择一张合适的照片，也可以即时拍摄一张作为代表乐队的照片。要实现这些功能，不仅要掌握如何使用设备的摄像头，同时还要掌握如何在用户界面添加 UIImageView 对象，以及用户对图像进行操作时会用到的手势识别功能。

6.1　添加一个 Image View 和手势识别

在添加编码实现选择和拍摄照片功能前，需要先为图片在 Band Details 场景中添加一个用于其展示的位置，同时还要为用户提供对图片进行设置和交互的入口。在 iOS 中显示图片需要用到 UIImageView 对象。顾名思义，UIImageView 是 UIView 的子类，UIView 用于展示图片。在具体代码中 UIImage 代表图像对象，一个 UIImage 对象可以是 JEPG 格式、bitmap 格式、TIFF 格式、PNG 格式、图标格式或者一个 Windows 游标。虽然没有官方的文档说明，但是由于 PNG 格式是一种无损压缩的图片格式，所以大部分的开发者都倾向于使用这种格式的图片，它可以让图片在实际应用中生动清晰地展示以达到最好的效果。

应用程序接收到的图像和图片的尺寸各种各样。UIView 有一个模式属性来控制如何展示其内容。如果 UIView 内容的尺寸大于其范围，系统会采用一种模式来决定如何调整内容显示的比率。由于 UIImageView 是 UIView 的子类，它使用以下模式来处理图像尺寸的问题：

- **Scale to Fill**——该模式下图像会被按比例进行拉伸，最终填满整个 UIImageView 区域，此时图像会发生变形。
- **Aspect Fit**——该模式下图像会保持原图的比例进行尺寸的变化，所以图片的整体都会在 UIImageView 区域显示，该模式会导致 UIImageView 的部分区域空白。
- **Aspect Fill**——该模式下对图像尺寸进行变化，但是其不会产生空白区域。该模式会导致图像的某些部分超出 UIImageView 的范围而无法显示。
- **Center**——居中模式不会改变图像的尺寸，只是简单地将图像置于 UIImageView 的中间，一般直接通过摄像头拍照下来的图像可能会因为图像尺寸比较大的问题而无法全部显示。

对于 Bands app，可以使用 Aspect Fit 模式，这样就能确保看见的图标始终是完整的。

UIView 类还有一个名为 userInteractionEnabled 的属性，它负责通知系统用户是否可以通过单击行为和控件发生交互操作。如果一个 UIView 的该属性被设置为 false，则控件对用户单击等操作不做任何响应。比如有一个带有 IBAction 动作的 UIButton 控件，如果它的 userInteractionEnabled 属性被设置为 false，则无论用户怎样单击该按钮也无法触发相应的动作。默认情况下，一个 UIImageView 对象的该属性都是设置成 false 的。

6.1.1　启用 UIImageView 的交互操作

Bands app 中用户可以选择为每只乐队添加一张图片。为实现这个功能，首先需要在 Band Details 场景中添加一个 UIImageView。由于 UIImageView 默认是不允许交互操作的，因此需要将它的 userInteractionEnabled 属性设置为 true。只要在 Interface Builder 中相应的设置位置简单地选中一下即可，具体的过程参照下面的"试试看"环节。

试试看　　添加一个 Image View

(1) 在 Project Navigator 中选择 Main.storyboard。

(2) 在 Band Details 场景中，将 Name 的 UILabel 向右移动 70 像素，为 UIImageView 留出一定的空间。

(3) 重新设置 Name 的 UITextField 的尺寸为 210 像素，并使其与 Name 的 UILabel 对齐，这样就为 UIImageView 预留了空间。

(4) 从 Object 库中拖曳一个新的 Image View 到视图中，将其尺寸设置为 64×64 像素。

(5) 将上述对象置于视图的左边并同左侧参照线对齐，同时其上部要和 Name 的 UILabel 对齐，并将背景色设置为 light gray。

(6) 在 Attributes Inspector 中将 UIImageView 的模式设置为 Aspect Fit。

(7) 在 Attributes Inspector 选中 Allow User Interaction 选项。

(8) 拖曳一个新的 UILabel 到视图中，将其边界大小设置为和 UIImageView 一样。

(9) 在 Attributes Inspector 中将文本内容设置为 Add Photo，使用居中对齐按钮使其置于中间，设置行数为 2，如图 6-1 所示。

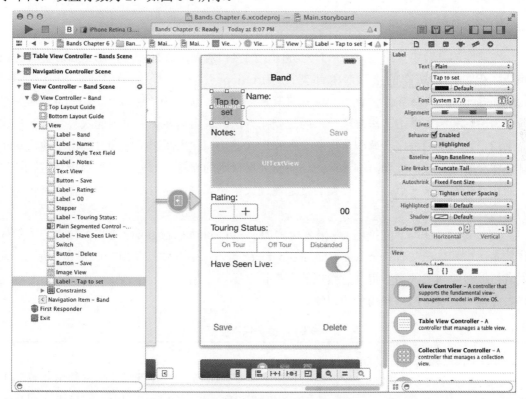

图 6-1

(10) 在 Project Navigator 中选择 WBABandDetailsViewController.h 文件，为 UIImageView 和 UILabel 添加 IBOutlet 属性，代码如下：

```
@property (nonatomic, assign) IBOutlet UIImageView *bandImageView;
@property (nonatomic, assign) IBOutlet UILabel *addPhotoLabel;
```

(11) 再次打开 Storyboard，在 WBABandDetailsViewController 中建立 bandImageView 方法和 addPhotoLabel 方法到 UIImageView 和 UILable 的关联。

示例说明

首先为图像文件的放置腾出空间，该位置不仅仅完成 UIImageView 的显示，同时还是对图像进行设置的一个入口。然后设置它的模式为 Aspect Fit，这样就可以使图像完整地展示。之后在 Attributes Inspector 中选中 User Interaction Allowed 属性，将 UIImageView 中的 UserInteraction 属性设置为 true。这样添加的 UIImageView 能够支持用户的单击操作。默认状态下，如果没有对 image 属性进行设置，那么 UIImageView 的背景色是透明的。在实际操作中将其设置为浅灰色，这样用户就知道该单击哪里为乐队添加图片了。最后在 UIImageView 之上添加了一个 UILabel 控件，并设置了它的文本为 Add Photo，作用就是告诉用户这里是 UIImageView 并且用户可以与其进行交互。这里的文本与 Contacts app 中的文本类似，使用相同的文本可以让用户更容易理解。

6.1.2　学习手势识别

在前面的章节中介绍过，当用户对界面上的接口对象进行操作时，IBAction 负责完成响应。但并不是所有的接口对象都支持 IBAction 关联，即使将 UIView 子类视图的 userInteractionEnable 属性设置为 true 允许其接受单击，也并不都能支持 IBAction 关联。之前要为追踪和响应单击动作实现一系列的委托方法，甚至是要识别单击的次数和同时单击的手指个数。应用程序会返回单击的次数和形式，比如使用两个手指同时单击了两次这个动作就会准确地被捕捉到，不过这还是需要大量代码的支持。另外要识别手指划过视图这个操作就相对复杂一点，首先要做的就是通过大量计算来侦测滑动开始的位置和确定滑动的方向。

随着 iPhoneOS 3.2 的推出，苹果公司增加了 UIGestureRecognizer 类来简化用户手势操作的实现过程。一共有 7 个 UIGestureRecognizer 类可以供开发者使用，如表 6-1 所示。开发者可以按照自己的需要将任意数量的手势识别操作添加到一个 UIView 视图中，不过这样做之前一定要考虑用户的使用习惯。

表 6-1　手势识别类型

手 势 类 型	描　　　述
UITapGestureRecognizer	侦测何时用户单击了 UIView 对象，可以针对不同的单击数量和单击的方式进行识别。比如在 Map 应用中，可以设置识别单手指双击地图为放大操作，双手指同时双击地图为缩小操作

(续表)

手 势 类 型	描　　述
UIPinchGestureRecognizer	侦测何时用户的两个手指的合并和分开操作, 最典型的应用就是放大和缩小。在 Map 应用中两个手指合并就缩小地图, 两个手指分开会放大地图
UIRotateGestureRecognizer	侦测何时用户使用两个手指在屏幕上进行旋转。在 Map 应用中如果用户这样操作对应的是当前地图按照手势方向进行旋转
UISwipeGestureRecognizer	侦测何时用户向特定方向进行滑动操作, 最典型的例子就是 iOS 设备的滑动解屏操作
UIPanGestureRecognizer	侦测何时用户使用任意数量的手指在屏幕上拖动到任意方向上, 在 Map 应用中按住屏幕并拖动可以实现对地图的移动
UIScreenEdgePanGestureRecognizer	侦测何时用户在手势拖曳操作中是否接近屏幕边缘, 在 iOS 7 中使用该操作可以从屏幕底端拖出系统控制中心
UILongPressGestureRecognizer	侦测何时用户使用一个或一个以上数量的手指停留在视图上并在同一位置停留一段时间。典型的例子就是 Map 应用中长按一个位置添加用于标注的大头针

有些手势识别功能还有其他的附加属性用于设置(参见表 6-1)。比如单击手势的识别可以侦测用户单击屏幕的最小次数及同时单击时使用的最少手指数。默认状态下, 这些数量都是 1, 不过开发者可以通过修改 numberOfTapsRequired 和 numberOfTouchesRequired 属性对其进行调整。如果 numberOfTapsRequired 的值为 2, numberOfTouchesRequired 的值为 3, 用户就需要用三个手指同时双击屏幕。滑动手势具有一个需要设置的方向属性, 这样系统就知道用户需要向哪个方向进行滑动才能被识别。

如果 UIView 之上覆盖了另一个 UIView, 而上层的 UIView 对一种特殊手势并不认识, 此时动作就会作用于下面被覆盖的 UIView。下面的 "试试看" 环节我们为 UIImageView 的乐队图片添加两个手势识别方法 UITapGestureRecognizer 和 UISwipeGestureRecognizer, 即使在 UILabel 的覆盖下我们设置的手势识别也可以正确地执行。

试试看　**实现手势识别**

(1) 在 Project Navigator 中选择 WBABandDetailsViewController.h 文件, 并在 interface 部分添加如下两个方法的声明:

```
- (void)bandImageViewTapDetected;
- (void)bandImageViewSwipeDetected;
```

(2) 在 Project Navigator 中选择 WBABandDetailsViewController.m 文件, 并在实现部分添加如下代码。

```
- (void)bandImageViewTapDetected
{
    NSLog(@"band image tap detected");
}

- (void)bandImageViewSwipeDetected
{
    NSLog(@"band image swipe detected");
}
```

(3) 在 viewDidLoad 方法中添加如下代码:

```
- (void)viewDidLoad
{
    [super viewDidLoad];
    // Do any additional setup after loading the view, typically from a nib.

    NSLog(@"titleLabel.text = %@", self.titleLabel.text);

    if(!self.bandObject)
        self.bandObject = [[WBABand alloc] init];


    [self setUserInterfaceValues];

    UITapGestureRecognizer *bandImageViewTapGestureRecognizer =
[[UITapGestureRecognizer alloc] initWithTarget:self
action:@selector(bandImageViewTapDetected)];
    bandImageViewTapGestureRecognizer.numberOfTapsRequired = 1;
    bandImageViewTapGestureRecognizer.numberOfTouchesRequired = 1;
    [self.bandImageView addGestureRecognizer:bandImageViewTapGestureRecognizer];

    UISwipeGestureRecognizer *bandImageViewSwipeGestureRecognizer =
[[UISwipeGestureRecognizer alloc] initWithTarget:self
action:@selector(bandImageViewSwipeDetected)];
    bandImageViewSwipeGestureRecognizer.direction =
UISwipeGestureRecognizerDirectionRight;
    [self.bandImageView addGestureRecognizer:bandImageViewSwipeGestureRecognizer];
}
```

示例说明

首先在 WBABandDetailsViewController 类的 interface 接口部分声明了两个方法, 分别为 bandImageViewTapDetected 和 bandImageViewSwipeDetected。在应用程序实现部分简单地向调试控制台输出了一条信息, 用于确认当 UIImageView 对象在被单击或者滑动时方法已被调用。

上面的 "试试看" 中最主要是创建了两个 UIGestureRecognizer 类。第一个是 UITapGestureRecognizer, 创建时使用了 initWithTarget:action:方法, 并传递了代表 WBABand-DetailsViewController 的 self 参数, 同时@selector 的参数为 bandImageViewTapDetected 方

法名。这段代码的意思是告诉系统当 UITapGestureRecogizer 被触发时，就会调用 WBABandDetailsViewController 中的 bandImageViewTapDetected 方法。其实这段代码实现的功能与将 IBAction 和 UIKit 对象相关联类似。之后我们设置了 numberOfTapsRequired 和 numberOfTouchesRequired 的属性值均为 1，用来通知系统对于添加了手势识别类的 UIView 对象，当有一个手指单击时就触发手势识别响应。我们通过调用 addGestureRecognizer:方法为 bandImageView 视图添加 bandImageViewTapGestureRecognizer。

接下来通过同样的 initWithTarget:action:的方式声明了一个新的 UISwipeGestureRecognizer，不过@selector 处的参数换成了 bandImageViewSwipeDetected 方法。UISwipGestureRecognizer 需要为其设置 direction 属性值，这里使用了 UISwipGestureRecognizerDirectionRight 常量。下面同样使用 addGestureRecognizer 方法为 UIImageView 添加手势识别功能。当用户手指自左向右滑动在 bandImageView 上时就会调用 bandImageViewSwipeDetected 方法。

6.2　从照片库中选择一张图片

在 Bands app 中用户有两种方式为乐队添加图片。一种方式是使用已经保存在照片库中的图片，另一种就是通过调用摄像头即时拍照为乐队添加一张图片。默认情况下，我们调试用的模拟器中的照片库中是没有图片的，那么从照片库中选取图片前应该先向照片库中添加一幅图片。下面的"试试看"环节就为模拟器中的照片库添加一幅图片。

注意:

不是所有的 iOS 设备都有照相机功能。iPhone 一直都有照相机功能，但 iPad 和 iPod 的早期版本却没有。其模拟器也不支持照相机功能。也可以使用母控件来限制对照相机的访问。所有的 iOS 设备都必须有一个照片库，以便用户能将从邮件和网页上的图片存在其中。

试试看　在 iPhone 模拟器中将 Safari 中的图片保存到照片库

(1) 在 Xcode 菜单中依次单击 Xcode | Open Developer Tool | iOS Simulator。

(2) 在模拟器中启动 Safari 浏览器。

(3) 在收藏夹菜单中选择 ESPN 或者随便访问一个带有图片的页面。

(4) 在图片载入成功后长按图片弹出动作列表。

(5) 在动作列表中选择 Save Image。

(6) 依次单击菜单上的 Hardware | Home from the menu 返回主界面。

(7) 打开 Photos app，可以看到刚刚保存的图片。

示例说明

iOS 允许用户从其他应用程序保存图片到自己的照片库。在上面的"试试看"环节使用 UILongPressFestureRecognizer 从 Mobile Safari 浏览器保存了一幅图片。同样也可以从电子邮件或者短信中保存图片，第三方应用程序也可以实现将图片保存到照片库的功能，这些将在第 7 章中进行介绍。

6.2.1 学习 UIImagePickerController

我们使用 UIImagePickerController 实现用户与摄像头和照片库的交互。这是所有应用程序使用的标准控制器,所以对用户来说不管什么应用程序在调用摄像头和访问照片库时的界面和过程都是类似的。虽然控制器是自包含的,但是可以通过 UIImagePicker-ControllerDelegate 类知道用户具体选择了哪幅图片或者用户是否取消了操作。应用程序只负责启用或者释放该控制器。

出于安全的考虑,苹果公司对于照片库设置了访问控制,意思是需要得到用户的允许才能访问照片库。当应用程序第一次访问照片库前,会弹出一个提示框询问用户是否授权该应用程序访问照片库,用户同意后应用程序才能访问照片库,如图 6-2 所示。

如果用户不同意应用程序访问照片库,则应用程序无法从照片库中选择照片,用户只能取消图片选取操作。下次启动图片选取操作时,应用程序会提示用户已经拒绝了对照片库的访问,如图 6-3 所示。

图 6-2

图 6-3

6.2.2 确定设备兼容性

显示 image picker 前,需要对其支持的源文件的类型进行设置。图片的来源可以是摄像头拍摄、照片库或保存的照片册,这三类资源分别由 UIImagePickerControllerSourceTypeCamera、UIImagePickerControllerSourceTypePhotoLibrary 和 UIImagePickerControllerSourceTypeSaved-PhotoAlbum 枚举类型所定义。如果开发者提供给 image picker 的源文件类型不被设备支持,应用程序会崩溃。苹果公司会在应用程序提交审核时对这些情况进行测试,如果有应用程序崩溃的现象发生,则上架请求会被拒绝。

确定源文件是否符合要求,可以使用 UIImagePickerController 类的 isSourceTypeAvailable:

静态方法来检查要使用的文件类型是否满足系统要求。如果方法返回 true，说明符合要求，可以启动控制器进行后续操作；如果返回 false，则需要对代码进行修改以避免可能发生的应用程序崩溃。

6.2.3　允许编辑图片

UIImagePickerController 的另一个实用功能是允许用户对已经选择的图片在编写代码前就进行一些移动和缩放。开发者可以在使用 picker 前对一个简单的 boolean 类型的变量进行设置，不过这也意味着开发者不需要实现自己的编辑界面。当图片被选择时，会调用 UIImagePickerControllerDelegate 协议的 imagePickerController:didFinishPickingMediaWithInfo:。并且原图像和编辑过的图像都会包含于一个生成的目录中，其中还包括对图像进行了哪些修改的信息。表 6-2 列出了一组 info 字典对应的关键字信息。

表 6-2　Dictionary Keys 信息媒体

INFO DICTIONARY KEYs	描　　述
UIImagePickerControllerMediaType	媒体类型的文件所使用，其值是一个 kUTTypeImage 常量或 kUTTypeMovie 常量的 NSString
UIImagePickerControllerOriginalImage	被选择的原始图片 UIImage
UIImagePickerControllerEditedImage	被编辑图片的 UIImage
UIImagePickerControllerCropRect	一个 NSValue 类型数据包含用于在原始图像上编辑和修剪的表示角度的 CGRect 值
UIImagePickerControllerMediaURL	当 media 类型为 kUTTypeMovie 时，选中影片文件的系统 URL 地址，数据类型为 NSURL
UIImagePickerControllerReferenceURL	原始图片或影片的系统文件 URL 地址，数据类型为 NSURL
UIImagePickerControllerMediaMetadata	一个 NSDictionary 类型带有由摄像头得到的新图片相关的元数据信息，可以将图片保存到照片库

接下来的"试试看"环节展示了 UIImagePickerController 在对照片库的操作中是如何应用的。

试试看　展示照片库 Image Picker

(1) 在 Project Navigator 中选择 WBABandDetailsViewController.h 文件。

(2) 添加 UIImagePickerControllerDelegate 和 UINavigationControllerDelegate 协议到应用程序的 interface 部分，代码如下：

```
@interface WBABandDetailsViewController : UIViewController <UITextFieldDelegate,
UITextViewDelegate, UIActionSheetDelegate,
UIImagePickerControllerDelegate, UINavigationControllerDelegate>
```

(3) 在 interface 部分添加如下方法声明：

```
- (void)presentPhotoLibraryImagePicker;
```

(4) 在 Project Navigator 中选择 WBABandDetailsViewController.m 文件。

(5) 添加如下代码到实现部分：

```
- (void)presentPhotoLibraryImagePicker
{
    UIImagePickerController *imagePickerController =
[[UIImagePickerController alloc] init];
    imagePickerController.sourceType =
UIImagePickerControllerSourceTypePhotoLibrary;
    imagePickerController.delegate = self;
    imagePickerController.allowsEditing = YES;
    [self presentViewController:imagePickerController animated:YES completion:nil];
}
```

(6) 添加 UIImagePickerControllerDelegate 方法到实现部分，代码如下：

```
- (void)imagePickerController:(UIImagePickerController *)picker
didFinishPickingMediaWithInfo:(NSDictionary *)info
{
    UIImage *selectedImage =
[info objectForKey:UIImagePickerControllerEditedImage];
    if(selectedImage == NULL)
        selectedImage = [info objectForKey:UIImagePickerControllerOriginalImage];

    self.bandImageView.image = selectedImage;
    self.addPhotoLabel.hidden = YES;

    [picker dismissViewControllerAnimated:YES completion:nil];
}

- (void)imagePickerControllerDidCancel:(UIImagePickerController *)picker
{
    [picker dismissViewControllerAnimated:YES completion:nil];
}
```

(7) 修改 bandImageViewTapDetected 方法，代码如下：

```
- (void)bandImageViewTapDetected
{
    if([UIImagePickerController
isSourceTypeAvailable:UIImagePickerControllerSourceTypePhotoLibrary])
    {
```

```
        [self presentPhotoLibraryImagePicker];
    }
    else
    {
        UIAlertView *photoLibraryErrorAlert = [[UIAlertView alloc]
    initWithTitle:@"Error" message:@"There are no" delegate:nil
    cancelButtonTitle:@"OK" otherButtonTitles:nil];
        [photoLibraryErrorAlert show];
    }
}
```

(8) 使用 iPhone 4-inch 模拟器运行应用程序，单击空白图像视图会弹出 Photo Library Image Picker。

示例说明

首先声明 WBABandDetailsViewController 实现了 UIImagePickerControllerDelegate 和 UINavigationControllerDelegate。至于为什么要声明 UINavigationControllerDelegate 的原因就是 UIImagePickerController 实现了该协议。虽然不需要实现其中的任何方法，但是如果不这样做的话，在编译时会报错。

接下来声明并实现了一个方法，将 UIImagePickerController 的源类型设置成 UIImagePickerControllerSourceTypePhotoLibrary。也可使用 self 关键字设置其委托类为 WBABandDetailsViewController，并将 allowsEditing 的标志设置为 true，不过这些设置要在 UIImagePickerController 类模态化置于 WBABandDetailsViewController 之上前完成。

之后我们实现了 UIImagePickerControllerDelegate 的两个方法。用户从照片库中选择一幅图片后，即调用 imagePickerController:didFinishPickingMediaWithInfo:方法。开发者要获得的图片首先要判断媒体 info NSDictionary 中 UIImagePickerControllerEditedImage 的值。如果该值为 NULL，则要继续取 UIImagePickerControllerOriginalImage 中的值。使用这幅图片后，需要在 UIImagePickerController 消失前设置 UIImageView，并且通过 hidden 属性将 addPhotoLabel 隐藏。

我们实现的另一个委托方法为 imagePickerControllerDidCancel:，当用户取消选择 UIImagePickerController 或者某些情况下选取失败需要返回操作时，就会调用该方法。

最后对 bandImageViewTapDetectedMethod 进行了修改。新代码首先确保了照片库对设备是兼容性的。如果是系统认可的格式图片，则调用 presentPhotoLibraryImagePicker 对 UIImagePickerController 进行展示；如果没有符合要求的图片，则通知用户当前照片库不可用。

6.2.4　保存乐队图片

现在可以为照片库使用 image picker 了，选择一张照片并设置对应该照片的 UIImageView 的 image 属性。不过我们还需要与之前存储于 standardUserDefaults 中的 WBABand 实例一样编写代码对图片文件也进行保存操作。与 WBABand 实例的保存过程一样，不能在 standardUserDefaults 中直接对 UIImage 对象进行保存。首先需要利用 1~2 个辅助函数帮助我们将其转化为 NSData 数据类型。UIImageJPEGRepresentation 方法可以帮助我们将一个 UIImage 或者其他压缩格式的文件转化为 JPEG 格式。在 Bands app 中可以用 UIImagePNGRepresentation 方法代替，该方法可以将 UIImage 的对象转化为 PNG 格式。当图像被转化为 NSData 类型之后，就可以像 WBABand 实例那样保存于 standardUserDefaults 中。如果需要再次载入图片，只需要将 NSData 类型的数据先取回再使用 initWithData 方法创建 UIImage。

试试看 在 NSUserDefaults 中保存图片

(1) 从 Project Navigator 中选择 **WBABand.h** 文件，添加如下代码：

```
@property (nonatomic, strong) UIImage *bandImage;
```

(2) 从 Project Navigator 中选择 **WBABand.m** 文件。

(3) 在实现文件前添加如下静态关键字声明，如代码所示：

```
static NSString *bandImageKey = @"BABandImageKey";
```

(4) 修改 initWithCoder:方法，代码如下：

```
-(id) initWithCoder:(NSCoder *)coder
{
    self = [super init];

    self.name = [coder decodeObjectForKey:nameKey];
    self.notes = [coder decodeObjectForKey:notesKey];
    self.rating = [coder decodeIntegerForKey:ratingKey];
    self.touringStatus = [coder decodeIntegerForKey:tourStatusKey];
    self.haveSeenLive = [coder decodeBoolForKey:haveSeenLiveKey];

    NSData *bandImageData = [coder decodeObjectForKey:bandImageKey];
    if(bandImageData)
    {
        self.bandImage = [UIImage imageWithData:bandImageData];
    }

    return self;
}
```

(5) 修改 encodeWithCoder:方法，代码如下：

```
- (void)encodeWithCoder:(NSCoder *)coder
{
    [coder encodeObject:self.name forKey:nameKey];
    [coder encodeObject:self.notes forKey:notesKey];
    [coder encodeInteger:self.rating forKey:ratingKey];
    [coder encodeInteger:self.touringStatus forKey:tourStatusKey];
    [coder encodeBool:self.haveSeenLive forKey:haveSeenLiveKey];
```

```
    NSData *bandImageData = UIImagePNGRepresentation(self.bandImage);
    [coder encodeObject:bandImageData forKey:bandImageKey];
}
```

(6) 从 Project Navigator 中选择 WBABandDetailsViewController.m 文件。

(7) 修改 setUserInterfaceValues 方法，代码如下：

```
- (void)setUserInterfaceValues
{
    self.nameTextField.text = self.bandObject.name;
    self.notesTextView.text = self.bandObject.notes;
    self.ratingStepper.value = self.bandObject.rating;
    self.ratingValueLabel.text = [NSString stringWithFormat:@"%g",
self.ratingStepper.value];
    self.touringStatusSegmentedControl.selectedSegmentIndex =
self.bandObject.touringStatus;
    self.haveSeenLiveSwitch.on = self.bandObject.haveSeenLive;

    if(self.bandObject.bandImage)
    {
        self.bandImageView.image = self.bandObject.bandImage;
        self.addPhotoLabel.hidden = YES;
    }
}
```

(8) 修改 imagePickerController:didFinishPickingMediaWithInfo:方法，代码如下：

```
- (void)imagePickerController:(UIImagePickerController *)picker
didFinishPickingMediaWithInfo:(NSDictionary *)info
{
    UIImage *selectedImage =
[info objectForKey:UIImagePickerControllerEditedImage];
    if(!selectedImage)
        selectedImage = [info objectForKey:UIImagePickerControllerOriginalImage];

    self.bandImageView.image = selectedImage;
    self.bandObject.bandImage = selectedImage;
    self.addPhotoLabel.hidden = YES;

    [picker dismissViewControllerAnimated:YES completion:nil];
}
```

(9) 使用 iPhone 4-inch 模拟器运行应用程序，为乐队分配的图片将被一直保存。

示例说明

首先在 WBABand 类中添加了一个名为 bandImage 的 UIImage 属性。当用户添加一个新乐队时，其创建的 WBABand 实例就会被添加到数据模型中，并且使用在第 5 章中实现的 saveBandsDictionary 方法将其保存于 standardUserDefaults 中。为了使 bandImage 能够被保存,需要在 WBABand 类中添加 encodeUsingCoder:和 decodeUsingCoder:方法的实现。为将一个 UIImage 对象进行归档,需要先将其转换为 NSData 变量,这里使用的是 UIImagePNGRepresentation 函数来实现这个转换。我们可以使用新的 bandImageKey,将其添加到 encodeUsingCoder:函数中的 coder 参数位置。当 WBABand 实例被 standardUserDefaults 取回时会调用 decodeUsingCoder:方法。在这个方法中首先用相同的 bandImageKey 字段返回需要的 NSData 变量,最终用 UIImageClass 类的 imageWithData:方法设置 bandImage 属性。

在 WBABandDetailsViewController 类中我们修改了 setUserInterfaceValues 方法,使用 bandImageView 中的 bandObject 对象对 bandImage 属性进行设置。如果存在,则将 addPhotoLabel 进行隐藏。最后,我们编写代码实现,当用户选择一副新图片时对 bandObject 对象的 bandImage 属性进行设置。

6.2.5　删除乐队图片

优秀的应用程序应该考虑到用户各种可能的操作,所以很有必要让用户对已经设置过的乐队图片进行删除,我们可以使用 UISwipeGestureRecognizer 来实现这个功能。如同我们在第 4 章中讨论的,当用户删除数据时需要让其进行二次确认,就比如当删除一个乐队信息时,会弹出一个带有删除按钮的 UIActionSheet 对话框。我们还可以通过对 WBABandDetailsViewController 类的 UIActionSheetDelegate 协议的实现来对用户具体的选择进行处理。

当用户用轻轻扫过乐队图片的手势进行删除时,同样需要弹出一个带有删除按钮的 UIActionSheet。由于 WBABandDetailsViewController 类已经实现了 UIActionSheetDelegate 协议,我们需要知道用户实际单击的动作列表。UIActionSheet 有一个整型类型的 tag 属性,可以对这个属性进行设置,进而在 UIActionSheetDelegate 方法中检查该参数以确定 UIActionSheet 的内容。

为了增加应用程序的可读性,开发者应该尽可能地声明一个常量来表示 tag 属性的值。有以下几种方式来实现。第一种方式就是使用#define C 预处理命令。虽然很多开发者喜欢用这种方式,但是 Cocoa 的编码建议规范中并不是很鼓励使用这种方式,Cocoa 的编码规范可以通过如下网址查看 https://developer.apple.com/library/mac/documentation/Cocoa/Conceptual/CodingGuidelines。推荐的方式是采用枚举的方法,我们将在下面的"试试看"环节中学习到。

试试看　实现轻扫删除动作

(1) 从 Project Navigator 中选择 WBABandDetailsViewController.h 文件。

(2) 添加如下代码到 interface 部分:

```
typedef enum {
    WBAActionSheetTagDeleteBand,
    WBAActionSheetTagDeleteBandImage,
} WBAActionSheetTag;
```

(3) 从 Project Navigator 中选择 WBABandDetailsViewController.m 文件。

(4) 修改 bandImageViewSwipeDetected 方法，代码如下：

```
- (void)bandImageViewSwipeDetected
{
    if(self.bandObject.bandImage)
    {
        UIActionSheet *deleteBandImageActionSheet =
[[UIActionSheet alloc] initWithTitle:nil delegate:self
cancelButtonTitle:@"Cancel" destructiveButtonTitle:@"Delete Picture"
otherButtonTitles:nil];
        deleteBandImageActionSheet.tag = WBAActionSheetTagDeleteBandImage;
        [deleteBandImageActionSheet showInView:self.view];
    }
}
```

(5) 修改 actionSheet:clickedButtonAtIndex:方法，代码如下：

```
- (void)actionSheet:(UIActionSheet *)actionSheet
clickedButtonAtIndex:(NSInteger)buttonIndex
{
    if(actionSheet.tag == WBAActionSheetTagDeleteBandImage)
    {
        if(buttonIndex == actionSheet.destructiveButtonIndex)
        {
            self.bandObject.bandImage = nil;
            self.bandImageView.image = nil;
            self.addPhotoLabel.hidden = NO;
        }
    }
    else if(actionSheet.tag == WBAActionSheetTagDeleteBand)
    {
        if(actionSheet.destructiveButtonIndex == buttonIndex)
        {
            self.bandObject = nil;
            self.saveBand = NO;

            if(self.navigationController)
                [self.navigationController popViewControllerAnimated:YES];
            else
                [self dismissViewControllerAnimated:YES completion:nil];
        }
    }
}
```

(6) 选择 iPhone 4-inch 模拟器运行应用程序，轻扫过图片视图则会询问用户是否要删除图片。

示例说明

我们定义了一组新的枚举数据 WBAActionSheetTag，它包含两个值，分别是 WBAActionSheetTagDeleteBand 和 WBAActionSheetTagDeleteBandImage，并将 WBAActionSheetTag 添加到 WBABandDetailsViewController 类的 interface 文件中，当用户行为触发 UIActionSheet 时，就会使用我们定义好的 tag 属性值。

之后修改了 bandImageViewSwipeDetected 方法，该方法用来显示 WBAActionSheet-TagDeleteBandImage 值，且将它的 tag 设置为 UIActionSheet 对象，弹出框即让用户确认是否需要删除图片。

在 UIActionSheetDelegate 协议的 actionSheet:clickedButtonAtIndex:方法中，可以用 tag 来确定 UIActionSheet 界面所显示的内容。如果它的 tag 是 WBAActionSheetTagDelete-BandImage，就知道用户在乐队图片上进行了轻扫操作；如果 buttonIndex 的值为 destructiveButtonIndex，我们就知道用户已经确认删除乐队图片了。将 bandImageView 的 image 属性和 bandObject 的 bandImage 属性均设置为 nil。最后将 addPhotoLabel 的 hidden 属性再次设置为 false，以便用户可以再次看到该 Label 提示。

6.3 使用摄像头拍一张照片

使用 UIImagePickerController 来调用拍照功能的原理与其使用照片库的原理类似。首先要确保设备的摄像头可用，并简单地将 UIImagePickerController 的 sourceType 类型变为 UIImagePickerControllerSourceTypeCamera 类型。虽然设备带有摄像头可以拍照，但也不意味着所有用户都会采用这种拍照的方式为乐队存储图片，仍然会有一些用户要从图片库中为乐队选择指定的图片。

但是苹果公司并没有一个内置的方法来让用户选择采用哪种方式添加图片文件，是从已经保存的照片库中选择图片呢？还是使用设备的摄像头即时拍一张照片？大部分的应用程序都会为用户提供上述两种方式。采用 UIActionSheet 弹出框的方式让用户选择添加图片的方式，采用 UIActionSheet 的实现方式就和之前在删除数据时使用 UIActionSheet 控件的方式类似，如下面的"试试看"环节所示。

> **试试看** ┃ 启用摄像头拍照

(1) 从 Project Navigator 中选择 WBABandDetailsViewController.h 文件。

(2) 修改 WBAActionSheetTag 的枚举数据，代码如下：

```
typedef enum {
    WBAActionSheetTagDeleteBand,
    WBAActionSheetTagDeleteBandImage,
    WBAActionSheetTagChooseImagePickerSource,
} WBAActionSheetTag;
```

(3) 添加一个新的枚举对象，代码如下。

```
typedef enum {
    WBAImagePickerSourceCamera,
    WBAImagePickerSourcePhotoLibrary
} WBAImagePickerSource;
```

(4) 添加如下方法声明：

```
- (void)presentPhotoLibraryImagePicker;
```

(5) 从 Project Navigator 中选择 WBABandDetailsViewController.m 文件。

(6) 修改 bandImageViewTapDetected 方法，代码如下：

```
- (void)bandImageViewTapDetected
{
    if([UIImagePickerController
isSourceTypeAvailable:UIImagePickerControllerSourceTypeCamera])
    {
        UIActionSheet *chooseCameraActionSheet = [[UIActionSheet alloc]
initWithTitle:nil delegate:self cancelButtonTitle:@"Cancel"
destructiveButtonTitle:nil otherButtonTitles:@"Take with Camera",
@"Choose from Photo Library", nil];
        chooseCameraActionSheet.tag = WBAActionSheetTagChooseImagePickerSource;
        [chooseCameraActionSheet showInView:self.view];
    }
    else if([UIImagePickerController
isSourceTypeAvailable:UIImagePickerControllerSourceTypePhotoLibrary])
    {
        [self presentPhotoLibraryImagePicker];
    }
    else
    {
        UIAlertView *photoLibraryErrorAlert = [[UIAlertView alloc]
                initWithTitle:@"Error" message:@"There are no" delegate:nil
                cancelButtonTitle:@"OK" otherButtonTitles:nil];
        [photoLibraryErrorAlert show];
    }
}
```

(7) 修改 actionSheet:clickedButtonAtIndex:方法，代码如下：

```
- (void)actionSheet:(UIActionSheet *)actionSheet
clickedButtonAtIndex:(NSInteger)buttonIndex
{
    if(actionSheet.tag == WBAActionSheetTagChooseImagePickerSource)
    {
        if(buttonIndex == WBAImagePickerSourceCamera)
        {
            [self presentCameraImagePicker];
        }
```

```
                else if (buttonIndex == WBAImagePickerSourcePhotoLibrary)
                {
                    [self presentPhotoLibraryImagePicker];
                }
            }
        else if(actionSheet.tag == WBAActionSheetTagDeleteBandImage)
        {
            if(buttonIndex == actionSheet.destructiveButtonIndex)
            {
                self.bandObject.bandImage = nil;
                self.bandImageView.image = nil;
                self.addPhotoLabel.hidden = NO;
            }
        }
        else if(actionSheet.tag == WBAActionSheetTagDeleteBand)
        {
            if(buttonIndex == actionSheet.destructiveButtonIndex)
            {
                self.bandObject = nil;
                self.saveBand = NO;

                if(self.navigationController)
                    [self.navigationController popViewControllerAnimated:YES];
                else
                    [self dismissViewControllerAnimated:YES completion:nil];
            }
        }
    }
```

(8) 添加如下代码到实现部分：

```
- (void)presentCameraImagePicker
{
    UIImagePickerController *imagePickerController =
[[UIImagePickerController alloc] init];
    imagePickerController.sourceType = UIImagePickerControllerSourceTypeCamera;
    imagePickerController.delegate = self;
    imagePickerController.allowsEditing = YES;
    [self presentViewController:imagePickerController
animated:YES completion:nil];
}
```

(9) 在带有摄像头的测试设备上运行应用程序。单击图片视图时，会弹出选项让我们选择使用摄像头拍照或者从照片库中选择图片，选择 Take with Camera 就会启动摄像头进行拍照了。

示例说明

首先添加了 WBAActionSheetTagChooseImagePickerSource 值到 WBAActionSheetTag 枚举结构体中，同时又新定义了一个名为 WBAImagePickerSource 的枚举结构体类型，用于

保存用户在选取图片时对 UIActionSheet 控件每个选项的索引号，具体就是记录用户是单击了拍照还是从照片库中选择照片的动作，所以它有两个值分别为 WBAImagePicker-SourceCamera 和 WBAImagePickerSourcePhotoLibrary。之后在 interface 部分声明了一个名为 presentCameraImagePicker 的新方法。

在代码实现部分修改了 bandImageViewTapDetected 方法，首先使用 UIImagePicker-Controller 类的 isSourceTypeAvailable:静态方法返回的 UIImagePickerControllerSource-TypeCamera 实例检查设备是否具有摄像头能实现拍照功能。如果返回结果为 true，应用程序就会弹出一个 UIActionSheet 对象询问用户选择哪种方式获得照片，选项包括拍照和照片库选取两种，同时该 UIActionSheet 选项所对应的 tag 已经被设置为 WBAActionSheet-TagChooseImagePickerSource。该 UIActionSheet 和我们之前使用的略有不同，其不需要删除按钮，所以在创建 UIActionSheet 时将 destructiveButtonTitle 的参数设置为 nil。不过需要添加两个按钮，按钮的文本内容分别取 Take with Camera 和 Choose from Photo Library，要添加这两个按钮需要用 C Style 数组的方式将其传给 otherButtonTitles 作为参数。所有的 C Style 数组列表的值最后都会跟一个 nil。

在 actionSheet:didClickButtonAtIndex:方法中添加了部分代码，用于根据 WBAAction-SheetTagChooseImagePickerSource 类型的 tag 值来处理 UIActionSheet 视图上的用户操作。如果 buttonIndex 的值为 WBAImagePickerSourceCamera，应用程序就会调用 presentCameraImagePicker 方法；如果 buttonIndex 的值为 WBAImagePickerSourcePhotoLibrary，则应用程序就调用 presentPhotoLibraryImagePicker 方法。

最后实现了 presentCameraImagePicker 方法，它像 presentPhotoLibraryImagePicker 那样用于实际创建并显示 UIImagePickerController，只不过这里我们把 sourceType 的类型设置成 UIImagePickerControllerSourceTypeCamera。当 UIImagePickerController 被展示时，用户就可以通过设备上的摄像头进行拍照了。

注意:
要测试拍照功能，则需要在一台带有摄像头的设备上进行测试，除此之外没有其他的办法。虽然这看起来是个不小的障碍，但对于开发者而言，在提交苹果应用市场审核之前，强烈建议你还是需要使用真实设备对应用程序进行一些测试，在开发过程中尽量定期用真机进行测试也是一个比较好的习惯。

6.4　小结

拍照功能和访问照片库对于 iOS 设备来说是非常有价值的功能，它可以提升应用程序的用户体验，但是开发者需要确认应用程序运行的设备是否支持该功能。

本章介绍了如何添加 UIImageView 到用户界面中，及如何实现 UITapGestureRecognizer 和 UISwipeGestureRecognizer 等方法以实现用户交互操作。

还介绍了如何用 UIImagePickerController 检查设备的兼容性，及通过和摄像头及访问照片库等交互操作实现为乐队设置图片的功能。

通过实现以上这些功能,我们详细介绍了 UIActionSheet 的使用方法,学到了如何隐藏删除按钮及如何添加自定义的按钮,就像当 UIActionSheetDelegate 协议的 actionSheet:didClickButtonAtIndex:方法被调用时应该显示我们自定义的内容一样。在第 7 章中将继续深入学习,将乐队信息通过 e-mail、短信和其他社交媒体的途径分享给其他用户来继续讨论 UIActionSheet 的强大功能。

练 习

(1) 如果想让应用程序变为用户使用两个手指单击来为乐队设置图片的操作,应该怎样修改代码?

(2) UIImagePickerController 的三种源类型分别是什么?

(3) 如果把一个 image picker 应用于一台不支持其源类型的设备上时,会发生怎样的事情?

(4) 当用户单击某一按钮时,开发者需要对 UIActionSheet 对象的哪个属性进行设置其对应的委托类才能知道处理对应按钮的单击事件?

本章知识点

标　题	关 键 概 念
UIImageView	UIImageView 对象是一个 UIKit 对象,用于在 iOS 应用程序中展示图片。UIImageView 的各种模型属性决定了当一张图片过大时如何对其范围比例进行展示
UIGestureRecognizer	UIView 类的 userInteractionEnabled 属性用于告诉系统该对象是否接受用户互动操作。如果该属性为可以接受的话,开发者可以使用 UIKit 中的多种 UIGestureRecognizers,如单击、滑动、挤压和平移等操作
UIImagePickerController	在所有的 iOS 应用程序中我们使用照片库和摄像头都会用到 UIImagePickerController,其自身包含了实现代码,可以让用户不光选择已经在设备上保存的照片和使用摄像头拍摄新的照片,还可以在该图片返回代码前对图片进行编辑。取回图片使用到 UIImagePickerControllerDelegate 协议方法
UIActionSheet tag 属性	让用户在一组选项中选择需要的功能最好的办法就是使用 UIActionSheet。一个 UIViewController 可能有很多原因呈现给用户,但是 UIActionSheet 只有一个委托。为了知道 UIActionSheet 应该展示哪个内容,需要使用其 tag 属性进行表示

第 **7** 章

整合社交媒体

本章主要内容：

- 发送 e-mail 和短消息
- 使用 Twitter、Facebook 和 Flickr 发送消息
- 创造和 Apple 应用程序一样的用户体验

本章代码下载说明

本章代码可以从 www.wrox.com/go/begiosprogramming 的 Download Code 选项卡中下载。本章代码在 "chapter 07" 下载链接中，根据代码名称即可找到相应的代码。

当下社交网络已经成为无处不在的热点词汇，对其进行准确的定义有点困难。对有些人来讲发送 e-mail 和短消息就算是社交；而对于有些人来说，社交网络又意味着通过 Twitter 或者 Facebook 的账户分享观点、分享和朋友家人聚会的图片或者拓展商机。之后还会提供诸如 Flickr 和 YouTube 等数以百计的其他类似网络服务。所有这些场景的共性就是提供了一种能让一群用户通过软件和服务共享信息的能力。

在 iOS 应用程序中整合社交网络服务目前非常热门，它可以给用户的应用程序提供一个内置的病毒式营销功能。当用户对一个应用程序情有独钟时，他们很愿意告诉周边的朋友这个应用程序有多好。提供一种让用户不用离开应用程序就能简单实现分享的功能，这会让你的应用程序取得商业上更大的成功。

在近代，向应用程序中添加社交网络功能还是一个比较繁琐的任务。首先，开发者需要选择将支持哪些网络服务，之后还要学习各种 API，有时还包括用各种服务注册应用程序的流程。开发者还要学习如何取得服务提供商的认证授权，并将用户认证信息保存于自己的应用程序中，还要特别注意安全保障机制以免让黑客盗取用户密码。不过目前开发者

们已经解决了以上诸多问题。

在苹果设备的历史上，iOS 3 版本加入的发送 e-mail 的功能是最初的社交网络形式。在 iOS 5 发布的时候，系统又进一步内置了支持向 Twitter 发送消息的机制。在 iOS 6 支持了 Facebook，而 iOS 7 又增加了对 Flickr 和 Vimeo 两者的支持。开发者不再需要知道每个服务的网络细节，而是 iOS 已经将这些服务内置了。

本章我们为应用程序添加通过 e-mail 和短消息分享乐队信息的功能，并同时支持 Facebook、Twitter 和 Flickr。

7.1　发送 E-mail 和短消息

最基本的社交网络形式就是发送 e-mail 和短消息。基本上所有 iOS 设备的用户都会在其设备上配置一个 e-mail 地址。在 iPhone OS 3 出现之前，用户只能通过系统内置的 Mail app 发送 e-mail。在 iPhone OS 3 版本发布时，苹果公司开始包含 MessageUI.framework 框架，支持从第三方应用程序内部编辑和发送 e-mail，并设置 e-mail 的主题、内容和收件人。

短消息也是一种基本的社交网络类型，最初的 iPhone 是通过 Messages app 实现这一功能的。不过 iPod touch 和 iPad 设备并不具备该功能，因为短消息大部分情况下是要依赖手机运营商网络来实现的。但到了基于 iOS 5 版本的 iMessages 应用程序发布后，这一情况得以改变。iMessages 可以支持任何一个 Apple 账户向另一个 Apple 账户免费发送短消息。如果你使用 iPhone，也可以向没有 Apple 账户但是支持短信功能的用户发送短消息。也就是说无论是使用 Messages app 还是内置于第三方应用程序中的短信编辑器都已经得到了支持。

7.1.1　使用 E-mail 编辑器

在第三方应用程序中支持 e-mail 编辑器的功能最初是在 iPhone OS 3 上提供的，当时 OS 3 包含了一个名为 MessageUI.framework 的框架。框架概念最好的类比就是 Windows 系统中的 DLL 和 Java 语言的 Jar 文件。有些框架是在开发者使用项目模板创建一个新项目时自动被添加的，比如典型的 UIKit 框架就是这样。还有一些框架需要开发者在使用前进行添加，而 MessageUI.framework 就是需要手动添加的框架中的一个。我们将在下面的"试试看"环节对这一过程进行演示。在项目包含了该框架之后，就可以使用 MFMailComposeViewController 和 MFMailComposeViewControllerDelegate 类了。

MFMailComposeViewController 与 UIImagePickerController 一样是一个独立的视图。开发者不需要为编写电子邮件编写接口的代码，也不需要使用特定网络代码发送邮件。取而代之的是开发者需要创建 MFMailComposeViewController，并设置需要的相关属性，比如 e-mail 的内容和主题，并将其在用户的应用程序中进行展示。要知道用户何时成功发送了 e-mail 或单击了取消按钮，开发者需要在应用程序中注册 MFMailComposeViewController 委托并实现 MFMailComposeViewControllerDelegate 协议的 mailComposeController:didFinishWithResult:error

方法。

　　在第 1 章中讨论 Bands app 功能时说过，最后应用程序会包含从网页上查找乐队、寻找本地唱片店及在 iTunes 中查找样片等功能。这些都会在 Band Details 场景中以 activity 选项的方式提供给用户。在 iOS 中让用户进行选择操作一般会使用 UIActionSheet 控件。第 6 章中曾使用 UIActionSheet 控件让用户在使用摄像头拍照和从照片库中选取照片两个选项中进行选择，activity 选项的呈现方式和 UIActionSheet 类似。具体操作中推荐在 UINavigationItem 上添加一个将标识符设置为 Action 的 UIBarButtonItem。UIBarButtonItem 类型的图标由一个小方盒加一个向上的箭头组成。Bands app将实现这一过程，让用户对 activity 选项有所了解。

试试看　使用 MFMailComposeViewController

(1) 在 Project Navigator 中选择 Project。

(2) 在编辑器中选择 General 选项卡。

(3) 在 Linked Frameworks and Libraries 栏中，单击 Add 按钮。

(4) 查找到 MessageUI.framework，并将其添加到项目中。

(5) 从 Project Navigator 中选择 WBABand.h 文件，添加如下方法声明到 interface 部分：

```
- (NSString *)stringForMessaging;
```

(6) 在 Project Navigator 中选择 WBABand.m 文件，添加如下方法到实现文件：

```
- (NSString *)stringForMessaging
{
    NSMutableString *messageString = [NSMutableString stringWithFormat:@"%@\n",
    self.name];

    if(self.notes.length > 0)
        [messageString appendString:[NSString stringWithFormat:@"Notes: %@\n",
    self.notes]];
    else
        [messageString appendString:@"Notes: \n"];

    [messageString appendString:[NSString stringWithFormat:@"Rating: %d\n",
    self.rating]];

    if(self.touringStatus == WBATouringStatusOnTour)
        [messageString appendString:@"Touring Status: On Tour\n"];
    else if (self.touringStatus == WBATouringStatusOffTour)
        [messageString appendString:@"Touring Status: Off Tour\n"];
    else if (self.touringStatus == WBATouringStatusDisbanded)
        [messageString appendString:@"Touring Status: Disbanded\n"];

    if(self.haveSeenLive)
        [messageString appendString:@"Have Seen Live: Yes"];
    else
```

```
    [messageString appendString:@"Have Seen Live: No"];

    return messageString;
}
```

(7) 从 Project Navigator 中选择 WBABandDetailsViewController.h 文件。

(8) 按如下方式导入相应的类文件：

```
#import <MessageUI/MFMailComposeViewController.h>
```

(9) 在 WBAActionSheetTag 中添加一个新的常量，代码如下：

```
typedef enum {
    WBAActionSheetTagDeleteBand,
    WBAActionSheetTagDeleteBandImage,
    WBAActionSheetTagChooseImagePickerSource,
    WBAActionSheetTagActivity,
} WBAActionSheetTag;
```

(10) 添加一个新的枚举结构体，代码如下：

```
typedef enum {
    WBAActivityButtonIndexEmail,
} WBAActivityButtonIndex;
```

(11) 添加如下协议到 interface：

```
@interface WBABandDetailsViewController : UIViewController <UITextFieldDelegate,
UITextViewDelegate, UIActionSheetDelegate, UIImagePickerControllerDelegate,
UINavigationControllerDelegate, MFMailComposeViewControllerDelegate>
```

(12) 添加如下 IBAction 到 interface 部分：

```
- (IBAction)activityButtonTouched:(id)sender;
```

(13) 添加如下方法声明到 interface：

```
- (void)emailBandInfo;
```

(14) 从 Project Navigator 中选择 Main.storyboard。

(15) 从 Object library 中选择添加一个新的 Bar Button Item 到 Band Details 场景的 UINavigationItem 上，并设置其标识符为 Action，如图 7-1 所示。

(16) 建立该按钮到 activityButtonTouched:方法的关联。

(17) 从 Project Navigator 中选择 WBABandDetailsViewController.m 文件。

(18) 添加如下方法到实现部分：

```
- (IBAction)activityButtonTouched:(id)sender
{
    UIActionSheet *activityActionSheet = [[UIActionSheet alloc]
initWithTitle:nil delegate:self cancelButtonTitle:@"Cancel"
```

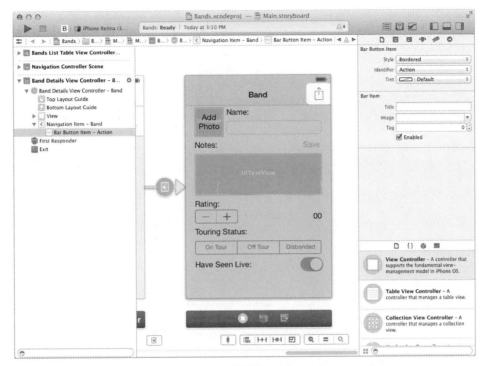

图 7-1

```
destructiveButtonTitle:nil otherButtonTitles:@"Mail", @"Message", nil];

    activityActionSheet.tag = WBAActionSheetTagActivity;
    [activityActionSheet showInView:self.view];
}


- (void)emailBandInfo
{
    MFMailComposeViewController *mailComposeViewController =
[[MFMailComposeViewController alloc] init];
    mailComposeViewController.mailComposeDelegate = self;

    [mailComposeViewController setSubject:self.bandObject.name];
    [mailComposeViewController setMessageBody:
[self.bandObject stringForMessaging] isHTML:NO];

    if(self.bandObject.bandImage)
        [mailComposeViewController addAttachmentData:
UIImagePNGRepresentation(self.bandObject.bandImage)
mimeType:@"image/png" fileName:@"bandImage"];

    [self presentViewController:mailComposeViewController
animated:YES completion:nil];
}


- (void)mailComposeController:
```

```
(MFMailComposeViewController *)controller
didFinishWithResult:(MFMailComposeResult)result error:(NSError *)error
{
    [controller dismissViewControllerAnimated:YES completion:nil];
    if(error)
    {
        UIAlertView *emailErrorAlertView = [[UIAlertView alloc]
initWithTitle:@"Error" message:error.localizedDescription delegate:nil
cancelButtonTitle:@"OK" otherButtonTitles:nil];
        [emailErrorAlertView show];
    }
}
```

(19) 修改 activitySheet:clickedButtonAtIndex:方法，代码如下：

```
- (void)actionSheet:(UIActionSheet *)actionSheet
clickedButtonAtIndex:(NSInteger)buttonIndex
{
    if(actionSheet.tag == WBAActionSheetTagActivity)
    {
        if(buttonIndex == WBAActivityButtonIndexEmail)
        {
            [self emailBandInfo];
        }
    }
    else if(actionSheet.tag == WBAActionSheetTagChooseImagePickerSource)
    {
        if(buttonIndex == WBAImagePickerSourceCamera)
        {
            [self presentCameraImagePicker];
        }
        else if (buttonIndex == WBAImagePickerSourcePhotoLibrary)
        {
            [self presentPhotoLibraryImagePicker];
        }
    }
    else if(actionSheet.tag == WBAActionSheetTagDeleteBandImage)
    {
        if(buttonIndex == actionSheet.destructiveButtonIndex)
        {
            self.bandObject.bandImage = nil;
            self.bandImageView.image = nil;
            self.tapToSetLabel.hidden = NO;
        }
    }
    else if (actionSheet.tag == WBAActionSheetTagDeleteBand)
    {
        if(actionSheet.destructiveButtonIndex == buttonIndex)
        {
            self.bandObject = nil;
            self.saveBand = NO;
```

```
        if(self.navigationController)
            [self.navigationController popViewControllerAnimated:YES];
        else
            [self dismissViewControllerAnimated:YES completion:nil];
    }
}

}
```

图 7-2

(20) 选择 iPhone 4-inch 模拟器运行应用程序。单击 Email 按钮时，我们看到 MFMailComposeViewController 场景出现在屏幕中，上面已经带有乐队信息的字段及乐队的图片，如图 7-2 所示。

示例说明

首先通过 General 设置编辑器和 Linked Frameworks and Libraries 分栏在项目中添加了 MessageUI.framework 框架。该动作告诉编译器在创建项目时要包含 MessageUI 框架。之后在 WBABand 类中实现了一个辅助方法，用于返回代表乐队所有属性的一组字符串。

在 WBABandDetailsViewController 类的头文件中导入了 MFMessageComposeViewController.h 文件。之后在 WBAActionSheetTag 枚举中添加了一个新的 WBAAction-SheetTagActivity 值，用来对应 activity 选项的 UIAction-Sheet。还添加了一个新的名为 WBAActivityButtonIndex 的枚举结构体，其包含一个 WBAActivityButtonIndexEmail 常量，用于跟踪用户在 UIActionSheet 上的动作选项按钮索引。之后声明了 WBABandDetailsViewController 类实现了 MFMessageComposeViewController-Delegate 委托。还声明了一个新的名为 actionButtonTouched:的 IBAction 方法和一个名为 emailBandInfo 的方法。

之后在 Storyboard 中将一个新的 UIBarButtonItem 添加到 Band Details 场景的 UINavigationItem 中，并设置它的 identity 为 Action。Action 标识符使用标准的动作图标，这指示用户单击该按钮后会在屏幕上出现一系列对数据的操作。之后建立该按钮到之前在 WBABandDetailsViewController 类的 interface 中声明的 actionButtonTapped:方法的关联。

之后在 WBABandDetailsViewController 的实现中进行了一些代码的修改。actionButton-Tapped:方法创建了一个带有 e-mail 选项按钮的新 UIActionSheet，并将其 tag 设置为新的 WBAActionSheetTagActivity 常量。在 actionSheet:clickedButtonAtIndex:方法中，我们根据 tag 的取值来确定 buttonIndex 的值是否等于新的 WBAActivityButtonIndexEmail 的值，如果是的话，则应用程序会调用 emailBandInfo 方法。

emaiBandInfo方法首先初始化一个新的MFMailComposeViewController对象并使用self

关键字设置其委托类为 WBABandDetailsViewController。之后使用 setSubject:方法设置 e-mail 的标题为乐队的名称，使用 bandObject 的 setMessageBody:isHTML 方法及其 stringForMessaging 辅助方法设置 e-mail 的内容。因为字符串并不是 HTML 类型，所以我们为 isHTML 参数赋值 No。如果 bandObject 具有 bandImage 属性设置，则会通过 addAttachmentData:mimeType:filename 方法将其添加到 e-mail 的内容中。bandImage 的属性为 UIImage，需要将其转化为 NSData 类型附到 e-mail 中，使用 UIImagePNGRepresentation 方法来实现。mimeType 被设置为"image/png"，同时 fileName 被设置为"bandImage"。

我们用 presentViewController:animated:completion 方法来展示 MFMailComposeView-Controller，当用户发送 e-mail 或单击 Cancel 按钮时，MFMailComposeViewControllerDelegate 协议的 mailComposeControllerDidFinish:withResult:error:方法会被调用。在其方法的具体实现中我们使用 dismissViewControllerAnimated:completion:方法来取消 MFMailCompose-ViewController 的展示，然后检查 error 参数是否被设置。如果是的话，就会弹出 UIAlertView 对话框来提示用户出现错误。

注意：

MFMailComposeViewController 允许开发者使用 HTML 格式发送 e-mail，前提是要支持 HTML 字符串并将 isHTML 标签设置为 true。

7.1.2 使用消息编辑器

发送文本短消息和 iMessages 与发送 e-mail 的方式类似，区别在于发送 e-mail 时我们使用的是 MFMailComposeViewController，而发送短消息我们使用的是 MFMessage-ComposeViewController 和 MFMailComposeViewControllerDelegate 委托。文本和 iMessages 在发送消息时同样支持附带乐队图片，只不过它的实现过程与 e-mail 略有不同。发送消息时不需要设置图片的 mime 类型，而是需要使用图片的 Universal Type Identifier。这些标识符由苹果公司规定并被包含于 MobileCoreServices.framework 框架中。这个框架同样没有包含于 Project 模板中，因此开发者需要手动添加它，这和 MessageUI.framework 一样。

注意：

在短消息和 iMessages 中附加图片的功能是在 iOS 7 版本中才加入的，用户可以通过 Photo app 在短消息和 iMessages 中附加图片，但并不支持通过第三方应用程序添加图片。如果你的应用程序需要支持 iOS 6，则需要在试图添加图片前检查设备运行的 iOS 版本情况，如果没有检查的话，则可能会导致应用程序崩溃。

试试看 使用 MFMessageComposeViewController

(1) 按照之前的步骤将 MobileCoreServices.framework 框架添加到项目中。
(2) 在 Project Navigator 中选择 WBABandDetailsViewController.h 文件。

(3) 导入头文件，如下所示：

```
#import <MessageUI/MFMessageComposeViewController.h>
```

(4) 将如下代码添加到 interface 的协议中：

```
@interface WBABandDetailsViewController : UIViewController <UITextFieldDelegate,
UITextViewDelegate, UIActionSheetDelegate, UIImagePickerControllerDelegate,
UINavigationControllerDelegate, MFMailComposeViewControllerDelegate,
MFMessageComposeViewControllerDelegate>
```

(5) 添加如下方法声明到 interface 部分：

```
- (void)messageBandInfo;
```

(6) 添加如下参数到 WBAActivityButtonIndex 枚举：

```
typedef enum {
    WBAActivityButtonIndexEmail,
    WBAActivityButtonIndexShare,
} WBAActivityButtonIndex;
```

(7) 在 Project Navigator 中选择 WBABandDetailsViewController.m 文件。

(8) 添加如下代码到实现部分：

```
- (void)messageBandInfo
{
    MFMessageComposeViewController *messageComposeViewController =
[[MFMessageComposeViewController alloc] init];
    messageComposeViewController.messageComposeDelegate = self;

    [messageComposeViewController setSubject:self.bandObject.name];
    [messageComposeViewController setBody:
[self.bandObject stringForMessaging]];

    if(self.bandObject.bandImage)
        [messageComposeViewController addAttachmentData:
UIImagePNGRepresentation(self.bandObject.bandImage)
typeIdentifier:(NSString *)kUTTypePNG filename:@"bandImage.png"];

    [self presentViewController:messageComposeViewController
animated:YES completion:nil];
}

- (void)messageComposeViewController:
(MFMessageComposeViewController *)controller
didFinishWithResult:(MessageComposeResult)result
{
    [controller dismissViewControllerAnimated:YES completion:nil];
    if(result == MessageComposeResultFailed)
    {
```

```
        UIAlertView *emailErrorAlertView = [[UIAlertView alloc]
initWithTitle:@"Error" message:@"The message failed to send" delegate:nil
cancelButtonTitle:@"OK" otherButtonTitles:nil];
        [emailErrorAlertView show];
    }
}
```

(9) 修改 activityButtonTouced:方法，代码如下：

```
- (IBAction)activityButtonTouched:(id)sender
{
    UIActionSheet *activityActionSheet = nil;

    if([MFMessageComposeViewController canSendText])
        activityActionSheet = [[UIActionSheet alloc] initWithTitle:nil
delegate:self cancelButtonTitle:@"Cancel" destructiveButtonTitle:nil
otherButtonTitles:@"Mail", @"Message", nil];
    else
        activityActionSheet = [[UIActionSheet alloc] initWithTitle:nil
delegate:self cancelButtonTitle:@"Cancel" destructiveButtonTitle:nil
otherButtonTitles:@"Mail", nil];

    activityActionSheet.tag = WBAActionSheetTagActivity;
    [activityActionSheet showInView:self.view];
}
```

(10) 修改 activitySheet:clickedButtonAtIndex:方法，代码如下：

```
- (void)actionSheet:(UIActionSheet *)actionSheet
clickedButtonAtIndex:(NSInteger)buttonIndex
{
    if(actionSheet.tag == WBAActionSheetTagActivity)
    {
        if(buttonIndex == WBAActivityButtonIndexEmail)
        {
            [self emailBandInfo];
        }
        else if (buttonIndex == WBAActivityButtonIndexMessage)
        {
            [self messageBandInfo];
        }
    }
    else if(actionSheet.tag == WBAActionSheetTagChooseImagePickerSource)
    {
        if(buttonIndex == WBAImagePickerSourceCamera)
        {
            [self presentCameraImagePicker];
        }
        else if (buttonIndex == WBAImagePickerSourcePhotoLibrary)
        {
            [self presentPhotoLibraryImagePicker];
```

```
        }
    }
    else if(actionSheet.tag == WBAActionSheetTagDeleteBandImage)
    {
        if(buttonIndex == actionSheet.destructiveButtonIndex)
        {
            self.bandObject.bandImage = nil;
            self.bandImageView.image = nil;
            self.tapToSetLabel.hidden = NO;
        }
    }
    else if (actionSheet.tag == WBAActionSheetTagDeleteBand)
    {
        if(actionSheet.destructiveButtonIndex == buttonIndex)
        {
            self.bandObject = nil;
            self.saveBand = NO;

            if(self.navigationController)
                [self.navigationController popViewControllerAnimated:YES];
            else
                [self dismissViewControllerAnimated:YES completion:nil];
        }
    }
}
```

(11) 在一台支持短消息发送的设备上运行应用程序，单击 Messages 选项就可以发送短消息到编辑界面。

示例说明

在实现 MFMailComposeViewController 类之前首先向 Bands 项目添加了 MobileCore-Services.framework 框架，目的是为了使用 Universal Type Identifier 常量。还在 WBAActivity-ButtonIndex 枚举中添加了 WBAActivityButtonIndexShare 常量，当向用户呈现 e-mail 和短消息选项时会用到该常量。

在实现文件中首先导入了 MobileCoreServices.h 文件，这样就可以在应用程序中使用 Universal Type Identifier 常量了。之后修改了 activityButtonTouched:方法，主要是要使用 MFMessageComposeViewController 类的 canSendText 静态方法，以确保用户的设备支持发送短消息和 iMessages 功能。如果该方法返回 true，则应用程序弹出 UIActionSheet 对话框，该 UIActionSheet 包含两个选项，分别是 Mail 和 Message。如果返回 false，则弹出的 UIActionSheet 只包含 Mail 一个选项。如果开发者尝试在一个不支持短消息的设备上使用 MFMessageComposeViewController，其应用程序就会崩溃，所以这项检查非常重要。

我们声明的用于发送消息的方法是 messageBandInfo，它与我们在第 7.1 节中添加的 emailBandInfo 方法类似，只不过这里使用 MFMessageComposeViewController 替代了之前的 MFMailComposeViewController。我们再次使用 setSubject:方法设置主题，使用 setBody:

设置内容。短消息和 iMessage 的内容不可以是 HTML 格式，所以也就不需要 isHTML 参数了。最大的区别是在消息中附加图片 bandImage 对象时，不再使用 mime 类型字符串，而是使用 kUTTypePNG Universal Type Identifier 常量。

此外还实现了 MFMessageComposeViewControllerDelegate 协议中的 messageCompose-ViewControllerDidFinishwithResult:方法。在具体实现中使用 dismissViewControllerAnimated:completion:方法来取消 MFMessageComposeViewController 的展示并检查 result 参数。如果 result 等于 MessageComposeResultFailed 常量，应用程序将弹出 UIAlertView 对话框显示错误信息。

注意

iOS 模拟器是不支持短消息和 iMessages 的，不过还是可以用模拟器测试一部分代码，并且确认在使用 MFMessageComposeViewController 前调用了 canSendText 方法。开发者需要使用真实设备来对发送短消息和 iMessage 等功能进行测试。

7.2 简化社交网络的整合

苹果公司在 iOS 5 版本推出时开始将社交网络的功能直接整合进 iOS 系统中，同时也向开发者开放。使用内置的整合功能对开发者的帮助很大，因为这样就不需要针对每个不同的社交网络服务来学习不同的 API 接口协议了。实际上开发者不需要添加任何网络方面的代码。这种整合其实对用户也非常有价值，因为这样用户通过统一的入口就可以使用不同的社交网络服务，并且在任何实现了整合的应用程序中都可以使用社交网络服务。苹果公司还提供给开发者一个新的视图控制器，开发者使用该控制器可以为第三方软件提供和苹果官方软件一样的界面和体验。

7.2.1 Activity View Controller 介绍

UIActivityViewController 最初是在 iOS 6 版本中被引进的。通过使用这个控制器开发者可以为用户提供统一的界面操作体验，不仅仅是在社交网络整合这一方面，同样在其他的操作活动中，比如发送 e-mail、短消息、打印及在 iOS 设备间进行分享的 AirDrop 功能。将其添加到你的应用程序中与添加 UIImagePickerController、MFMailComposeView-Controller 和 MFMessageComposeViewController 类似，只不过不需要再向项目中添加框架了。最大的好处是不再需要确定在设备上哪些功能是可行的，开发者也不需要知道应用程序数据的 Universal Type Identifier。取而代之的是开发者需要根据自己想要分享的内容传递一组对象，系统会选择合适的呈现方式对其进行处理。

在 Bands app 中使用 UIActivityController 替换之前章节中添加的实现 e-mail 和短消息发送的代码，我们也可以使用该控制器添加社交网络服务的整合。

　使用 UIActivityViewController

（1）在 Project Navigator 中选择 WBABandDetailsViewController.h 文件，添加如下方法声明到 interface 部分：

```
- (void)shareBandInfo;
```

（2）修改 WBAActivityButtonIndex 枚举，代码如下：

```
//    WBAActivityButtonIndexEmail,
//    WBAActivityButtonIndexMessage,
    WBAActivityButtonIndexShare,
} WBAActivityButtonIndex;
```

（3）在 Project Navigator 中选择 WBABandDetailsViewController.m 文件。

（4）修改 activityButtonTouched:方法，代码如下：

```
- (IBAction)activityButtonTouched:(id)sender
{
    UIActionSheet *activityActionSheet = nil;
    /*
    if([MFMessageComposeViewController canSendText])
        activityActionSheet = [[UIActionSheet alloc] initWithTitle:nil
delegate:self cancelButtonTitle:@"Cancel" destructiveButtonTitle:nil
otherButtonTitles:@"Mail", @"Message", nil];
    else
        activityActionSheet = [[UIActionSheet alloc] initWithTitle:nil
delegate:self cancelButtonTitle:@"Cancel" destructiveButtonTitle:nil
otherButtonTitles:@"Mail", nil];
    */



    activityActionSheet = [[UIActionSheet alloc] initWithTitle:nil
delegate:self cancelButtonTitle:@"Cancel" destructiveButtonTitle:nil
otherButtonTitles:@"Share", nil];

    activityActionSheet.tag = WBAActionSheetTagActivity;
    [activityActionSheet showInView:self.view];
}
```

（5）修改 actionSheet:clickedButtonAtIndex:方法，代码如下：

```
- (void)actionSheet:(UIActionSheet *)actionSheet
clickedButtonAtIndex:(NSInteger)buttonIndex
{
    if(actionSheet.tag == WBAActionSheetTagActivity)
    {
        /*
        if(buttonIndex == WBAActivityButtonIndexEmail)
```

```
        {
            [self emailBandInfo];
        }
        else if (buttonIndex !=actionSheet.cancelButtonIndex  &&
buttonIndex == messageActivityButtonIndex)
        {
            [self messageBandInfo];
        }
        */


        if(buttonIndex == shareActivityButtonIndex)
        {
            [self shareBandInfo];
        }
    }
    else if(actionSheet.tag == WBAActionSheetTagChooseImagePickerSource)
    {
        if(buttonIndex == WBAImagePickerSourceCamera)
        {
            [self presentCameraImagePicker];
        }
        else if (buttonIndex == WBAImagePickerSourcePhotoLibrary)
        {
            [self presentPhotoLibraryImagePicker];
        }
    }
    else if(actionSheet.tag == WBAActionSheetTagDeleteBandImage)
    {
        if(buttonIndex == actionSheet.destructiveButtonIndex)
        {
            self.bandObject.bandImage = nil;
            self.bandImageView.image = nil;
            self.tapToSetLabel.hidden = NO;
        }
    }
    else if (actionSheet.tag == WBAActionSheetTagDeleteBand)
    {
        if(actionSheet.destructiveButtonIndex == buttonIndex)
        {
            self.bandObject = nil;
            self.saveBand = NO;

            if(self.navigationController)
                [self.navigationController popViewControllerAnimated:YES];
            else
                [self dismissViewControllerAnimated:YES completion:nil];
        }
    }
}
```

(6) 添加如下方法到实现部分：

```
- (void)shareBandInfo
{
    NSArray *activityItems = [NSArray arrayWithObjects:
[self.bandObject stringForMessaging], self.bandObject.bandImage, nil];

    UIActivityViewController *activityViewController =
[[UIActivityViewController alloc]initWithActivityItems:activityItems
applicationActivities:nil];
    [activityViewController setValue:self.bandObject.name forKey:@"subject"];

    [self presentViewController:activityViewController
animated:YES completion:nil];
}
```

(7) 选择 iPhone 4-inch 模拟器运行应用程序，单击 Share 选项时，可以看到弹出的 Activity View Controller 界面，如图 7-3 所示。

图 7-3

(8) 单击 Mail 按钮可以看到带有标题和内容的 e-mail 编辑窗口。

示例说明

首先在 WBABandDetailsViewController 的 interface 部分声明了一个新的方法 shareBandInfo，之后修改了 WBAActivityButtonIndex 枚举结构体，将 WBAActivityButtonIndexEmail 和

WBAActivityButtonIndexMessage 两个常量注释掉,同时添加了一个新的名为 WBAActivity-ButtonIndexShare 的常量。我们的 UIActivityViewController 提供了 e-mail 和短消息功能的选项,所以就不需要在 UIActionSheet 中再单独提供这两个功能了。由于这些按钮并不是一直显示,因此开发者需要保持 WBAActivityButtonIndex 枚举结构体的顺序要与将要展示的选项顺序一样。

在实现部分我们对 activityButtonTouched:方法进行了修改,用于显示一个仅带有 Share 按钮的 UIActionSheet。在 actionSheet:didClickButtonAtIndex:方法中先将检查 WBAActivity-ButtonIndexEmail 和 WBAActivityButtonIndexMessage 的代码段注释掉,并添加新代码实现将 buttonIndex 和 WBAActivityButtonIndexShare 相比较。如果这两个值相等则返回 true,则应用程序调用 shareBandInfo 方法。在 shareBandInfo 方法中创建了一个 NSArray 数组,其第一个对象是通过 stringForMessaging 方法作用于 bandObject 对象而返回的 NSString 类型的内容数据,其第二个对象是 bandImage。这是一个向 NSArray 中添加不同对象的很好的例子,因为 NSString 类和 UIImage 类都继承自 NSObject,它们是可以被添加到同一 NSArray 数组中的。

在实现过程中,开发者不需要检查图片是否被设置,因为 UIActivityViewController 会帮助用户完成这一判断。我们使用 initWithActivityItems:applicationActivities:方法初始化 UIActivityViewController。通过 activityItems 参数向创建的 NSArray 中传递乐队信息,并设置 applicationActivities 参数为 nil。开发者可以在应用程序中创建属于自己的动作,并使用该参数在 UIActivityViewController 中显示,不过 Bands app 没有使用此功能。

如果用户选择 Mail 或者 Message 时,我们仍然希望对其标题进行设置,为此需要调用 setValue:forKey:方法,其值为 bandObject 对象的 name 属性值,key 的值为 subject。最后使用 presentViewController:animated:completion:方法呈现 UIActivityViewController 即可。

UIActivityViewController 没有 UIActivityViewControllerDelegate。任何其他 UIView-Controller 界面的出现都会使其消失,不过具体在呈现哪个界面就取决于用户的选择。当用户完成操作或者取消时都会有指令返回到自己的应用程序。

7.2.2　整合 Twitter

苹果公司首次整合社交网络服务就是在 iOS 5 版本发布时对 Twitter 的整合。Twitter 是一种微博服务,可以让用户通过时间轴的方式分享文字、链接和图片。用户可以追随其他用户并对其发布的消息进行回复、收藏或者转发到自己的空间中。

用户可以在 Twitter 中登录或者在 Setting app 中创建一个新用户,系统随后会载入用户的好友列表并试图关联用户在 Twitter 上的邮箱地址,该地址一般在用户的 Contact 中也有所体现。如果匹配成功,系统就会在通讯录上添加 Twitter handle。整合了 Twitter 服务的应用程序仅可以发布新信息到用户的时间轴。如果需要使用服务的所有功能,用户需要下载完整的 Twitter 官方客户端。安装界面会有一个指向下载地址的按钮,用户就不需要再到应用程序商店中查找了。

试试看　向 Twitter 发送消息

(1) 在 iPhone 4-inch 模拟器中打开 Setting app，选择 Twitter。

(2) 输入你的 Twitter 授权信息或创建一个新账户。

(3) 在模拟器中运行 Bands app，现在当我们选择 Share 选项时，UIActivity-ViewController 就会多出一个 Twitter 选项，如图 7-4 所示。

(4) 选择 Twitter 选项来实现在 Bands app 中发送乐队的信息和乐队图片到 Twitter 的功能，如图 7-5 所示。

图 7-4

图 7-5

示例说明

首先打开 Setting app 并输入了 Twitter 授权信息或新建一个账户。回到 Bands app 后，UIActivityViewController 就会增加一个 Twitter 选项。如果选择该选项，则会生成一个新的消息并在应用程序内将其发送给 Twitter。

7.2.3　整合 Facebook

Facebook 是目前世界上最受欢迎的社交网络服务。Facebook 的用户可以发送信息、图片、链接及视频到他们的专属空间，也可以看见其他用户发布的信息。用户还可以向其好友或者成员群组发布事件或者对事件的 RSVP(请回复的意思)请求。

苹果公司在 iOS 6 版本中整合了 Facebook 服务，用户可以直接完成登录或者在 Setting app 中新建一个账户，这过程与 Twitter 类似。当用户账户添加成功后，系统就会载入其好友列表并将其添加到 Contact app(通讯录应用程序)中。同时也会将事件下载下来并将这些事件添加到 Calendar app 中。在应用程序内部整合 Facebook 服务要比 Twitter 复杂，应用程序可以申请访问用户的 Facebook 账号中的信息，诸如用户生日、e-mail 地址等用户在

Facebook 中公布的信息。应用程序还可以申请用户的 Facebook 好友列表，当有应用程序试图访问这些信息的时候，用户就会被告知必须进行清晰的授权。Facebook 以前就碰到过隐私方面的一些问题，让一些用户对第三方应用程序访问其账号和好友列表变得非常谨慎，所以 Bands app 将不会对这些信息进行请求，而仅仅让用户可以把乐队信息发布到自己的空间中(Facebook 称之为 walls)。

试试看 向 Facebook 发送信息

(1) 在 iPhone 4-inch 模拟器中返回主界面。

(2) 打开设置程序并选择 Facebook。

(3) 输入你的 Facebook 账户信息或者新建一个新的账户，登录 Facebook。

(4) 在模拟器中运行 Bands app。当选择 Share 选项时，UIActivityViewController 中就会包含 Facebook 的选项了。

(5) 选择 Facebook 选项来实现在 Bands app 中发送乐队的信息和乐队图片到 Facebook，如图 7-6 所示。

图 7-6

示例说明

在 Bands app 中整合 Facebook 服务的方式同前面的 Twitter 的整合类似。如果用户在 UIActivityViewController 中选择 Facebook 选项，就可以在 Bands app 内部实现发送乐队信息及乐队图片到自己的 Facebook 空间的功能。用户还可以添加他们的位置信息和签名信息，这样他们在 Facebook 的好友同样也可以看到这些信息。

7.2.4 Flickr 整合

Flickr 是雅虎旗下的图片分享社交网络服务。用户在其个人照片流中发布图片，这些图片可以让任何用户浏览观看，也可以设置成只让其通讯录中的成员观看。通讯录中的成员和其他用户可以对图片进行评论。

Flickr 是在 iOS 7 版本中被整合进来的。用户可以通过登录其在 Setting app 中的 Yahoo 账户关联自己的 Flickr 账户，之后用户就可以通过在 Activity View 中选择 Flickr 来分享乐队的图片了。在下面的"试试看"环节中，为了使用 Flickr 选项功能一定要设置乐队的图片。

试试看 发送图片到 Flickr

(1) 在 iPhone 4-inch 模拟器中打开 Setting app，选择 Flickr。
(2) 输入你的 Flickr 授权信息或创建一个新账户。
(3) 在 iPhone 4-inch 模拟器中运行 Bands app。
(4) 选择一个没有图片的乐队，此时选择 Share 选项，Flickr 按钮处于不可选中状态。
(5) 选择一个有图片的乐队，此时选择 Share 选项，Flickr 按钮就会变为可用状态。

示例说明

Flickr 的整合与 Facebook 和 Twitter 的整合类似。在用户使用 Setting app 关联账户之后，UIActivityViewController 中就会包含 Flickr 选项，当然 Flickr 选项的按钮处于可用状态的前提是 bandObject 对象的 bandImage 属性已经被设置过。之后就可以发送 Band 图片到 Flickr 照片流中了。

注意：

本章介绍了如何使用 iOS 内置整合的方式发送新的消息和状态到社交网络，用的是 UIActivityViewController 控件。iOS SDK 还包含了 SLRequest 类，该类可以用于发送直接的请求到社交网络服务，这一方式一般比较高级的 iOS 开发者会用到，所以不在本书中进行讲解。用户可以通过 iOS Developer Library 中有关 SLRequest 的介绍来了解更多相关信息，地址为 http://developer.apple.com/library/iOs/documentation/Social/Reference/SLRequest_Class/。

7.2.5 限制分享选项

使用 Activity View Controller 不但可以简化你的应用程序，还可以为用户提供多种分享选项。其中有些选项对于你的应用程序或者目标用户可能并没有意义。UIActivityView-Controller 有一个 setExcludeActivityTypes:方法，该方法通过调用一组 activity 类型的常量来屏蔽开发者不希望出现在 UIActivityViewController 中的选项。表 7-1 列出了所有内置在系统中的 activity 类型的常量。

表 7-1　Activity 类型

Activity 类 型	描　　述
UIActivityTypePostToFacebook	支持用户将字符、图片、视频及 URL 发送到 Facebook 空间
UIActivityTypePostToTwitter	支持用户将字符、图片、视频及 URL 发送到 Twitter 时间轴
UIActivityTypePostToWeibo	支持用户将字符、图片、视频及 URL 发送到中国的微博应用站点 Weibo
UIActivityTypeMessage	支持用户在短消息或 iMessage 中发送字符、图片、视频及 URL
UIActivityTypeMail	支持用户在 e-mail 中发送字符、图片及 URL
UIActivityTypePrint	支持打印图片
UIActivityTypeCopyToPasteboard	支持复制字符、图片、URL 到粘贴板
UIActivityTypeAssignToContact	支持分配一张图片到通讯录
UIActivityTypeSaveToCameraRoll	支持保存一张图片或视频(来自 URL)到相机胶卷
UIActivityTypeAddToReadingList	支持添加 URL 到阅读列表
UIActivityTypePostToFlickr	支持发送图片到 Flickr
UIActivityTypePostToVimeo	支持发送视频到 Vimeo
UIActivityTypePostToTencentWeibo	支持用户发送字符、图片、视频及 URL 到中国的腾讯微博
UIActivityTypePostToAirDrop	支持用户通过 AirDrop 共享字符、图片、视频及 URL

试试看　将 Assign to Contact 选项移除

(1) 在 Project Navigator 中选择 WBABandDetailsViewController.m 文件。

(2) 修改 shareBandInfo 方法，代码如下：

```
- (void)shareBandInfo
{
    NSArray *activityItems = [NSArray arrayWithObjects:
[self.bandObject stringForMessaging], self.bandObject.bandImage, nil];

    UIActivityViewController *activityViewController =
[[UIActivityViewController alloc]initWithActivityItems:activityItems
applicationActivities:nil];
    [activityViewController setValue:self.bandObject.name forKey:@"subject"];

    NSArray *excludedActivityOptions = [NSArray arrayWithObjects:
UIActivityTypeAssignToContact, nil];
    [activityViewController setExcludedActivityTypes:excludedActivityOptions];

    [self presentViewController:activityViewController
animated:YES completion:nil];
}
```

(3) 选择 iPhone 4-inch 模拟器运行应用程序。当选择 Share 选项时，在 UIActivityView-Controller 中就不会在出现 Assign to Contact 的选项按钮了。

示例说明

实现从 UIActivityViewController 中移除指定 activity 选项的操作相对来说比较简单。我们首先在创建了一个带有 UIActivityTypeAssignToContact 常量的 NSArray 数组。开发者可以按照表 7-1 中给出的内容并根据自己的实际需求在该数组中添加任意数量的表中提到的元素。之后我们对 NSArray 数组中的元素使用了 UIActivityViewController 的 setExcluded-ActivityTypes:方法。

7.3　小结

将社交媒体功能加入到你的应用程序中也许会非常有价值。无论是简单的 e-mail 的形式还是通过 Twitter 和 Facebook 发布消息，都给予用户一种向其朋友、家人和合作伙伴宣传你的应用程序的方式。苹果公司在 iOS 系统内直接整合了 Facebook、Twitter、Flickr 及 Vimeo 等社交网络服务功能，并通过 UIActivityViewController 向开发者提供了一种非常便捷的实现方式。现在 Bands app 就具备了通过 e-mail、短消息、Twitter、Facebook 及 Flickr 等方式分享乐队信息的功能。

练　习

(1) 在 Xcode 项目中如何添加一个新的框架？

(2) 为了使用 MFMailComposeViewController 需要在项目中添加哪个框架？

(3) 为了在应用程序中使用 MFMessageComposeViewController 实现发送短消息的功能还需要向项目中添加哪个框架？为什么要这样做？

(4) 在展示 MFMessageComposeViewController 前需要调用哪个方法？为什么要这样做？

(5) 哪些社交网络服务已经被 iOS 整合了？

(6) 在 iOS 系统中用户在哪里可以登录其社交网络的账户？

(7) 在使用 UIActivityViewController 时，如何实现让用户在 Bands app 中无法使用 Flickr 分享图片？

本章知识点

标　题	关　键　概　念
在 App 中发送 e-mail	iOS SDK 包含 MFMailComposeViewController 和 MFMailCompose-ViewControllerDelegate 两个类，开发者可以使用这两个类为应用程序添加发送 e-mail 的功能。只需要几行代码就可以实现为设置邮件的标题、内容及附件等功能

(续表)

标　　题	关　键　概　念
发送带有图片的短消息和 iMessages	和 MFMailComposeViewController 类似，向应用程序添加发送短消息和 iMessages 功能将用到 MFMessageComposeViewController 和 MFMessageComposeViewControllerDelegate 类。随着 iOS 7 版本的发布其也可以像 e-mail 那样在发送短消息时添加附件了
添加同苹果内置 app 类似的分享体验	苹果公司官方的应用程序在发送 e-mail 和 iMessage 时都提供同样的用户操作体验，比如 AirDrop、复制到粘贴板及打印操作。通过使用 UIActivityViewController 开发者可以在应用程序中添加上述同样的用户界面体验
整合社交网络服务	苹果公司在 iOS 5 版本发布时就开始了与社交网络服务的整合，从最开始的 Twitter 到 Facebook、Flickr 及 Vimeo。用户可以在 Settings app 中登录他们的账号，让第三方应用程序可以通过使用 UIActivityViewController 来实现通过这些社交网络服务发送信息或更新状态，并不需要编写额外的代码

第8章

使用 Web View

本章主要内容：

- 在应用程序中显示网页
- 调用 Core Foundation 方法让字符串操作更有效率
- 使用 toolbar 和 button 创建轻量级 Web 浏览器

本章代码下载说明

本章代码可以从 www.wrox.com/go/begiosprogramming 的 Download Code 选项卡中下载。本章代码在 "chapter 08" 下载链接中，根据代码名称即可找到相应的代码。

智能手机最初及最大的一个卖点就是能够随时访问网络，就好像整个网络都装在你的口袋中一样方便。即使在智能手机成为主流之前，一些滑盖手机也可以通过蜂窝网络连接访问网络。

虽然 iOS 设备自带苹果系统专用的浏览器 Mobile Safari，但是与发送 e-mail 和使用社交网络分享的用户体验类似，用户希望不需要退出应用程序就可以浏览网页。之前对 Bands app 做的功能设定中有一条是用户可以通过网页搜索来查看指定乐队信息。作为开发者你可以简单地让用户跳出应用程序去 Safari 中进行查看，这样做虽然简单，但却破坏了用户在应用程序中的流畅性。更好的办法是让用户在应用程序内通过访问网页实现查找。本章将在 Bands app 中添加一个轻量级的 Web 浏览器，让用户可以在不退出应用程序的情况下在网页中对乐队进行查找。

8.1 学习 Web View

在 Bands app 中我们希望为用户提供可以在网上查找特定乐队信息的功能，为此需要一个查看网页的方法，通过使用 UIKit 中一个名为 UIWebView 的用户界面对象来实现这一功能。

UIWebView 是一个呈现 HTML 的 UIKit 对象，虽然它并不具备 Mobile Safari 的所有功能，但是 UIWebView 可以被设计成用来处理很多其他不同的事情。通过 URL 地址载入网页是其中一个主要的功能，但同时还可以使用 UIWebView 展示静态 HTML 字符串或者一些已知文件类型的预览，比如 PDF 格式的文件、Word 文档甚至 Excel 电子表格。UIWebView 没有地址栏及任何用于展示导航栏的用户界面元素(但还是有办法可以通过某些方法来添加这些元素)。这使得开发者在使用 UIWebView 时的一些操作和方式和其他用户界面子视图一样(比如 UITableViewCell)，或者作为 Storyboard 场景的主要部分出现。

对于 Bands app，通过单击导航按钮构造一个有自己场景的 UIWebView，并创建一个内置于应用程序中的浏览器。在接下来的"试试看"环节在 Storyboard 中为 UIWebView 创建了一个新的场景，并手动设置它的 segue 实现 Band Details 场景到 UIWebView 的切换。

试试看　添加一个 UIWebView

(1) 在 Xcode 菜单中依次选择 File | New | File，并添加一个新的 Objective-C 类，取名为 WBAWebViewController 并设置其父类为 UIViewController。

(2) 在 Project Navigator 中选择 WBAWebViewController.h 文件。

(3) 为 UIWebView 添加一个 IBOutlet，代码如下：

```
#import <UIKit/UIKit.h>

@interface WBAWebViewController : UIViewController

@property (nonatomic, weak) IBOutlet UIWebView *webView;

@end
```

(4) 在 Project Navigator 中选择 Main.Storyboard。

(5) 从 Object library 添加一个新的 View Controller 到 Storyboard。

(6) 在 Storyboard 继承树视图中选择新的 View Controller。

(7) 在 Identify Inspector 中设置它的类为第(1)步骤中创建的 WBAWebViewController。

(8) 选择 Band Details 场景，按住 Control 从 dock(下方的微型面板)中的 View Controller 拖曳到新的 View Controller 上，如图 8-1 所示，并创建 Push segue 到新的场景。

(9) 选择 segue 箭头，在 Attributes Inspector 中设置它的标识符为 webViewSegue。

(10) 在 WBAWebViewController 中选择 UINavigationItem，并在 Attributes Inspector 中设置它的 title 为 Web Search。

(11) 从 Object library 中拖曳一个新的 Web View 到 Web View 场景上，设置它的 frame 为整个 UIView 的尺寸，如图 8-2 所示。

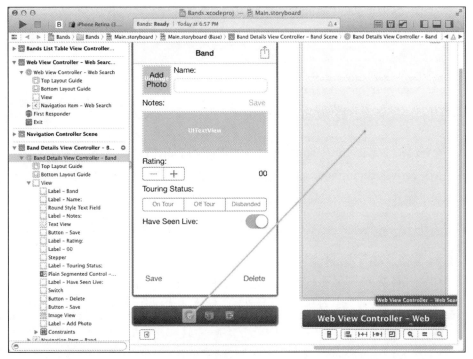

图 8-1

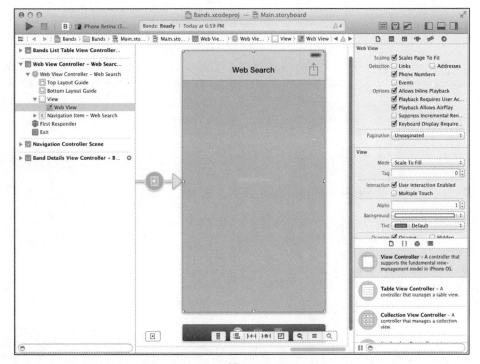

图 8-2

(12) 建立 UIWebView 到 WBAWebViewController 的 webView 属性之间的关联。

(13) 在 Project Navigator 中选择 WBABandDetailsViewController.h 类。

(14) 添加一个新的常量到 WBAActivityButtonIndex 枚举中，代码如下：

```
typedef enum {
//    WBAActivityButtonIndexEmail,
//    WBAActivityButtonIndexMessage,
    WBAActivityButtonIndexShare,
    WBAActivityButtonIndexWebSearch,
} WBAActivityButtonIndex;
```

(15) 从 Project Navigator 中选择 WBABandDetailsViewController.m 文件。

(16) 修改 activityButtonTouched:方法，代码如下：

```
- (IBAction)activityButtonTouched:(id)sender
{
    UIActionSheet *activityActionSheet = nil;

    /*
    if([MFMessageComposeViewController canSendText])
    activityActionSheet = [[UIActionSheet alloc] initWithTitle:nil delegate:self
cancelButtonTitle:@"Cancel" destructiveButtonTitle:nil otherButtonTitles:@"Email",
@"Message", nil];
    else
    activityActionSheet = [[UIActionSheet alloc] initWithTitle:nil delegate:self
cancelButtonTitle:@"Cancel" destructiveButtonTitle:nil otherButtonTitles:@"Email",
nil];
    */

    activityActionSheet = [[UIActionSheet alloc] initWithTitle:nil delegate:self
cancelButtonTitle:@"Cancel" destructiveButtonTitle:nil otherButtonTitles:@"Share",
@"Search the Web", nil];

    activityActionSheet.tag = WBAActionSheetTagActivity;
    [activityActionSheet showInView:self.view];
}
```

(17) 修改 actionSheet:clickedButtonAtIndex:方法，代码如下：

```
- (void)actionSheet:(UIActionSheet *)actionSheet
    clickedButtonAtIndex:(NSInteger)buttonIndex
{
    if(actionSheet.tag == WBAActionSheetTagActivity)
    {
        /*
        if(buttonIndex == WBAActivityButtonIndexEmail)
        {
        [self emailBandInfo];
        }
        else if (buttonIndex == WBAActivityButtonIndexMessage)
```

```
        {
        [self messageBandInfo];
        }
        */

    if(buttonIndex == WBAActivityButtonIndexShare)
    {
        [self shareBandInfo];
    }
    else if (buttonIndex == WBAActivityButtonIndexWebSearch)
    {
        [self performSegueWithIdentifier:@"webViewSegue" sender:nil];
    }
}
else if(actionSheet.tag == WBAActionSheetTagChooseImagePickerSource)
{
    if(buttonIndex == WBAImagePickerSourceCamera)
    {
        [self presentCameraImagePicker];
    }
    else if (buttonIndex == WBAImagePickerSourcePhotoLibrary)
    {
        [self presentPhotoLibraryImagePicker];
    }
}
else if(actionSheet.tag == WBAActionSheetTagDeleteBandImage)
{
    if(buttonIndex == actionSheet.destructiveButtonIndex)
    {
        self.bandObject.bandImage = nil;
        self.bandImageView.image = nil;
        self.addPhotoLabel.hidden = NO;
    }
}
else if (actionSheet.tag == WBAActionSheetTagDeleteBand)
{
    if(actionSheet.destructiveButtonIndex == buttonIndex)
    {
        self.bandObject = nil;
        self.saveBand = NO;

        if(self.navigationController)
            [self.navigationController popViewControllerAnimated:YES];
        else
            [self dismissViewControllerAnimated:YES completion:nil];
    }
  }
 }
}
```

(18) 选择 iPhone 4-inch 模拟器运行应用程序。当从 activity 界面中选择 Search Web 选

项后，就可以看到新的 Web View 了，如图 8-3 所示。

示例说明

首先创建了一个 UIViewController 的子类，名为 WBAWebView-Controller。之后又添加了一个新的名为 webView 的 UIWebView 属性。

图 8-3

在 Storyboard 中添加了一个新的场景并设置它的 identity 为 WBAWebViewController 类，这就是新的 Web View 场景。之后手动设置了 segue，从 Band Details 场景到 Web View 场景的切换，并设置 segue 的标识符为 webViewSegue，设置该标识符的目的是为了在代码中对该 segue 进行初始化。

该 segue 将一个 UINavigationItem 添加到 Web View 场景，这样就可以对它的标题进行设置。最后在 Storyboard 中向 Web View 场景中添加了 UIWebView，并且建立了它与 WBAWebViewController 类中的 webView 属性的关联。你可能会注意到 UIWebView 的一部分置于 UINavigationItem 的下面，UIWebView 可以检测到这个情况并确保页面的上部分是置于 UINavigationItem 之下，这些操作并不需要开发者编写额外的代码。

在 WBABandDetailsViewController 类中添加了一个新的选项到 UIActivitySheet，该 UIActivitySheet 通过单击 activity 的 UIBarButtonItem 按钮触发，新选项的名称为 Search the Web。在 actionSheet:clickedButtonAtIndex:方法中添加了一个查找 WBAActivityButtonIndex-WebSearch 按钮索引号的功能。如果找到该索引号，则应用程序调用 UIViewController 类的 performSegueWithIdentifier:sender:方法来初始化 Band Details 场景和 Web View 场景的 segue，(要记住 WBABandDetailsVeiwController 是 UIViewController 的子类，所以可以使用 self 关键字来调用该方法)，该 segue 的标识符之前在 Storyboard 中已经设置为 webViewSegue。

8.1.1 载入一个 URL

应用程序现在可以显示 UIWebView 了，但是如果不能成功载入 URL 地址也没有什么意义。想要实现搜索功能，就需要载入类似 Google 或者 Bing 这样的站点，并让用户在搜索框输入想要找的乐队名称以完成搜索过程。不过用户比较能接受的方式就是直接通过 URL 而不需要输入任何繁琐的内容就能够实现搜索。最简单的搜索 URL 的方式就是来自 Yahoo，为了搜索一个乐队，开发者只需要简单地将其名称置于查询语句之后即可。

在 UIWebView 中载入 URL 稍微有一点麻烦，因为 UIWebView 没有一个方法可以直接处理字符串并将其作为 URL 进行载入，所以替代的方法是使用 loadRequest:方法读取 NSURLRequest 数据。NSURLRequest 对象被用来处理所有的协议，不过 Bands app 中仅仅用到了 HTTP 协议。NSURLRequest 和 UIWebView 一样，都没有一个初始化方法来接收简单的字符串类型的数据，取而代之的是它可以处理 NSURL 类型的数据。NSURL 类提供处理各种 URL 相关类型数据的封装操作，比如 host、port 和 query string 等。它具有一个可以接收字符串数据类型的初始化函数，不过作为参数的字符串的格式需要完全符合 NSURL 的语法要求，如果出现语法上的错误，则初始化函数会返回 nil。

在 Bands app 中将使用 Yahoo 搜索 URL 的方式封装一组字符串，并将乐队名称附在这组字符串的查询语句之后。这就意味着需要取到 WBAWebViewController 中乐队的名称。为了完成这一过程需要再次实现 prepareForSegue:sender:方法。

试试看　载入 URL

(1) 在 Project Navigator 中选择 WBAWebViewController.h 文件，并添加如下属性到 interface 部分：

```
#import <UIKit/UIKit.h>

@interface WBAWebViewController : UIViewController

@property (nonatomic, weak) IBOutlet UIWebView *webView;
@property (nonatomic, strong) NSString *bandName;

@end
```

(2) 在 Project Navigator 中选择 WBAWebViewController.m 文件，添加如下 viewDidAppear: 方法：

```
viewDidAppear: method:
- (void)viewDidAppear:(BOOL)animated
{
    [super viewDidAppear:animated];

    NSString *yahooSearchString = [NSString
stringWithFormat:@"http://search.yahoo.com/search?p=%@", self.bandName];
    NSURL *yahooSearchUrl = [NSURL URLWithString:yahooSearchString];
    NSURLRequest *yahooSearchUrlRequest = [NSURLRequest
requestWithURL:yahooSearchUrl];

    [self.webView loadRequest:yahooSearchUrlRequest];
}
```

(3) 在 Project Navigator 中选择 WBABandDetailsViewController.m 文件。

(4) 导入 WBAWebViewController.h 文件，代码如下：

```
#import "WBAWebViewController.h"
```

(5) 添加如下的 prepareForSegue:sender:方法：

```
- (void)prepareForSegue:(UIStoryboardSegue *)segue sender:(id)sender
{
    if([segue.destinationViewController class] == [WBAWebViewController class])
```

```
    {
        WBAWebViewController *webViewController = segue.destinationViewController;
        WBAWebViewController.bandName = self.bandObject.name;
    }
}
```

(6) 使用 iPhone 4-inch 模拟器运行应用程序。在 activity 界面中选择 Search the Web 选项后，会打开一个网页视图展示通过 Yahoo 搜索指定乐队名而得到的结果，如图 8-4 所示。

图 8-4

示例说明

首先在 WBAWebViewController 中添加了一个 bandName 属性，之后在实现部分添加了 UIViewControllerDelegate 方法 viewWillAppear:。在该方法中首先创建了一个用于封装 Yahoo 搜索 URL 的 NSString 对象，并用它来初始化一个新的 NSURL 实例，接下来用这个 NSURL 实例初始化一个 NSURLRequest 实例。最后一步就是通过 NSURLRequest 调用 UIWebView 的 loadRequest: 方法。

我们还向 WBABandDetailsViewController 类中添加了 prepareForSegue:sender:方法。在该方法的实现中使用了 class 静态方法，该静态方法属于 NSObject 类的一部分。开发者可以使用该方法来检查两个对象是否是同一类型或者判断一个对象是否是某个类的实例。此应用程序中用这个方法检查 destinationViewController 是否是 WBAWebViewController 类的一个实例。如果是的话，就在 WBAWebViewController 对象入栈之前(navigation 栈)，用 bandObject 对象的 name 值设置 WBAWebViewController 的 bandName 属性。

8.1.2 载入一个包含特殊字符的 URL

如果有一个乐队的名称中存在空格，你可能会注意到通过上面的方式搜索后只有空格之前的内容被识别了，这是因为空格在 URL 中是不被允许出现的。同样还有一些字符也是不被允许的，比如符号"&"、问号"?"、感叹号"!"。为了让查询字符串支持这些符号，需要使用 URL-encoded，也就是用百分号"%"加 ASCⅡ码的十六进制值的方法来替换它们。

字符串的处理可以用一种更加直接的编码方式实现，不过这样做也是需要消耗大量 CPU 时间的。移动设备在 CPU 耗电和内存方面有一定的限制，所以在移动应用上这样处理会使应用程序变慢同时增加耗电量。有些语言在处理字符串操作上要比其他语言有优势，C 语言属于比较低层级的应用程序语言，就使得在编写这些方法时更快更有效。由于 Objective-C 语言是基于 C 语言的，所以可以在应用程序中使用 C 的方法。

学习 C 语言不是一个简单的任务，编写复杂的字符串方法更是有一定的困难。但是对于 iOS 的开发者来说，苹果公司已经为大家解决了大部分的难题，并将这些方法封装到 Core Foundation 框架中了。Core Foundation 完全是用 C 编写的，不过也可以被 Objective-C 语言调用。Core Foundation 有一个名为 CFURLCreateStringByAddingPercentEscapes 的字符串方法，可以通过扫描一个字符串并将特殊字符用百分号加十六进制的方式替换。我们可以在 Bands app 中使用这个方法在未将乐队名称加到 URL 的查询语句之前对该名称进行合理编码。

调用该方法并不难，但是 Core Foundation 中使用的数据类型的种类要比 Objective-C 中多。比如 NSString 在 Core Foundation 中对应的是 CFStringRef。这些数据类型不适用 ARC-compliant 机制。在第 2 章中提到过，ARC 代表 Automatic Reference Counting(自动引用计数)，这一机制把原来开发者承担的内存管理的重任交给了编译器。Core Foundation 和 Objective-C 对象可以互换，但二者仍需要一定的界限进行区别。苹果公司提供了一种名为 toll-free bridging 的解决方案，实际上它是一种宏指令将所有者的 Core Foundation 对象转化为 ARC 的方式。在 Bands app 中，会调用 CFBridgeRelease 宏，其作用是将通过 CFURL-CreateStringByAddingPercentEscapes 方法返回的 CFStringRef 的所有控制命令转换回可以适用 ARC 机制的 NSString 类型的数据。

> **为什么使用新的 NSURLComponents 类并不总是最好的选择**
>
> iOS 中包含了一个新的名为 NSURLComponents 的类，该类可以在大多数情况下创建一个合适的经过编码的 URL 对象。当开发者为 URL 设置了不同的组件后，类就会对字符进行比较并将不允许出现的字符进行编码。但是不能使用 NSURLComponents 处理乐队名称的原因在于，"&" 符号在 URL 的查询语句组件中是被允许的，并且 URLQueryAllowedCharacterSet 一般只会将其认为的不合法字符进行编码。如果有一个乐队的名称为 "this & that"，则用 NSURLComponents 创建的 URL 就会是 http://search.yahoo.com/search?p=this%20&%20that，这是不正确的。正确的 URL 应该是 http://search.yahoo.com/search?p=this%20%26%20that。使用 CFURLCreateStringByAddingPercentEscapes 函数将得到正确的乐队名称编码。

试试看　将 URL 编码成字符串

(1) 在 Project Navigator 中选择 WBAWebViewController.m 文件。

(2) 修改 viewDidAppear:方法，代码如下：

```
- (void)viewDidAppear:(BOOL)animated
{
    [super viewDidAppear:animated];

    NSString *urlEncodedBandName = (NSString *)
CFBridgingRelease(
CFURLCreateStringByAddingPercentEscapes(NULL,(CFStringRef)self.bandName, NULL,
(CFStringRef)@"!*'();:@&=+$,/?%#[]", kCFStringEncodingUTF8 ));
    NSString *yahooSearchString = [NSString
stringWithFormat:@"http://search.yahoo.com/search?p=%@", urlEncodedBandName];
```

```
    NSURL *yahooSearchUrl = [NSURL URLWithString:yahooSearchString];
    NSURLRequest *yahooSearchUrlRequest = [NSURLRequest
requestWithURL:yahooSearchUrl];

    [self.webView loadRequest:yahooSearchUrlRequest];


}
```

(3) 选择 iPhone 4-inch 模拟器运行应用程序，在网页上搜索乐队名称时可以输入"&"符号或者其他特殊字符了。

示例说明

在将乐队名称添加到查询语句之前，先要使用 Core Foundation 的 CFURLCreate-StringByAddingPercentEscapes 方法来对 bandName 进行 URL 编码处理。比如，如果 bandName 的值是"this & that"，则 urlEncodedBandName 就会是"this%20%26%20that"的形式，其中"空格"符号被"%20"代替，而"&"符号被"%26"代替。

Core Foundation 函数的语法是 C 语言而不是 Objective-C 的语法，该函数带有 5 个参数。第 1 个参数 allocator 一般不会用到，所以设为 NULL 即可；第 2 个参数 originalString 是固定不变的；第 3 个参数 CFStringRef 保留字符不变。如果 bandName 已经包含编译好的字符，则需要在这个参数中将它们列出来，不过由于我们的应用程序并没有出现这种情况，因此这里的设为 NULL；第 4 个参数是需要被编码处理的字符列表，因此需要将所有需要在查询语句中出现的不合法的字符都传递进来，或者其他用于创建查询语句中用到的特殊字符传进来，比如"&"字符和问号等。最后一个参数是字符编码类型，这里传递的参数是 kCFStringEncodingUTF8 常量，因为 UTF8 是作为 URL 的正确编码类型。

应用程序通过代码还可以实现这两种类型的相互转换，即实现将 CFStringRef 的结果转换回 NSString 类型，也就是转换回 NSString bandName 的值，同时还可以将字符 NSString 类型编码为 CFStringRefs。最后代码采用 toll-free bridging 宏命令 CFBridgingRelease 使返回的结果兼容 ARC 机制。

8.1.3 显示用户反馈

当实现了网络连接及数据传输功能后，让用户知道该动作已真实发生就变得非常重要。iOS 使用 Network Activity Indicator 来提供这种反馈。Network Activity Indicator 是一个在状态栏中显示的小的圆形图标，用户在浏览网页或者在 Mail 中查看 e-mail 时就会看到。在应用程序中是通过分享的 UIApplication 对象来实现的，需要当搜索完成后及页面载入成功后在 Band app 中显示这个消息提示。(对于任何涉及网络连接的应用程序都是这样。)如果没有添加这个功能，则该应用程序可能会在审核阶段被苹果公司拒绝发布。

对于 UIWebView 需要在 UIWebViewDelegate 协议中实现 3 个方法来完成以上功能。当一个网页载入时，会发生一系列的请求，此时就会调用这些方法。这些请求都是异步的，因此在同一时间点发生多个请求。在应用程序中我们希望 Network Activity Indicator 自始至终都处于可见状态，从第一条请求发生开始到最后一条请求结束为止。最简单的实现这一想法的方式就是使用 counter(计数器)。当一个请求开始载入时，在委托中会调用 webViewDidStartLoad:方法，当一个请求结束时会调用 webViewDidFinishLoad:方法。在代码中对这两个方法调用次数增加和减少的情况用 counter 进行记录，当计数归 0 时应用程序就知道所有开始的请求都已经完成了，此时 Network Activity Indicator 就可以隐藏了。有些请求可能会失败，当请求失败时 webViewDidFinishLoad:方法不会被调用。但是如果不处理这些失败的请求，那么，由于载入时请求计数加了 1，则总计数就永远不会归 0，Network Activity Indicator 的显示就一直存在。为解决这个问题，需要实现 webView:didFailLoadWithError:方法来减少载入计数。

试试看　显示 Network Activity Indicator

(1) 在 Project Navigator 中选择 WBAWebViewController.h 文件。

(2) 声明该类实现了 UIWebViewDelegate 协议，代码如下：

```
@interface WBAWebViewController : UIViewController <UIWebViewDelegate>

@property (nonatomic, weak) IBOutlet UIWebView *webView;
@property (nonatomic, strong) NSString *bandName;

@end
```

(3) 在 interface 部分添加如下属性及方法的声明代码：

```
@interface WBAWebViewController : UIViewController <UIWebViewDelegate>

@property (nonatomic, weak) IBOutlet UIWebView *webView;
@property (nonatomic, strong) NSString *bandName;
@property (nonatomic, assign) int webViewLoadCount;

- (void)webViewLoadComplete;

@end
```

(4) 选择 Main.storyboard 同时建立 UIWebView 的委托到 WBAWebViewController 的关联。

(5) 在 Project Navigator 中选择 WBAWebViewController.m 文件。

(6) 修改 viewDidLoad 方法，代码如下：

```
- (void)viewDidLoad
{
    [super viewDidLoad];
    self.webViewLoadCount = 0;
}
```

(7) 在实现部分添加 UIWebViewDelegate 方法，代码如下：

```
- (void)webViewDidStartLoad:(UIWebView *)webView
{
    self.webViewLoadCount++;
    [UIApplication sharedApplication].networkActivityIndicatorVisible = YES;
}

- (void)webViewDidFinishLoad:(UIWebView *)webView
{
    self.webViewLoadCount--;

    if(self.webViewLoadCount == 0)
        [self webViewLoadComplete];
}

- (void)webView:(UIWebView *)webView didFailLoadWithError:(NSError *)error
{
    self.webViewLoadCount--;

    if(self.webViewLoadCount == 0)
        [self webViewLoadComplete];
}
```

(8) 在实现部分添加 webViewLoadComplete 方法，代码如下：

```
- (void)webViewLoadComplete
{
    [UIApplication sharedApplication].networkActivityIndicatorVisible = NO;
}
```

(9) 选择 iPhone 4-inch 模拟器运行应用程序。当网页载入时，可以在状态栏中看到 Network Activity Indicator 处于显示状态。

示例说明

在 WBAWebViewController 的 interface 部分，声明了其实现 UIWebViewDelegate 协议，并添加了一个名为 webViewLoadCount 的属性用于记录页面载入计数。此外还声明了 webViewLoadComplete 方法，之后在 Storyboard 中建立了 UIWebView 委托到 WBAWebViewController 的关联。

在 WBAWebViewController 的实现部分的 viewDidLoad 方法中将 webViewLoadCount 初始化为 0，之后实现了 UIWebViewDelegate 协议的三个方法。在 webViewDidStartLoad: 方法中我们对 webViewLoadCount 进行加 1 操作，并使用 sharedApplication 类的 networkActivityIndicatorVisible 属性设置 Network Activity Indicator 处于可见状态。在 webViewDidFinishLoad: 方法中我们对 webViewLoadCount 进行减 1 操作，并查看计数的值是否归 0。如果归 0，则调用 webViewLoadComplete 方法设置 Network Activity Indicator 为隐藏。webView:didFailLoadWithError: 方法和 webViewDidFinishLoad 的功能一样，用来确定 Network Activity

Indicator 在请求结束或者失败时进入隐藏状态。

8.2　添加导航

Bands app 现在可以在网页上进行搜索并且能够在 UIWebView 上显示结果。当用户单击搜索结果的链接时又会跳转到相应的网页，但这时用户没法返回到前一个显示搜索结果列表的页面了，也就是无法再查看另一条搜索结果的内容。Web 浏览器可提供导航按钮让用户返回到上一个页面，或者前向转到刚刚查看过的界面。它们通常会有一个向后导航栈列，在新链接页面载入前将当前页面的 URL 添加到栈内；当用户需要返回查看页面时，在回到上一页面重新载入之前，当前页面的 URL 被添加到向前导航栈列中。虽然 UIWebView 没有提供用户界面来实现导航栈列的功能，但是其保留了访问页面的记录并提供了和实现导航功能类似的方法。要向 Bands app 的浏览器中添加导航功能，我们需要使用 UIToolbar 来构建自己的用户界面。

8.2.1　创建 Toolbar

UIToolbar 和我们在前面章节中介绍过的你已经有所了解的 UINavigationItem 类似。该控件的宽度和整个屏幕的宽度相同，并支持开发者添加多个 UIBarButtonItem。不过和 UINavigationItem 不同的地方在于 UIBarButtonItem 没有固定的位置。默认情况下这些 UIBarButtonItem 是相互紧密靠左对齐排列的，如果要对 UIToolbar 中的 UIBarButtonItem 的位置进行合理的安排，开发者可以用 Fixed-space 方式或者 Flexible-space 方式。这两者是 UIBarButtonItem 特殊的实现方式，它并不允许用户进行互动及显示黑色的区域。Fixed-space 类型的 UIBarButtonItem 可以设置宽度，Flexible-space 类型的 UIBarButtonItem 可以向右一直拉伸，直到碰到另一个 UIBarButtonItem。比如，如果放置两个普通的 UIBarButtonItem 加一个 flexible UIBarButtonItem，你看到的效果就是一个按钮在左边，其他的按钮都一直在右边。

UIToolbar 中的 UIBarButtonItem 的工作原理和其在 UINavigationItem 中的一样。开发者可以使用代码中创建的 IBOutlet 进行关联，用于处理诸如设置其是否被激活等事件。还可以建立按钮到 IBAction 的关联用于处理用户单击操作触发的事件。

在 Bands app 中我们添加一个 UIToolbar 用于提供用户网页的前进和后退等导航功能，同时让用户在已经有页面成功载入后试图载入其他页面或者刷新页面时能够停止该操作。首先需要在场景中添加 UIToolbar 和 UIBarButtonItem，同时建立相应的 IBOutlet 和 IBAction 关联。

| 试试看 | 添加 Toolbar 和 Button |

(1) 在 Project Navigator 中选择 WBAWebViewController.h 文件。

(2) 添加如下 IBOutlet 声明到 interface 部分：

```
@property (nonatomic, weak) IBOutlet UIBarButtonItem *backButton;
@property (nonatomic, weak) IBOutlet UIBarButtonItem *stopButton;
@property (nonatomic, weak) IBOutlet UIBarButtonItem *refreshButton;
@property (nonatomic, weak) IBOutlet UIBarButtonItem *forwardButton;
```

(3) 添加如下 IBAction 声明到 interface 部分：

```
- (IBAction)backButtonTouched:(id)sender;
- (IBAction)stopButtonTouched:(id)sender;
- (IBAction)refreshButtonTouched:(id)sender;
- (IBAction)forwardButtonTouched:(id)sender;
```

(4) 在 Project Navigator 中选择 WBAWebViewController.m 文件，添加如下方法到实现部分：

```
- (IBAction)backButtonTouched:(id)sender
{
    NSLog(@"backButtonTouched");
}

- (IBAction)stopButtonTouched:(id)sender
{
    NSLog(@"stopButtonTouched");
}

- (IBAction)refreshButtonTouched:(id)sender
{
    NSLog(@"refreshButtonTouched");
}

- (IBAction)forwardButtonTouched:(id)sender
{
    NSLog(@"forwardButtonTouched");
}
```

(5) 在 Project Navigator 中选择 Main.storyboard。

(6) 从 Object library 中拖一个 Toolbar 到 Web View 场景的底部。

(7) 调整 UIWebView 使其下端和 UIToolbar 的上端对齐，如图 8-5 所示。

(8) 选择 UIToolbar 上的默认的 UIBarButtonItem，在 Attribute Inspector 中设置它的 Identifier 为 Rewind。

(9) 从 Object library 中拖一个新的 Bar Button Item 到 UIToolbar 上，并在 Attribute Inspector 中设置它的 Identifier 为 Stop。

(10) 从 Object library 中拖一个新的 Bar Button Item 到 UIToolbar 上，并在 Attribute Inspector 中设置它的 Identifier 为 Refresh。

(11) 从 Object library 中再拖一个新的 Bar Button Item 到 UIToolbar 上，并在 Attribute

Inspector 中设置它的 Identifier 为 Fast Forward。

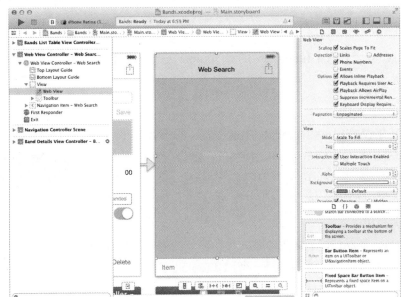

图 8-5

(12) 从 Object library 中拖一个 Flexible Space Bar Button Item，将其置于 Rewind 和 Stop 按钮之间。

(13) 从 Object library 中再拖一个 Flexible Space Bar Button Item，将其置于 Stop 和 Refresh 按钮之间。

(14) 从 Object library 中再拖一个 Flexible Space Bar Button Item，将其置于 Refresh 和 Fast Forward 按钮之间，如图 8-6 所示。

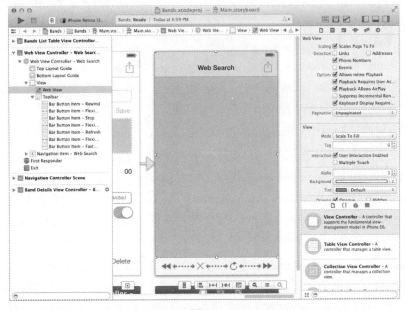

图 8-6

(15) 建立所有按钮与其相应的 IBOutlets 和 IBActions 的
关联。

(16) 选择 iPhone 4-inch 模拟器运行应用程序,可以看到一个
拥有相同大小的4个UIBarButtonItem的UIToolbar置于屏幕下方,
如图 8-7 所示。

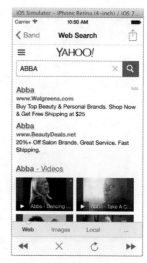

图 8-7

示例说明

首先在 WBAWebViewController 的 interface 部分为 UIToolbar
中的 4 个 UIBarButtonItem 声明 IBOutlet 接口。之后声明了
UIBarButtonItems 被单击时需要调用的 IBActions 方法。在实现部
分对每个IBAction添加一些简单的控制台输出语句用来查看到底
哪个方法被调用了。

我们在 Storyboard 中完成该"试试看"环节的内容。首先在
Web View 场景中实际添加了一个 UIToolbar。之后调整
UIWebView 的框架尺寸,使其底部和 UIToolbar 的上部对齐。与 UINavigationItem 有所不
同的是,UINavigationItem 的设计风格是半透明状的,所以当用户滑动页面时可以在
UINavigationItem 控件下面看到模糊的阴影。UIToolbar 的设计没有使用透明的方式,所以
对用户来说 UIWebView 下方的所有显示 UIToolbar 的位置的内容都一直可见。你可能注意
到了,并不需要为 UIWebView 和 UIToolbar 的位置及是否固定在 UIView 的下方显示等问
题设置 auto-layout 约束,因为该约束已经默认设置好了。

之后添加了 4 个 UIBarButtonItems 并且设置它们的标识符来显示合适的图标。之后添加
了 3 个 flexible-space 类型的 UIBarButtonItems,使得所有 UIToolbar 中分布的 UIBarButtonItems
的间距都相同。最后,按照正确的对应关系建立 IBOutlet 和 IBAction 同这些
UIBArButtonItems 的关联。

随着 UIToolbar 界面的实现,我们添加一些方法来实现对导航功能的调用,
UIBarButtonItems 可以添加更多的用户反馈信息,这样的话用户就知道页面何时载入、载
入何时完成及何时可以向后或向前导航。为此我们需要根据当前 UIWebView 所处的状态来
判断 UIBarButtonItems 是否可被单击。

向后和向前跳转的两个UIBarButtonItems应该只在有URL存在于各自栈中的情况下才
会处于可被单击状态,我们可以通过 UIWebView 提供的方法来进行该判断。如果有 URL
存在于 back navigation stack(向后导航栈),则 canGoBack 方法就会返回 true;同样类似的
方法 canGoForward 也会根据 forward navigation stack(向前导航栈)的情况给出相应的返回
值。还可以通过 UIWebView 的 isLoading 属性来判断另外两个 UIBarButtonItem,即 stop 和
reload 按钮所处的状态。stop 按钮只有在 isLoading 属性返回 true 的情况下才处于可被单击
的状态,reload 按钮只有在 isLoading 属性返回 false 的情况下才处于可被单击的状态。

UIWebView 还提供给开发者 goBack 和 goForward 两个方法,来对导航栈中的 URL 进
行出栈操作,还使用 stopLoading 方法用来停止当前页面的载入。UIWebView 有一个 request

属性，其保存着最初的 NSURLRequest 可以载入的页面信息。重新载入就是在 UIWebView 中简单地再次载入当前页面请求。

试试看　控制 Web View

(1) 在 Project Navigator 中选择 WBAWebViewController.h 文件，添加如下方法声明：

```
- (void)setToolbarButtons;
```

(2) 在 Project Navigator 中选择 WBAWebViewController.m 文件。

(3) 添加 setToolbarButtons 方法到实现部分：

```
- (void)setToolbarButtons
{
    self.backButton.enabled = self.webView.canGoBack;
    self.forwardButton.enabled = self.webView.canGoForward;
    self.stopButton.enabled = self.webView.isLoading;
    self.refreshButton.enabled = !self.webView.isLoading;
}
```

(4) 修改 webViewDidStartLoad:方法，代码如下：

```
- (void)webViewDidStartLoad:(UIWebView *)webView
{
    self.webViewLoadCount++;
    [UIApplication sharedApplication].networkActivityIndicatorVisible = YES;
    [self setToolbarButtons];
}
```

(5) 修改 webViewLoadComplete:方法，代码如下：

```
- (void)webViewLoadComplete
{
    [UIApplication sharedApplication].networkActivityIndicatorVisible = NO;
    [self setToolbarButtons];
}
```

(6) 修改 backButtonTouched:方法，代码如下：

```
- (IBAction)backButtonTouched:(id)sender
{
    NSLog(@"backButtonTouched");
    [self.webView goBack];
}
```

(7) 修改 farwardButtonTouched:方法，代码如下：

```
- (IBAction)forwardButtonTouched:(id)sender
{
    NSLog(@"forwardButtonTouched");
    [self.webView goForward];
}
```

(8) 修改 stopButtonTouched:方法，代码如下：

```
- (IBAction)stopButtonTouched:(id)sender
{
    NSLog(@"stopButtonTouched");
    [self.webView stopLoading];
    self.webViewLoadCount = 0;
    [self webViewLoadComplete];


}
```

(9) 修改 refreshButtonTouched:方法，代码如下：

```
- (IBAction)refreshButtonTouched:(id)sender
{
    NSLog(@"refreshButtonTouched");
    [self.webView loadRequest:self.webView.request];
}
```

(10) 选择 iPhone 4-inch 模拟器运行应用程序，通过 UIWebView 的导航栈机制实现了页面向后、向前导航的功能，同时也可以对网页进行停止和刷新操作。

示例说明

在 WBAWebViewController 的 interface 中我们声明了 setToolbarButtons 方法，并在实现部分添加了该方法的具体代码，以实现当 canGoBack 返回 true 时能够使 back 按钮激活这个功能，同样的操作还包括在 canGoForward 返回 true 时 forward 按钮处于激活；当 isLoading 属性为 true 时 stop 被激活；当 isLoading 属性为 false 时 reload 按钮被激活。之后修改了 IBAction 来调用它们在 UIWebView 中的相关方法。在 backButtonTouched:和 forwardButtonTouched:方法中我们调用了 UIWebView 的 goBack 和 goForward 方法。stopButtonTouched:方法首先调用 UIWebView 的 stopLoading 方法，之后重新设置 webViewLoadCount 的值为 0，之后调用 webViewLoadComplete 方法再次设置 UIToolbar，并且隐藏 Network Activity Indicator。在 reloadButtonTouched:方法中调用了之前我们在 viewDidAppear:方法中调用过的 loadRequest:方法，使用了 UIWebView 的 request 属性。

8.2.2　打开 Safari

UIWebView 的使用对应用程序来说是个很好的附加功能，但它不能提供给用户像 Mobile Safari 应用程序那样的所有功能。苹果公司提供给第三方开发者通过使用 URL 方案的方式来访问本地应用程序的功能，和在共享的 UIApplication 中使用 openURL 方法的方式。在 Mobile Safari 中打开一个 URL 只需要向 openURL 方法传递一个 URL 参数即可，我们在本章前面曾讲过当需要载入页面时 UIWebView 可以接收很多个 URL 请求。要得到最终显示的主要 URL，开发者需要再次得到保存于 UIWebView 的 request 属性中的 NSURLRequest 参数，其具有一个名为 mainDocumentURL 的属性为主页面保存 URL 信息。

要添加这个功能到 Bands app，我们需要在 Band Details 场景中的 UINavigationItem 中再实现一个 Action UIBarButtonItem。当用户单击后弹出一个 UIActionSheet 控件，包含两个选项分别是 Open in Safari 和 Cancel。这样的方式可以让用户明白他们即将退出当前的应用程序，同时还提供了一个取消选项。

试试看　打开 Safari

(1) 在 Project Navigator 中选择 WBAWebViewController.h 文件。

(2) 添加一个新的枚举结构体用于记录 UIActionSheet 中的按钮索引号，代码如下：

```
typedef enum {
    WBAWebViewActionButtonIndexOpenInSafari,
} WBAWebViewActionButtonIndex;
```

(3) 声明 WBAWebViewController 类实现了 UIActionSheetDelegate 协议，代码如下：

```
@interface WBAWebViewController : UIViewController <UIWebViewDelegate,
UIActionSheetDelegate>
```

(4) 在 interface 中添加 IBAction，代码如下：

```
- (IBAction) webViewActionButtonTouched:(id)sender;
```

(5) 在 Project Navigator 中选择 Main.storyboard 文件。

(6) 从 Object library 中拖一个新的 Bar Button Item 控件到 WBAWebViewController 的 UINavigationItem 中，并设置它的 Identifier 为 Action。

(7) 建立 Action UIBarButtonItem 到 WBAWebViewController 中的 webViewAction-ButtonTouched:方法的关联。

(8) 选择 WBAWebViewController.m 文件并添加如下方法到实现部分：

```
- (IBAction)webViewActionButtonTouched:(id)sender
{
    UIActionSheet *webViewActionSheet = [[UIActionSheet alloc]
initWithTitle:nil delegate:self cancelButtonTitle:@"Cancel"
destructiveButtonTitle:nil otherButtonTitles:@"Open in Safari", nil];
    [webViewActionSheet showInView:self.view];
}

- (void)actionSheet:(UIActionSheet *)actionSheet
clickedButtonAtIndex:(NSInteger)buttonIndex
{
    if(buttonIndex == WBAWebViewActionSheetButtonIndexOpenInSafari)
    {
        [[UIApplication sharedApplication]
openURL:self.webView.request.mainDocumentURL];
    }
}
```

(9) 选择 iPhone 4-inch 模拟器运行应用程序，单击 Action 按钮并选择 Open in Safari 选项时，系统从 Bands app 跳转到 Mobile Safari 应用程序同时载入当前网页。

示例说明

首先声明了一个新的名为 WBAWebViewActionSheetButtonIndex 枚举结构体，其中包含一个值 WBAWebViewActionSheetButtonIndexOpenInSafari 用于记录 UIActionSheet 的按钮索引号。虽然只有这一个值，但是在与其他 UIActionSheet 按钮索引一同使用时最好还是沿用这个方法。我们不需要 UIActionSheet 的 tag 枚举结构，因为在 WBAWebViewController 中只有一个选项。之后我们声明了 WBAWebViewController 实现了 UIActivitySheetDelegate 协议，同时还声明了一个新的 IBAction。在 Storyboard 中我们在 UINavigationItem 上添加了一个 UIBarButtonItem，之后设置其标识符为 Action 以取得合适的图标样式，并建立该按钮到 WBAWebViewController 中的 webViewActionButtonTouched:方法的关联。

在 WBAWebViewController 实现部分我们添加了 webViewActionButtonTouched:方法，用于显示带有 Open in Safari 选项的 UIActionSheet 控件。在 UIActionSheetDelegate 协议中的 actionSheet:clickedButtonAtIndex 方法中，我们检查 buttonIndex 的值是否等于 WBAWebViewActionSheetButtonIndexOpenSafari 常量。如果两者相等，则应用程序调用共享的 UIApplication 中的 openURL 方法，并使用 UIWebView 当前请求的 mainDocumentURL 作为传递的参数。

8.3 小结

智能手机的上网功能非常受欢迎，人们不需要使用笔记本电脑或者 PC 机就能随时访问网络了。在第三方应用程序中提供上网搜索和网页内容浏览等功能同样非常流行。本章我们在 Bands app 中使用 UIWebView 和 UIWebViewDelegate 协议来构造一个轻量级的浏览器，为应用程序增加了搜索及浏览网页的功能，同时还用到了 UIToolbar 和 UIBarButtonItem。本章还介绍了如何调用 C 语言一级的 Core Foundation 方法来高效地实现复杂的字符串操作，并将结果返回到 Objective-C 中。

练　习

(1) 如何在代码中触发一个手动创建的 segue?

(2) 当需要调用低级 C 语言方法时应该使用哪个框架?

(3) 如何显示 Network Activity Indicator?

(4) 如果一个请求没有被成功载入，哪个 UIWebViewDelegate 协议中的方法将会被调用?

(5) 在应用程序中要打开 Safari 需要调用共享 UIApplication 对象中的哪个方法?

本章知识点

标　题	关　键　概　念
UIWebView	UIWebView 是一个 UIKit 对象，用于展示 HTML 或者对一些已知文件类型的文件进行预览，比如 PDF 格式的文件、Word 文档等。可以在应用程序中通过网络连接载入一个网页或者展示一个 HTML 的字符和文件
Core Foundation Framework	Core Foundation Framework 是一组由 C 语言编写的方法集，开发者可以在 Objective-C 中调用它们。由于字符串的操作对资源的敏感度比较高，所以在处理复杂的任务时最好使用 Core Foundation Framework 框架
Network Activity Indicator	当一个应用程序处于网络连接状态并发送或下载数据时，需要让用户知道这些活动正在进行。所有的 iOS 设备都在状态栏中包含一个旋转的小图标，该图标就是 Network Activity Indicator。Bands app 需要在 UIWebView 载入一个请求时显示 Network Activity Indicator
UIToolbar	在应用程序中添加一个 toolbar 是使用 UIToolbar UIKit 对象，其包含一组 UIBarButtonItems 用于表示那些可见的按钮及按钮间空白的分隔区域
Open in Safari	共享的 UIApplication 有一个名为 openURL 的方法可以让开发者直接启动 Apple 的内置应用程序，比如 Mobile Safari。当它和 UIWebView 整合后，用户可以在应用程序中直接打开 Mobile Safari 查看他们正在浏览的网页

第9章

地图和本地搜索

本章主要内容:

- 在应用程序中显示地图
- 获取和展示用户的当前位置
- 使用苹果公司的本地搜索功能在地图上显示兴趣点

本章代码下载说明

本章代码可以从 www.wrox.com/go/begiosprogramming 的 Download Code 选项卡中下载。本章代码在 "chapter 09" 下载链接中,根据代码名称即可找到相应的代码。

使用地图并显示用户位置的功能对于移动设备来说是一个非常方便的功能。自从 iPhone 手机发布之日起苹果公司的 Maps 应用(地图应用)就是 iOS 系统的重要组成部分。随着 iOS SDK 的开放,苹果公司将 Map Kit 框架提供给开发者来创建他们自己的基于位置服务的应用程序,从那时起基于位置服务的应用程序就变得非常流行。

与此同时,基于本地的搜索功能也成为 iOS 应用程序中非常受欢迎的功能之一。Urban Spoon 是第一批使用这个功能实现为用户提供周边餐馆信息的众多应用程序之一。Urban Spoon 花费了大量时间来搭建他们自己的数据库和搜索引擎以对应用程序进行优化,并使其成为自发布以来最受欢迎的应用程序之一。

苹果公司也看到了用户对于基于本地搜索功能的喜爱,随即与著名的搜索服务提供商 Yelp 公司合作,共同编写了一套新的有关搜索功能的类和协议,并与 iOS 6 版本一起发布出来。随着新的功能添加到 Map Kit 中,开发者通过简单的几行代码就可以实现搜索并显示搜索结果。

本章中我们将在 Band app 中加入 Find Local Record Stores 功能。它在地图上用大头针来显示用户当前位置周围的唱片店。

9.1 学习 Map View

可以使用 MKMapView 来实现在 iOS 应用程序中添加一个可交互的地图。与第 8 章介绍的添加 UIWebView 类似，MKMapView 是一个可以添加到任何其他 UIView 视图中的独立子视图。虽然可以在 Interface Builder 的 Object library 中找到该视图，但是仍需要在项目中添加相应的 MapKit.framework 框架。即使不添加该框架 Bands 项目仍然可以完成编译，但是如果这样做的话，应用程序会在启动时崩溃。为了加入 Find Record Store(寻找本地唱片店)功能，首先需要向 Bands app 中添加一个新的场景用于显示 MKMapView，如下面的"试试看"环节所示。

试试看 添加一个 Map View

(1) 在 Project Navigator 中选择 Project。

(2) 在 Linked Frameworks and Libraries 部分的 General 选项卡中，添加 MapKit.framework，这与之前我们在第 7 章中的做法一样。

(3) 在 Xcode 菜单中依次选择 File | New | File，并创建一个新的 UIViewController 的子类 WBAMapSearchViewController。

(4) 在 Project Navigator 中选择 WBAMapSearchViewController.h 文件。

(5) 在 import 部分导入 Mapkit.h 文件，代码如下：

```
#import <UIKit/UIKit.h>
#import <MapKit/MapKit.h>

@interface WBAMapSearchViewController : UIViewController

@end
```

(6) 为 MKMapView 添加一个 IBOutlet，代码如下：

```
@interface WBAMapSearchViewController : UIViewController

@property (nonatomic, assign) IBOutlet MKMapView *mapView;

@end
```

(7) 在 Project Navigator 中选择 Main.storyboard。

(8) 从 Object library 中拖曳一个新的 View Controller 到 storyboard 上。

(9) 选择新的 View Controller，并在 Identity Inspector 中设置它的 class 为 WBAMapSearch-ViewController，这就是目前的 Map Search 场景。

(10) 选择 Band Details 场景，并从该场景到新的 Map Search 场景添加手动 push segue。

(11) 选择新的 segue，在 Attributes Inspector 中设置它的 identifier 为 mapViewSegue。

(12) 选择 Map Search 场景的 UINavigationItem，并在 Attributes Inspector 中设置它的 title 为 Record Store。

(13) 从 Object library 中拖曳一个 Map View 到 WBAMapSearchViewController 上。

(14) 建立 MKMapView 到 WBAMapSearchViewController 类的 mapView IBOutlet 接口的关联。

(15) 在 Project Navigator 中选择 WBABandDetailsViewController.h 文件。

(16) 在 WBAActivityButtonIndex 中添加新的值，代码如下：

```
typedef enum {
//    WBAActivityButtonIndexEmail,
//    WBAActivityButtonIndexMessage,
    WBAActivityButtonIndexShare,
    WBAActivityButtonIndexWebSearch,
    WBAActivityButtonIndexFindLocalRecordStores,
} WBAActivityButtonIndex;
```

(17) 在 Project Navigator 中选择 WBABandDetailsViewController.m 文件，并修改 activityButtonTouched:方法，代码如下：

```
activityButtonTouched: method with the following code:
- (IBAction)activityButtonTouched:(id)sender
{
    UIActionSheet *activityActionSheet = nil;

    activityActionSheet = [[UIActionSheet alloc] initWithTitle:nil delegate:self
    cancelButtonTitle:@"Cancel" destructiveButtonTitle:nil otherButtonTitles:
    @"Share", @"Search the Web", @"Find Local Record Stores", nil];

    activityActionSheet.tag = WBAActionSheetTagActivity;
    [activityActionSheet showInView:self.view];
}
```

(18) 修改 actionSheet:clickedButtonAtIndex:方法，代码如下：

```
- (void)actionSheet:(UIActionSheet *)actionSheet
clickedButtonAtIndex:(NSInteger)buttonIndex
{
    if(actionSheet.tag == WBAActionSheetTagActivity)
    {
        if(buttonIndex == WBAActivityButtonIndexShare)
        {
            [self shareBandInfo];
        }
        else if (buttonIndex == WBAActivityButtonIndexWebSearch)
        {
            [self performSegueWithIdentifier:@"webViewSegue" sender:nil];
        }
```

```
    else if (buttonIndex == WBAActivityButtonIndexFindLocalRecordStores)
    {
        [self performSegueWithIdentifier:@"mapViewSegue" sender:nil];
    }
  }

    // the rest of this method is available in the sample code
  }
```

(19) 选择 iPhone 4-inch 模拟器运行应用程序。当选择 Search Map 选项时，可以看到 MKMapView 显示，如图 9-1 所示。

图 9-1

示例说明

首先在项目中添加了 MapKit.framework 框架，之后创建了一个新的 UIViewController 的子类名叫 WBAMapSearch-ViewController。这个类其实非常简单，只有一个指向 MKMapView 的 IBOutlet，其需要导入 MKMapKit.h 文件。

在 Storyboard 中添加了一个新的视图控制器，并设置它的类为新的 WBAMapSearchViewController，这就是当前的 Map Search 场景。之后创建了一个从 Band Details 场景到 Map Search 场景的手动 push segue。接下来向 Map Search 场景添加 MKMapView 视图，并设置它的 IBOutlet 指向 WBAMapSearchViewController 类的 mapView。

接下来在 WBABandDetailsViewController 中添加了一个新的 WBAActivityButtonIndex-FindLocalRecordStore 值到 WBAActivityButtonIndex 枚举结构体中。在 actionSheet:clicked-ButtonAtIndex:方法中主要查看新的 WBAActivityButtonIndexFindLocalRecordStore 的值并调用 performSegueWithIndentifier:sender:方法，使用 mapViewSeque 标识符来显示新的 Map Search 场景。

9.1.1　获取用户位置

要实现本地搜索，首先需要获取用户的位置信息。根据应用程序的需求不同有几种方法可以得到用户的位置信息，但是所有这些方法都需要使用系统的 Location Service 服务。Location Service 是 CoreLocation.framework 框架的一部分，并且使用设备的硬件能力来取得大致的位置。对于 iPod touch 系列产品及只有 Wi-Fi 功能的 iPad 产品，该服务可以通过查询与设备相连接的 Wi-Fi 热点来获取位置信息。有蜂窝数据网络的 iPad 和 iPhone 设备可以使用基站来确定位置信息。iPhone 手机还可以使用内置 GPS 天线获取更加准确的位置信息。

将你的应用程序设计为节省电量

当添加位置感知功能时，开发者需要开始考虑设备耗电的问题。所有的这些方法的调用都需要系统为设备内置的天线进行供电。使用天线时会消耗电池大量的电力，直到天线的供电被停止。对于带有位置感知功能的应用程序开发者来说，首先就要确定需求对定位精度的要求及应用程序需要多久更新一次位置信息。

　　应用程序需要对位置信息的精度问题及定位频率问题进行更加优化的控制，因此可以使用 Core Location framework 框架中 CLLocationManager 类的实例和 CLLocation-ManagerDelegate 委托方法。通过这些方法开发者可以设置位置数据的精度及控制 Location Service 多久向应用程序发送一次位置更新信息。开发者在使用这些方法进行设置时一定要非常明智，这样就既可以实现开发者期望的功能又可以尽可能地减少电池电量的消耗。

　　有一种应用程序仅在设备移动了一段比较长的距离时才会使用 MKMapView 并且需要位置数据，该类应用程序可以不必使用 CLLocationManagerDelegate，而是使用 MKMapViewDelegate。这个方法将节省电量的任务交给系统完成，它仍然使用 Core Location，但是作为开发者不需要关心其中的细节。我们在 Bands app 中就会采用这种方式。

　　位置信息还会带来用户隐私方面的问题。之前有些应用程序在没有通知用户的情况下将用户的位置信息发送给其他服务。因此苹果公司在 Settings app 中 privacy 部分(中文系统为"隐私"部分)添加了一个 Location Service(中文系统为"位置服务")选项。用户可以选择对整个设备关闭 Location Service 或者选择针对指定应用程序关闭位置服务。一些用户可能会简单地将位置服务整体关闭以节省用电，作为开发者一定要对之有所了解。CLLocationManager 类拥有一个静态方法名为 locationServicesEnabled，开发者可以通过调用该方法决定应用程序是否可以使用 Location Service。如果不可以的话，至少应该告诉用户为什么位置服务功能不可用，在下面的"试试看"环节中会以弹出 UIAlertView 框的方式通知用户。

　　对于 Find Local Record Stores 功能来说，只有当它可以放大时在地图上显示用户位置的功能才有用。开发者可以设置要显示的位置区域，如下面的"试试看"环节。

试试看　**显示用户当前位置**

　　(1) 在 Project Navigator 中选择 Project。

　　(2) 在 Linked Frameworks and Libraries 部分的 General 选项卡中，添加 CoreLocation.framework。

　　(3) 从 Project Navigator 中选择 WBAMapSearchViewController.h 文件。

　　(4) 声明该类实现 MKMapViewDelegate，并为 MKUserLocation 添加属性，代码如下：

```
@interface WBAMapSearchViewController : UIViewController <MKMapViewDelegate>

@property (nonatomic, assign) IBOutlet MKMapView *mapView;
@property (nonatomic, strong) MKUserLocation *userLocation;

@end
```

(5) 从 Project Navigator 中选择 WBAMapSearchViewController.m 文件。

(6) 添加 UIViewControllerDelegate 协议中的 viewDidAppear:方法，代码如下：

```
- (void)viewDidAppear:(BOOL)animated
{
    [super viewDidAppear:animated];
    if(![CLLocationManager locationServicesEnabled])
    {
        UIAlertView *noLocationServicesAlert = [[UIAlertView alloc]
initWithTitle:@"The Find Local Record Stores feature is not available"
message:@"Location Services are not enabled" delegate:nil
cancelButtonTitle:@"OK" otherButtonTitles:nil];
        [noLocationServicesAlert show];
    }
    else
    {
        self.mapView.showsUserLocation = YES;
    }
}
```

(7) 添加 MKMapViewDelegate 协议中的 mapView:didUpdateUserLocation 方法，代码如下：

```
- (void)mapView:(MKMapView *)mapView
didUpdateUserLocation:(MKUserLocation *)userLocation
{
    self.userLocation = userLocation;

    MKCoordinateSpan coordinateSpan;
    coordinateSpan.latitudeDelta = 0.3f;
    coordinateSpan.longitudeDelta = 0.3f;

    MKCoordinateRegion regionToShow;
    regionToShow.center = userLocation.coordinate;
    regionToShow.span = coordinateSpan;

    [self.mapView setRegion:regionToShow animated:YES];
}
```

(8) 在 Xcode 菜单中依次选择 Xcode | Open Developer Tool | iOS Simulator。

(9) 从 iOS Simulator 菜单中依次选择 Debug | Location | Apple。

(10) 选择 iPhone 4-inch 模拟器运行应用程序。当选择 Find Local Record Store 选项时，可以将地图在 San Francisco 区域放大，用户位置的标注在 Cupertino 旁边，如图 9-2 所示。

示例说明

首先声明了 WBAMapSearchViewController 实现了 MKMapViewDelegate 协议，同时为 MKUserLocation 添加了一个属性。在 MKMapView 上显示位置信息是通过一个实现了

MKAnnotation 的类完成的，这是一个简单的只包含 3 个属性的协议。首先 coordinate 属性是一个 CLLocationCoordinate2d 结构体，用于保存位置的经纬度信息，title 和 subtitle 两个属性是一个用来描述位置信息的 NSString 类型的字符串。当用户位置确定后，MKUserLocation 会自动以一个跳动的圆点的方式显示在地图上。一般来说，开发者都希望将 MKUserLocation 保存在自己的属性中，这样应用程序就会知道已经成功取得位置信息了。

图 9-2

　　在 Storyboard 中建立了 MKMapView 的委托到 WBAMapSearchViewController 的关联。在 WBAMapSearchViewController 的实现部分添加了 viewDidAppear:animated:方法，它会调用 CLLocationManager 类的 locationServicesEnable 静态方法，来检查位置服务是否已经开启了。如果没有开启，我们让应用程序弹出一个 UIAlertView 提示框告诉用户该功能目前不可用。

　　如果位置服务已经开启，我们设置 mapView 的 showUserLocation 属性为 YES，这通知 MKMapView 使用 Core Location 来取得当前位置。当位置确定后，MKMapViewDelegate 的 mapView:didUpdateUserLocation:方法就会被调用。

　　在 mapView:didUpdateUserLocation:的实现过程中，我们首先用 WBAMapSearchViewController 的 userLocation 属性来保存 MKUserLocation 信息。之后创建了 MKCoordinateSpan 和 MKCoordinateRegion，其中 coordinate region 表示地图中一块区域的大小，span 决定了该区域的可见范围的大小。经度和纬度的增幅单位使用 degree，1 个 degree 相当于 69 英里。具体实现中地图显示用户位置周边大约 20 英里的信息。

　　最后通过为取得 region 参数而创建的 MKCoordinateRegion 类来调用 MKMapView 的 setRegion:animated:方法，同时为 animated 参数传递参数 YES。随着 animated 参数被设为 YES，可以看到 MKMapView 将用户位置进行了放大。

　　注意：

　　iOS 模拟器可能会重新设置它的 debug location setting 为 None。如果开发者在模拟器中运行应用程序没有定位成功，可以检查一下 location debug setting 是否设为 Apple。

9.1.2　更改地图类型

　　如果你用过苹果公司的 Map 应用程序，可能会注意到应用程序中提供了三种不同的视图类型。地图可以以传统模式显示既带有标识的道路、高速公路和城市及小镇等，也可以使用一种完全由卫星图片而组成的卫星视图方式，还有一种卫星方式和传统方式相结合的混合显示方式。有些用户可能比较喜欢混合方式来查找唱片店，所以在 Bands app 中我们将提供几种选择来让用户可以改变地图的显示方式。

试试看 显示卫星和混合地图类型

(1) 在 Project Navigator 中选择 WBAMapSearchViewController.h 文件。

(2) 添加一个名为 WBAMapViewActionButtonIndex 的枚举结构体，代码如下：

```
typedef enum {
    WBAMapViewActionButtonIndexMapType,
    WBAMapViewActionButtonIndexSatelliteType,
    WBAMapViewActionButtonIndexHybridType,
} WBAMapViewActionButtonIndex;
```

(3) 声明对 UIActionSheetDelegate 的实现，代码如下：

```
@interface WBAMapSearchViewController : UIViewController <MKMapViewDelegate,
UIActionSheetDelegate>
```

(4) 添加如下 IBAction：

```
- (IBAction)actionButtonTouched:(id)sender;
```

(5) 在 Project Navigator 中选择 Main.storyboard。

(6) 从 Object library 中将一个新的 Bar Button Item 拖曳到 Map View 场景中 UINavigation-Item 的右侧。

(7) 选择 UIBarButtonItem 并在 Attributes Inspector 中设置 Identifier 为 Action。

(8) 建立 UIBarButtonItem 到 WBAMapSearchViewController 中 actionButtonTouched:方法的关联。

(9) 在 Project Navigator 中选择 WBAMapSearchViewController.m 文件。

(10) 将 actionButtonTouched:方法添加到实现部分，代码如下：

```
{
    UIActionSheet *actionSheet = [[UIActionSheet alloc] initWithTitle:nil
delegate:self cancelButtonTitle:@"Cancel" destructiveButtonTitle:nil
otherButtonTitles:@"Map View", @"Satellite View", @"Hybrid View", nil];
    [actionSheet showInView:self.view];
}
```

(11) 添加 actionSheet:clickedButtonAtIndex:方法，代码如下：

```
- (void)actionSheet:(UIActionSheet *)actionSheet
    clickedButtonAtIndex:(NSInteger)buttonIndex
{
    if(buttonIndex == WBAMapViewActionButtonIndexMapType)
    {
        self.mapView.mapType = MKMapTypeStandard;
    }
    else if (buttonIndex == WBAMapViewActionButtonIndexSatelliteType)
    {
        self.mapView.mapType = MKMapTypeSatellite;
```

```
    }
    else if (buttonIndex == WBAMapViewActionButtonIndexHybridType)
    {
        self.mapView.mapType = MKMapTypeHybrid;
    }
}
```

(12) 选择 iPhone 4-inch 模拟器运行应用程序,我们可以对 Map View 切换普通地图、卫星地图和混合地图等三种显示方式,如图 9-3 所示。

图 9-3

示例说明

我们首先声明 WBAMapSearchViewController 实现了 UIActionSheetDelegate 协议,同时添加了一个名为 actionButtonTouched:的 IBAction 方法。在 Storyboard 中我们在 Map View 场景中的 UINavigationItem 上添加了一个新的 UIBarButtonItem,设置它的 identity 为 Action,并建立它到 actionButtonTouched:方法的关联。

在 WBAMapSearchViewController 中我们添加了一个新的枚举结构体 WBAMapViewActionButtonIndex,其包含 3 个成员,分别是 WBAMapViewActionButtonIndexMapType、WBAMapViewActionButtonSatelliteType 和 WBAMapView-ActionButtonHybridType。之后我们实现了 actionButtonTouched:方法,用于显示带有 3 种地图类型选项的 UIActionSheet 视图,这三个选项的显示顺序和 WBAMapViewActionButtonIndex 枚举中一样。最后我们实现了 actionSheet:clickedButton-AtIndex:方法,该方法通过上面三种类型常量对 MKMapView 中 mapType 属性进行赋值。MKMapTypeStandard 显示普通地图,MKMapTypeSatellite 显示卫星地图,MKMapType-Hybrid 显示带有路名和城市标注的混合视图。

9.2 实现本地搜索功能

现在我们已经在应用程序中添加了一个 MKMapView 并成功显示了用户的位置信息,接下来可以添加具体的代码实际搜索周边的唱片店了。搜索已经通过最初创建的 MKLocalSearchRequest 实现了。这个类有两个属性,naturalLanguageQuery 属性为一组表示查找目的地的字符串,region 属性为设置需要查找的地图范围。由于 Bands app 查找的内容就是简单的 Record Store,因此 region 会被设置为搜索发生时地图的范围。

为向 Apple 发送请求,首先使用 MKLocalSearchRequest 对象来初始化一个 MKLocal-Search 类的实例,具体实现过程见下面的"试试看"环节。

| 试试看 | 向 Apple 发送一个本地搜索请求 |

(1) 在 Project Navigator 中选择 WBAMapSearchViewController.h 文件。

(2) 在 interface 部分进行声明，代码如下：

```
- (void)searchForRecordStores;
```

(3) 修改 mapView:didUpdateUserLocation:方法，代码如下：

```
- (void)mapView:(MKMapView *)mapView
didUpdateUserLocation:(MKUserLocation *)userLocation
{
    self.userLocation = userLocation;

    MKCoordinateSpan coordinateSpan;
    coordinateSpan.latitudeDelta = 0.3f;
    coordinateSpan.longitudeDelta = 0.3f;

    MKCoordinateRegion regionToShow;
    regionToShow.center = userLocation.coordinate;
    regionToShow.span = coordinateSpan;

    [self.mapView setRegion:regionToShow animated:YES];
    [self searchForRecordStores];
}
```

(4) 将 searchForRecordStores 方法添加到实现部分，代码如下：

```
- (void)searchForRecordStores
{
    if(!self.userLocation)
       return;

    MKLocalSearchRequest *localSearchRequest = [[MKLocalSearchRequest alloc] init];
    localSearchRequest.naturalLanguageQuery = @"Record Store";
    localSearchRequest.region = self.mapView.region;

    MKLocalSearch *localSearch = [[MKLocalSearch alloc]
initWithRequest: localSearchRequest];

    [localSearch startWithCompletionHandler:nil];
}
```

示例说明

首先在 WBAMapSearchViewController 的 interface 部分声明了 searchForRecordStores 方法。在 WBAMapSearchViewController 的实现部分修改了 mapView:didUpdateUserLocation:方法，在用户定位成功后它会调用 searchForRecordStores 方法。

searchForRecordStores 方法就是实际进行搜索操作的地方，应用程序首先确保

WBAMapSearchViewController 的 userLocation 属性已经设置好了。如果没有设置好，则 MKMapView 很有可能显示整个美国区域。用户可以在全美国进行搜索，但是这显然意义不大。

如果 userLocation 属性已经设置好了，加之用于确定用户位置周边显示范围的 MKMapView 的 region 属性也已被设置。之后初始化 MKLocalSearchRequest 类的实例，设置它的 naturalLanguageQuery 属性值为 Record Store，且它的 region 属性值为 MKMapView 的 region 属性值。这就设置好了搜索动作为在 MKMapView 可视范围内的区域中搜索唱片店。接下来使用 MKLocalSearchRequest 对象来初始化 MKLocalSearch 类的实例。最后调用 MKLocalSearch 类的 startWithCompletionHandler:方法，并令其参数为 nil，来向 Apple 发送该请求。

和我们编写的大部分代码不同，MKLocalSearch 类没有相应的委托协议，取而代之的是使用通过 startWithCompletionHandler:方法传递进来的 Block 来实现。

我们对 Block 可能在第 2 章中还有印象，是一种将一段代码作为参数传递给指定方法的形式，方法在实现过程中可以在合适的时机运行其中的这组代码。在 local search 的实现中定义了一个 inline block，即对于 startwithCompletionHandler:方法的 completion handler。当搜索完成及结果成功返回时，该 block 就会执行。下面的"试试看"环节将说明这一过程。

试试看　使用 Inline Block 实现 Completion Handler

(1) 在 Project Navigator 中选择 WBAMapSearchViewController.m 文件。

(2) 修改 searchForRecordStores 方法中对 startWithCompletionHandler:的调用，代码如下：

```
[localSearch startWithCompletionHandler:
^(MKLocalSearchResponse *response, NSError *error)
{
    if(error)
    {
        NSLog(@"An error occured while performing the local search");
    }
    else
    {
        NSLog(@"The local search found %d record stores", [response.mapItems count]);
    }
}];
```

(3) 选择 iPhone 4-inch 模拟器运行应用程序，可以看到本地搜索的结果信息在 Xcode debugger console 中输出了。

示例说明

startWithCompletionHandler:方法只有一个参数，就是一个 inline block。我们声明 block 的开始位置使用"^"符号。这个 block 有两个参数，第一个是名为 response 的

MKLocalSearchResponse 对象，第二个为名为 error 的 NSError 对象。可以将 inline block 视为一个方法，当搜索结束后该方法就会被调用。和声明一个独立的方法并在文件的其他地方添加它的实现不同，这里定义了一个内联的实现，该实现的参数为 MKLocal-SearchResponse 和 NSError。在"试试看"中应用程序首先检查 NSError 参数是否被设置，如果被设置了，则搜索结果返回 error；如果搜索成功，则 NSError 的值应该为 nil，同时 response 参数的 mapItems 属性中应该保存搜索结果。应用程序将 mapItems 的 count 输出到控制台。

completion handlers 和线程

MKLocalSearch completion handler 可以将低级别的网络代码(即那些实际向苹果公司发送的请求)进行隐藏并得到结果，然而低级别的网络连接可能并不会在主线程上运行。

线程是一种应用程序结构，它可以支持在同一时间并发处理多个执行路径。应用程序的主线程始终用来处理用户界面操作。当应用程序需要执行一个花点时间才能完成的方法时，比如本节案例中的网络调用功能，最好在后台线程中调用该方法以避免该方法的运行导致用户界面的卡顿。如果用户界面中任务的结果需要更新，该更新的执行一定要在主线程中完成。

使用 completion handlers 时，开发者需要知晓代码将不会在主线程中执行，除非一些苹果开发文档中规定的特殊情况。MKLocalSearch 类的 startSearchWithCompletionHandler: 方法对应的文档可在如下地址中查看：http://developer.apple.com/library/ios/documentation/MapKit/Reference/MKLocalSearch/Reference/Reference.html，还要记得这句话"提供的 completion handlers 一直在你应用程序的主线程中执行"。这一点很重要，因为开发者不需要添加自己的代码来确定 completion handlers 是否在主线程中被调用。

现在 Bands app 可以实现本地搜索并在 inline block 中返回结果了，下一步就是在 MKMapView 中显示周边的唱片店了。实际返回的搜索结果是 MKMapItem 的形式，该对象保存着每个找到的唱片店的数据，包括它们的名称和 URL 地址，如果有电话的话还包括电话号码等。将这些信息显示在地图上，我们需要创建一个类来实现 MKAnnotation 协议。对 Bands app 使用 MKPointAnnotation，如下面的"试试看"环节所示。

试试看　实现本地搜索

(1) 在 Project Navigator 中选择 WBAMapSearchViewController.h 文件。

(2) 添加如下代码到 interface 部分：

```
@property (nonatomic, strong) NSMutableArray *searchResultMapItems;
```

(3) 在 Project Navigator 中选择 WBAMapSearchViewController.m 文件。

(4) 修改 viewDidLoad 方法，代码如下：

```
- (void)viewDidLoad
```

```
{
    [super viewDidLoad];
    self.searchResultMapItems = [NSMutableArray array];
}
```

(5) 修改实现部分的 searchForRecordStores 方法，代码如下：

```
- (void)searchForRecordStores
{
    if(!self.userLocation)
        return;

    MKLocalSearchRequest *localSearchRequest = [[MKLocalSearchRequest alloc] init];
    localSearchRequest.naturalLanguageQuery = @"Record Store";
    localSearchRequest.region = self.mapView.region;

    MKLocalSearch *localSearch = [[MKLocalSearch alloc]
initWithRequest: localSearchRequest];

    [UIApplication sharedApplication].networkActivityIndicatorVisible = YES;

    [localSearch startWithCompletionHandler:
    ^(MKLocalSearchResponse *response, NSError *error)
    {
        [UIApplication sharedApplication].networkActivityIndicatorVisible = NO;

        if (error != nil)
        {
            UIAlertView *mapErrorAlert = [[UIAlertView alloc]
initWithTitle:@"Error" message:[error localizedDescription] delegate:nil
cancelButtonTitle:@"OK" otherButtonTitles:nil];

            [mapErrorAlert show];
        }
        else
        {
            NSMutableArray *searchAnnotations = [NSMutableArray array];
            for(MKMapItem *mapItem in response.mapItems)
            {
                if(![self.searchResultMapItems containsObject:mapItem])
                {
                    [self.searchResultMapItems addObject:mapItem];

                    MKPointAnnotation *point = [[MKPointAnnotation alloc] init];
                    point.coordinate = mapItem.placemark.coordinate;
                    point.title = mapItem.name;

                    [searchAnnotations addObject:point];
                }
            }
            [self.mapView addAnnotations:searchAnnotations];
```

```
        }
    }];
}
```

(6) 选择 iPhone 4-inch 模拟器运行应用程序。当选择 Find Record Store 时，可以看到由大头针图标表示的唱片店的搜索结果，如图 9-4 所示。

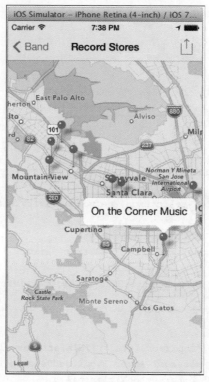

图 9-4

示例说明

为了跟踪被找到的唱片店的结果并能将其添加到 MKMapView 中，首先在 WBAMapSearchViewController 接口协议中声明了一个名为 searchResultMapItems 的 NSMutableArray 属性，并在 viewDidLoad 方法中对其初始化。之所以要在 viewDidLoad 中对其初始化而不在 viewDidAppear:animated:中进行是为了确保其只被初始化一次。因为 viewDidAppear:animated:方法在每次 WBAWebSearchViewController 变为可见时都会被调用一次。这一步的处理在本章"使用 Annotation 进行交互"小节中会比较重要。

之后修改了 searchForRecordStore 方法。在开始本地搜索前首先设置了 Network Activity Indicator 处于可见状态，使用了 sharedApplication 和 networkActivityIndicatorVisible 属性对其进行了设置。这一点很重要，因为该搜索是基于网络连接的搜索。之后在 completion handler 中隐藏了 Network Activity Indicator，因为一旦搜索完成时它又会被激活了。接下来，代码要查看 error 参数，目的在于当搜索中出现错误时能够对应到原因。这时应用程序使用 UIAlertView 告诉用户在搜索中出现了什么问题，这里使用了 NSError 类的 localizeDescription

属性。

如果没有错误，我们就创建一个 NSMutableArray 来保存所有将要添加到 MKMapView 中新唱片店的位置信息，之后使用 for-loop 的方式来访问它的 response 参数中 mapItem 属性所返回的每个 MKMapItem 对象，检查 MKMapItem 是否已经存在于 searchResultMapItems 中，这会告诉开发者搜索结果是否已经添加到 MKMapView 中。如果没有的话，要将该 MKMapItem 添加到 searchResultMapItems 中。

为了在 MKMapView 中显示这些唱片店需要一个实现了 MKAnnotation 协议的类。MKMapItem 类有一个名为 placemark 的 MKPlacemark 属性实现了 MKAnnotation 协议。可以添加 MKPlacemark 到 MKMapView 中，它将以大头针的方式在地图上显示搜索到的结果，当用户单击该标注时会弹出带有 title 的标注。但是，这个 title 信息是只读的，并设置成了唱片店的街道地址，其实唱片店的名称才是更重要的，所以需要创建一个 MKPointAnnotation 来替代它。

MKPointAnnotation 也实现了 MKAnnotation 协议并同样以大头针的方式显示，但是它的 title 属性不是只读的。我们通过 MKPlacemark 的 coordinate 值来设置该对象的 coordinate 属性。通过 MKMapItem 的 name 属性来设置它的 title 的内容，该内容为唱片店的实际名称，现在当用户单击大头针时弹出的标注信息将显示唱片店的实际名称。最后使用 addAnnotations:方法将所有新的 MKPointAnnotations 添加到 MKMapView 中。

当应用程序的代码已经编写完成后，只有在用户位置发生改变时本地搜索才会执行。如果用户的物理位置发生移动，就会看到有新的结果载入。如果用户位置保持不动但移动屏幕上的地图时，搜索不会被再次触发，也就不会有新的结果展示。为了解决这个问题，需要实现 mapView:regionDidChangeAnimated 委托，在下面的"试试看"环节中就可以看到具体的方法。

试试看　在移动地图后更新搜索结果

(1) 在 Project Navigator 中选择 WBAMapSearchViewController.m 文件。

(2) 添加 mapView:regionDidChangeAnimated 方法到实现部分，代码如下：

```
- (void)mapView:(MKMapView *)mapView regionDidChangeAnimated:(BOOL)animated
{
    [self searchForRecordStores];
}
```

(3) 修改 mapView:didUpdateUserLocation 方法，代码如下：

```
- (void)mapView:(MKMapView *)mapView
didUpdateUserLocation:(MKUserLocation *)userLocation
{
    self.userLocation = userLocation;

    MKCoordinateSpan coordinateSpan;
```

```
        coordinateSpan.latitudeDelta = 0.3f;
        coordinateSpan.longitudeDelta = 0.3f;

        MKCoordinateRegion regionToShow;
        regionToShow.center = userLocation.coordinate;
        regionToShow.span = coordinateSpan;

        [self.mapView setRegion:regionToShow animated:YES];
        //[self searchForRecordStores];
}
```

(4) 选择 iPhone 4-inch 模拟器运行应用程序，当用户移动地图或者放大缩小时可以看到新的代表唱片店的大头针出现在地图上。

示例说明

首先实现了 MKMapViewDelegate 协议的 mapView:regionDidChangeAnimated:委托方法。当用户移动 MKMapView 或放大缩小地图时就会调用该方法。之后实现代码只需要调用 searchForRecordStore 方法，该方法在新的 MKMapView 的 region 区域内再进行一次本地搜索。接下来修改 mapView:didUpdateUserLocation:方法使得应用程序不再调用 searchForRecordStores 方法。之后实现应用程序在 MKMapView 中调用 setRegion:animated: 方法，该方法触发 mapView:regionDidChangeAnimated:委托方法。如果没有移除对 searchFor-RecordStores 方法的调用，则本地搜索将执行两次。

9.2.1 动态标注

在代码中添加一些动画效果可以很好地为应用程序润色，也可以很好地提升用户界面的美观度及用户体验。就拿我们常见的地图上的大头针标注来说吧，最常见的动画效果就是一个大头针从屏幕上落下来，这比单纯地仅在位置上显示标注要好得多，目前 Bands app 就是采用后一种方式。为了让大头针动起来，需要改变将其添加到 MKMapView 上的方式。

本章前面介绍过，每个地图上的位置信息都由一个实现了 MKAnnotation 协议的类所表示。不论是用于显示用户位置信息的 MKUserLocation 对象还是创建的用于显示唱片店的搜索结果的 MKPointAnnotation 对象都实现了该协议。

这些标注在 MKMapView 上形象化的表示都是使用 MKAnnotationView 类实现的。在这一点上 MKMapView 已经在用户位置及唱片店位置的显示上使用了默认的 MKAnnotationView。默认的 MKAnnotationView 用于显示 MKUserLocation 的标注是一个跳动的圆点，这个 MKAnnotationView 是私有的，所以开发者不可以使用。MKPointAnnotation 默认的 MKAnnotationView 是一个 MKPinAnnotationView，该标注开发者是可以使用并编辑的。

MKPinAnnotationView 有一个名为 animatesDrop 的属性，当设置其为 true 时就会显示掉落的动画，MKPinAnnotationView 默认的设置是false。为了设置 animatesDrop 属性，需要为 MKMapView 创建并提供我们自己的 MKPinAnnotationView 类用于展示。我们使用

MKMapViewDelegate 协议的 mapView:viewForAnnotation:方法来实现。

　　当任何标注在 MKMapView 中被展示前，都会调用其委托的 mapView:view-ForAnnotation:方法。如果没有实现这个方法或者其返回值为 nil，则 MKMapView 为标注使用默认的 MKAnnotationView。这一点对 MKUserLocation 标注很重要，因为我们仍然希望使用默认的跳动圆点来表示用户当前位置。对于用于显示唱片店位置的 MKPointAnnotation，我们希望使用自己的 MKPinAnnotationView，其中 animatesDrop 属性被设置为 true。

　　对子视图的创建、添加及删除操作非常耗费资源，并且会导致用户在移动 MKMapView 时动画效果显示不稳定。为了解决这一问题，MKMapView 试图对已经创建过及添加到 MKMapView 中的不会再用到的 MKAnnotation 进行重用，这种方法就和之前在第 5 章中所学到的 UITableViewCells 类似。在创建一个新的 MKPinAnnotationView 前，首先使用重用标识符来使一个对象出列，直到队列中已经没有可用的对象时再创建一个新的对象。

　　这种方式听起来可能比较复杂，但是通过代码实现起来还是相当简洁的，就像你在下面的"试试看"环节中将看到的那样。

试试看　添加大头针坠落动画

(1) 在 Project Navigator 中选择 WBAMapSearchViewController.m 文件。

(2) 添加 mapView:viewForAnnotation:方法到实现部分，代码如下：

```
- (MKAnnotationView *)mapView:(MKMapView *)mapView
viewForAnnotation:(id<MKAnnotation>)annotation
{
    if(annotation == self.userLocationAnnotation)
        return nil;

    MKPinAnnotationView *pinAnnotationView = (MKPinAnnotationView *)
[mapView dequeueReusableAnnotationViewWithIdentifier: @"pinAnnotiationView"];
    if (pinAnnotationView)
    {
        pinAnnotationView.annotation = annotation;
    }
    else
    {
        pinAnnotationView = [[MKPinAnnotationView alloc]
initWithAnnotation:annotation reuseIdentifier: @"pinAnnotiationView"];
        pinAnnotationView.canShowCallout = YES;
        pinAnnotationView.animatesDrop = YES;
    }

    return pinAnnotationView;
}
```

(3) 选择 iPhone 4-inch 模拟器运行应用程序，当得到应用程序返回的位置结果时，对应的大头针将以动画的方式坠落在地图上。

示例说明

当 mapView:viewForAnnotation: 方法被调用时首先查看传进来的标注是否为 MKUserLocation 标注。如果是 MKUserLocation 标注，则返回 nil，这会告知 MKMapView 使用默认的跳动圆点进行标注。

如果不是 MKUserLocation 标注，则可以认为该标注为对唱片店位置信息的 MKPoint-Annotation 标注，并需要一个 MKPinAnnotationView。在创建一个新的 MKPinAnnotationView 之前，尝试通过调用 dequeueReusableAnnotationViewWithIdentifier: 方法来重用一个对象。如果有一个 MKPinAnnotationView 可用，则只需要将它和 MKPointAnnotation 相关联，通过使用传递到 mapView:viewForAnnotation 方法中的 annotation 参数来设置它的 annotation 属性。当 MKPinAnnotationView 被创建好之后，其他的属性将保留原来的设置。

如果没有发现可复用的 MKPinAnnotationView，就使用 initWithAnnotation:reuseIdentifier 方法初始化一个新的。之后设置 canShowCallout 属性为 YES，这样在用户单击大头针时弹出的标注框中就会显示唱片店的名称了。我们还设置了 animatesDrop 属性值为 YES，目的是让其具有坠落的动画效果。最后在 MKMapView 上返回 MKPinAnnotationView 对象进行展示。

9.2.2 和标注进行互动

由本地搜索返回的结果中有一个属性是唱片店的 URL，当然前提是如果该唱片店有 URL 的话。在之前的章节中我们学习了如何展示网页，所以为了让唱片店的搜索结果更丰富，我们还可以为找到的唱片店添加显示其网页的功能。

当 MKPinAnnotation 的标注框显示时，我们可以在其左边和右边添加附属视图。通过实现 MKMapKitDelegate 协议的 mapView:annotationView:calloutAccessoryControlTapped: 方法可以知道用户什么时候单击了该附属视图。在 Bands app 中，如果唱片店的搜索结果包含一个 URL，我们就在标注框左侧添加一个 info 按钮。当用户单击这个按钮时，应用程序跳转到 WBAWebViewController 视图并展示该唱片店的网页。

试试看 展示本地搜索结果的网页

(1) 在 Project Navigator 中选择 Main.storyboard。

(2) 选择 Map Search 场景，添加一个新的手动 push segue 到 Web View 场景，如图 9-5 所示。

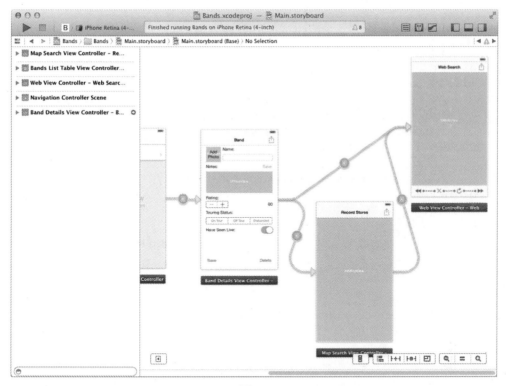

图 9-5

(3) 选择新的 segue 并且在 Attributes Inspector 中设置它的 identifier 为 recordStore-
WebSearchSegue。

(4) 在 Project Navigator 中选择 WBAWebViewController.h 文件，并添加如下属性到
interface 部分：

```
@property (nonatomic, strong) NSString *recordStoreUrlString;
```

(5) 在 Project Navigator 中选择 WBAWebViewController.m 文件，并修改 viewDidAppear:
方法，代码如下：

```
- (void)viewDidAppear:(BOOL)animated
{
    [super viewDidAppear:animated];

    if(self.bandName)
    {
        NSString *urlEncodedBandName = (NSString *)
CFBridgingRelease(CFURLCreateStringByAddingPercentEscapes(NULL,
(CFStringRef)self.bandName, NULL, (CFStringRef)@"!*'();:@&=+$,/?%#[]",
kCFStringEncodingUTF8 ));
        NSString *yahooSearchString = [NSString
stringWithFormat:@"http://search.yahoo.com/search?p=%@", urlEncodedBandName];
        NSURL *yahooSearchUrl = [NSURL URLWithString:yahooSearchString];
        NSURLRequest *yahooSearchUrlRequest =
```

```
[NSURLRequest requestWithURL:yahooSearchUrl];

        [self.webView loadRequest:yahooSearchUrlRequest];
    }
    else if (self.recordStoreUrlString)
    {
      NSURL *recordStoreUrl = [NSURL URLWithString:self.recordStoreUrlString];
        NSURLRequest *recordStoreUrlRequest =
[NSURLRequest requestWithURL:recordStoreUrl];

        [self.webView loadRequest:recordStoreUrlRequest];
    }
}
```

(6) 从 Project Navigator 中选择 WBAMapSearchViewController.m 文件。

(7) 对 searchForRecordStores 方法中的 startWithCompletionHandler:修改内嵌 block，代码如下：

```
[localSearch startWithCompletionHandler:^(MKLocalSearchResponse *response,
  NSError *error)
    {
        [UIApplication sharedApplication].networkActivityIndicatorVisible = NO;

        if (error != nil)
        {
            UIAlertView *mapErrorAlert = [[UIAlertView alloc]
    initWithTitle:@"Error" message:[error localizedDescription]
delegate:nil cancelButtonTitle:@"OK" otherButtonTitles:nil];
            [mapErrorAlert show];
        }
        else
        {
            NSMutableArray *searchAnnotations = [NSMutableArray array];
            for(MKMapItem *mapItem in response.mapItems)
            {
                if(![self.searchResultMapItems containsObject:mapItem])
                {
                    [self.searchResultMapItems addObject:mapItem];

                    MKPointAnnotation *point = [[MKPointAnnotation alloc] init];
                    point.coordinate = mapItem.placemark.coordinate;
                    point.title = mapItem.name;

                    if(mapItem.url)
                    {
                        point.subtitle = mapItem.url.absoluteString;
                    }

                    [searchAnnotations addObject:point];
                }
```

```
        }
        [self.mapView addAnnotations:searchAnnotations];
     }
  }];
```

(8) 修改 mapView:viewForAnnotation:方法，代码如下：

```
- (MKAnnotationView *)mapView:(MKMapView *)mapView
viewForAnnotation:(id<MKAnnotation>)annotation
{
   if(annotation == self.userLocationAnnotation)
      return nil;

   MKPinAnnotationView *pinAnnotationView = (MKPinAnnotationView *)
[mapView dequeueReusableAnnotationViewWithIdentifier: @"pinAnnotiationView"];
   if (pinAnnotationView)
   {
      pinAnnotationView.annotation = annotation;
   }
   else
   {
      pinAnnotationView = [[MKPinAnnotationView alloc]
initWithAnnotation:annotation reuseIdentifier: @"pinAnnotiationView"];
      pinAnnotationView.canShowCallout = YES;
      pinAnnotationView.animatesDrop = YES;
   }

   if(((MKPointAnnotation *)annotation).subtitle)
   {
      pinAnnotationView.leftCalloutAccessoryView =
[UIButton buttonWithType:UIButtonTypeDetailDisclosure];
   }
   else
   {
      pinAnnotationView.leftCalloutAccessoryView = nil;
   }

   return pinAnnotationView;
}
```

(9) 在 MKMapViewDelegate 中添加 mapView:annotationView:calloutAccessoryControl-Tapped:方法，代码如下：

```
- (void)mapView:(MKMapView *)mapView annotationView:(MKAnnotationView *)view
calloutAccessoryControlTapped:(UIControl *)control
{
   [self performSegueWithIdentifier:@"recordStoreWebSearchSegue" sender:view];
}
```

(10) 添加 prepareForSegue:sender:方法到实现部分，代码如下：

```
- (void)prepareForSegue:(UIStoryboardSegue *)segue sender:(id)sender
{
    MKAnnotationView *annotiationView = sender;
    MKPointAnnotation *pointAnnotation =
(MKPointAnnotation *)annotationView.annotation;
    WebViewController *webViewController =
(WebViewController *)segue.destinationViewController;
    webViewController.recordStoreUrlString = pointAnnotation.subtitle;
}
```

(11) 选择 iPhone 4-inch 模拟器运行应用程序，当本地搜索结果包含一个 URL 时，我们可以在标注框中看见该 URL 和一个 info 按钮，如图 9-6 所示。单击该 info 按钮就会在 Web Search 视图中载入 URL。

图 9-6

示例说明

首先添加一个新的由 Map Search 场景到 Web View 场景的手动 segue，并设置其标识符为 recordStore-WebSearchSegue。在 WBAWebViewController 的 interface 中声明一个新的 recordStoreUrlString 属性。之后在 WBAWebViewController 中的 viewDidAppear:animated: 方法中添加代码，通过 recordStoreUrlString 创建一个新的 NSURL 和 NSURLRequest，接下来让 webView 载入这个新的请求。

在 WBAMapSearchViewController 中，我们添加代码到 completion handler 来查看搜索返回的 MKMapItem 中是否有 URL。如果存在 URL，我们就用该 URL 值设置 MKPointAnnotation 的 subtitle 属性。

在 mapView:viewForAnnotation:方法中，我们首先检查标注的 subtitle 是否已经被设置过。如果已经设置过 subtitle，我们就创建一个新的 UIButton，按钮类型为 UIButtonTypeDetailDisclosure 并且设置 MKPinAnnotationView 的 leftCalloutAccesoryView 属性。如果没有设置过 subtitle，则需要设置 leftCalloutAccesoryView 为 nil，以防 MKPinAnnotationView 被重用。

之后实现了 mapView:annotationView:calloutAccessoryControlTapped:方法，该方法使用 recordStoreWebSearchSegue 的标识符调用 performSegueWithIdentifier:sender。最后添加了 prepareForSegue:sender 方法，该方法将 MKPinAnnotationView 作为它的 sender。MKPin-AnnotationView 的 subtitle 属性设置为唱片店的 URL，之后用其设置 WBAWebViewController 的 recordStoreUrlString 值。

9.3　小结

本地搜索是一个非常强大的功能，可以很好地应用于很多应用程序中。虽然基于本地的搜索通常需要用到你自己的后台服务并且使用低级别网络的代码，但是新版本的 iOS SDK 让这些搜索变得更加简单。使用 Apple Maps 可以显示用户周边和你的应用程序有关的兴趣点。在 Bands app 中，用户现在可以在不离开应用程序的前提下搜索当前位置周边的唱片店信息，并且可以浏览每个店的网页。

练 习

(1) 在应用程序中使用 MKMapView 需要用到什么框架？

(2) 在一个 iOS 设备中获取当前位置需要用到什么框架？

(3) 当用户的位置确定后，会调用 MKMapViewDelegate 协议的哪个委托方法？

(4) 哪两个类用于实现本地搜索？

(5) 在本地搜索时返回的对象是什么类型？

(6) 什么符号用来表示 block 的开始？

(7) 在 MKMapView 中显示大头针需要使用 MKAnnotation 的哪个子类实现？

(8) 需要设置 MKPinAnnotationView 的哪个属性可以让大头针以动画的方式落在 MKMapView 上？

本章知识点

标　题	关 键 概 念
Map Kit	MapKit.framework 框架是 iOS 应用程序通过 MKMapView 展示地图界面的关键框架。开发者使用该框架和 CoreLocation.framework 框架一起实现获取一台 iOS 设备当前位置的功能
Local Search	iOS SDK 在实现给定区域内搜索位置信息功能方面包含两个类。MKLocalSearchRequest 类用于构造请求，MKLocalSearch 类用于将请求发送给 Apple
Completion Handlers	向 iOS SDK 中加入一些比较新的类会用到 completion handlers 而不是委托或者协议的方式。Completion handlers 是一个 inline block 代码段，其将一段代码像参数一样传递给指定方法。当方法完成时，将会调用这段代码。开发者用它实现处理本地搜索返回结果的操作
Map Annotations	在地图 MKMapView 上标注位置信息我们使用了 MKAnnotation 类的实例。MKPointAnnotation 是最常用的一种标注，它在 MKMapView 上显示一个大头针。当用户单击这个大头针时还会显示一个带有更多信息的标注框

第 **10** 章

开始学习 Web Service

本章主要内容:

- 进行简单的网络调用
- 解析基于 JSON 的 Web 服务响应
- 使用媒体播放器从一个 URL 获得流媒体文件
- 在应用程序中打开 iTunes

本章代码下载说明

本章代码可以从 www.wrox.com/go/begiosprogramming 的 Download Code 选项卡中下载。本章代码在 "chapter 10" 下载链接中, 根据代码名称即可找到相应的代码。

自 1999 年, Web 2.0 的概念被提出并用于描述新创建的网站和服务。网站在以前都是静态的, 如果想要改变网站的内容, 必须先将新的文件上传到服务器上。Web 2.0 的网站用后端数据的动态内容来更新网站内容, 而不需要上传新的文件到服务器。博客就是一个简单的例子, 而像 Facebook 和 Twitters 这样的网站则是更复杂的例子。用户甚至都不用重新加载这个页面就可以看到网站的新内容。这些网站通常使用了名为 Hyper Text Transfer Protocol(超文本传输协议)的 API 调用集合, 也就是著名的 HTTP 协议来获取新的内容。这些 API 调用集合就被称作 Web Service。

移动应用程序已经变成这些 Web 2.0 网站的延伸。使用同样的 API 集合, 移动应用程序不需要每次通过创建新应用程序及发布的方式来更新它的内容, 取而代之的是只需要连接到这些 Web Service 来获得新数据即可。这样开发者就可以在其应用程序中加入大量的新数据。

本章我们会通过 iTunes Search Web Service 为 Bands app 添加 Search for Tracks 功能。

10.1 学习 Web Service

Web Service 可以让两台计算机通过网络来交换数据，特别是通过 HTTP 协议。早期的网络服务通过文件协议进行数据交换。其中一种早期的 Web Service 协议是由微软研发的 Simple Object Access Protocol(SOAP，简单对象访问协议)。SOAP 使用 Extensible Markup Language(XML 可扩展标记语言)来创建可以通过 HTTP 发送的信息。由于它和开发工具集成得比较好，所以它成为那些使用微软开发工具的开发者用于软件开发的非常流行的一个选择。那些不用微软开发工具的开发者就会觉得开发工作很复杂和困难。为了解决这一问题，开发者开始创建一种新的 REST 网络服务。

REST 的意思是 Representational State Transfer，它是一种设计模式。不同于创建一种新的协议，REST Web Service 是基于 HTTP 协议的范畴而建立的。由于 REST 是一种设计模式而不是一种协议，因此 REST Web Service 的实现非常多样化，但基本的概念都是类似的。在 REST Web Service 中，URL 地址被用来联结四种主要的 HTTP 动作来实现基本任务。GET 动作用来从服务中请求和获取数据，DELETE 动作用来删除数据。PUT 和 POST 都用来发送数据到一个网络服务，PUT 用来更新数据，POST 用来创造新数据。

10.1.1 探索 iTunes Search API

iTunes Search API(www.apple.com/itunes/affiliates/resources/documentation/itunes-store-web-service-search-api.html)是一个不用输入用户名和密码的 REST API，这使其成为一个学习 Web Service 的非常强大的工具。开发者可以使用这个服务去 iTunes 中搜索音乐、视频、书籍甚至其他应用程序。在 Bands app 中，用其实现搜索乐队歌曲的功能。

这个搜索用到了格式化了的 URL 和 HTTP 的 GET 动作来请求数据。下面是 URL 的基本构造：

```
https://itunes.apple.com/search
```

开发者可以在这个 URL 结尾添加查询参数，就像在第 8 章中使用 Yahoo 搜索时所做的一样。在 Bands app 中我们只希望通过作者来搜索歌曲。表 10-1 介绍了建立搜索请求可以用到的参数和值。

表 10-1 iTunes 搜索参数

参　　数	值	描　　述
media	music	告诉服务器只搜索音乐
entity	musicTrack	告诉服务器只搜索音乐歌曲而非音乐唱片
term	(band name)	需要搜索的乐队名称

用这些参数和 Rush 乐队为例，搜索 URL 如下所示。

https://itunes.apple.com/search?media=music&entity=musicTrack&attribute=artistTer
m&term=Rush

用台式机或者笔记本上的 Safari，可以在地址栏输入这个网址，看看它的显示结果将如图 10-1 所示。

图 10-1

10.1.2　讨论 JSON

iTunes Search API 的搜索结果通过 JavaScript Object Notation 返回，又称为 JSON。它最初被设计用来进行网络浏览器和服务器间的通信，现在已经成为 Web Service 中最流行的发送数据的方式。它是一种人可读的格式，用方括号和大括号表示数组和对象，用关键字指示相应键值，后面跟一个逗号再接数据。程序清单 10-1 展示了一个上面例子中通过 iTunes Search API 得到的 JSON 的一个子集。

程序清单 10-1：JSON 结果示例

```
{
    "resultCount":50,
```

```
    "results":
    [
      {
        "wrapperType":"track",
        "kind":"song",
        "artistId":50526,
        "collectionId":643419092,
        "trackId":643419201,
        "artistName":"Rush",
        "collectionName":"Moving Pictures (Remastered)",
        "trackName":"Tom Sawyer",
        "collectionCensoredName":"Moving Pictures (Remastered)",
        "trackCensoredName":"Tom Sawyer",
        "artistViewUrl":"https://itunes.apple.com/us/artist/rush/id50526?uo=4",
        "collectionViewUrl":"https://itunes.apple.com/us/album/
tom-sawyer/id643419092?i=643419201&uo=4",
        "trackViewUrl":"https://itunes.apple.com/us/album/
tom-sawyer/id643419092?i=643419201&uo=4",
        "previewUrl":"http://a1005.phobos.apple.com/us/r1000/061/Music2/
v4/4b/a1/aa/4ba1aa72-a6f5-4ac3-1b66-ca747aa490f8/
mzaf_4660742303953455851.aac.m4a",
        "artworkUrl30":"http://a2.mzstatic.com/us/r30/Music/
v4/17/ce/bc/17cebc97-e0cb-4774-8503-d7980e27f509/
UMG_cvrart_00602527893426_01_RGB72_1498x1498_12UMGIM19114.30x30-50.jpg",
        "artworkUrl60":"http://a1.mzstatic.com/us/r30/Music/
v4/17/ce/bc/17cebc97-e0cb-4774-8503-d7980e27f509/
UMG_cvrart_00602527893426_01_RGB72_1498x1498_12UMGIM19114.60x60-50.jpg",
        "artworkUrl100":"http://a3.mzstatic.com/us/r30/Music/
v4/17/ce/bc/17cebc97-e0cb-4774-8503-d7980e27f509/
UMG_cvrart_00602527893426_01_RGB72_1498x1498_12UMGIM19114.100x100-75.jpg",
        "collectionPrice":9.99,
        "trackPrice":1.29,
        "releaseDate":"2013-05-14T07:00:00Z",
        "collectionExplicitness":"notExplicit",
        "trackExplicitness":"notExplicit",
        "discCount":1,
        "discNumber":1,
        "trackCount":7,
        "trackNumber":1,
        "trackTimeMillis":276880,
        "country":"USA",
        "currency":"USD",
        "primaryGenreName":"Rock",
        "radioStationUrl":https://itunes.apple.com/us/station/idra.643419201
      }
    ]
  }
```

　　样例中的第一个数据域是 resultCount，它的值是 50。接下来是一个结果集的数组。在列表中只显示了一个，而在整个搜索结果数组中有 50 个对象。根据结果集中的媒体类型，

它本身就有超过 30 个域。对于 Bands app，我们可以搜索歌曲。表 10-2 中列出了 Bands app
中要用到的搜索结果。

表 10-2　iTunes 搜索结果值

Result Key	描　　述
collectionName	歌曲所属唱片或专辑的名称
tarckName	歌曲的名称
trackViewUrl	iTunes store 中歌曲的 URL
previewUrl	有苹果公司提供的歌曲的预览版 URL

10.1.3　添加搜索视图

为了开始 iTunes 搜索功能的开发，首先需要在 Bands app 中添加一个场景去完成这个
搜索和显示搜索结果。在这个场景中，我们使用了一个 UISearchBar 和 UITable 视图。
UISearchBar 在使用软键盘的操作上和 UITextField 类似，就如第 4 章中所介绍的那样。当
其成为第一响应者时将会显示键盘，并带有"Search"按钮。接下来使用 UISearchBarDelegate
协议来捕捉用户何时单击搜索按钮，如下面"试试看"环节所示。

试试看　　使用 Search Bar

(1) 从 Xcode 菜单选择 File | New | File，并创建一个 UITableViewController 的子类，将
其命名为 WBAiTunesSearchViewController。

(2) 从 Project Navigator 中选择 WBAiTunesSearchViewController.h 文件。

(3) 声明该类实现了 UISearchBarDelegate 协议，代码如下：

```
@interface WBAiTunesSearchViewController : UITableViewController
<UISearchBarDelegate>
```

(4) 为 UISearchBar 添加一个 IBOutlet，同时设置一个用于保存乐队名称的属性，代码
如下：

```
@property (nonatomic, assign) IBOutlet UISearchBar *searchBar;
@property (nonatomic, strong) NSString *bandName;
```

(5) 从 Project Navigator 中选择 WBAiTunesSearchViewController.m 文件，添加 viewWillAppear:
方法，代码如下：

```
- (void)viewWillAppear:(BOOL)animated
{
    [super viewWillAppear:animated];

    self.searchBar.text = self.bandName;
}
```

(6) 添加 UISearchBarDelegate 的 searchBarSearchButtonClicked:方法，代码如下。

```
- (void)searchBarSearchButtonClicked:(UISearchBar *)searchBar
{
    NSLog(@"Search Button Tapped");
}
```

(7) 从 Project Navigator 中选择 Main.storyboard。

(8) 从 Object Library 中拖曳一个新的 Table View Controller 到 Storyboard。

(9) 选择一个新的 Table View Controller，在 Identity Inspector 中将其类设置为 WBAiTunes-SearchViewController。这就完成了 iTunes Search 场景。

(10) 创建一个新的 push segue 从 Band Details 场景到 iTunes Search 场景，并在 Attributes Inspector 中将其 identity 设置为 iTunesSearchSegue。

(11) 在 iTunes Search 场景中选择 UINavigationItem， 设置它的标题为 iTunes Track Search。

(12) 从 Object 库中拖曳一个新的 Search Bar，将其加入到 iTunes Search 场景中的 UITableView 的最上面。通过在 Storyboard 继承树中查看，可以知道其是否为 UITableView 的子视图，如图 10-2 所示。

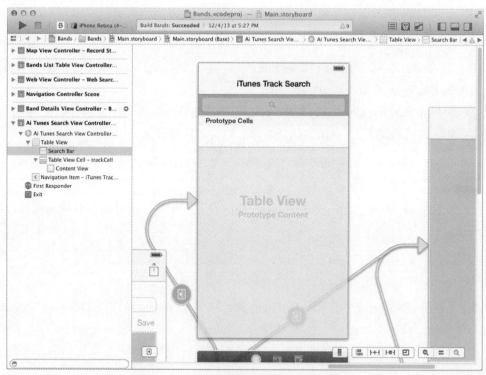

图 10-2

(13) 在 WBAiTunesSearchViewController 中建立 UISearchBar 到其 IBOutlet 的关联。

(14) 建立 UISearchBar 的委托到 WBAiTunesSearchViewController 的关联。

(15) 选 择 WBABandDetailsViewController.h 文件，用如下代码为 WBAActivity-
ButtonIndex 枚举类型添加一个新值。

```
typedef enum {
//    WBAActivityButtonIndexEmail,
//    WBAActivityButtonIndexMessage,
    WBAActivityButtonIndexShare,
    WBAActivityButtonIndexWebSearch,
    WBAActivityButtonIndexFindLocalRecordStores,
    WBAActivityButtonIndexSearchForTracks,
} WBAActivityButtonIndex;
```

(16) 从 Project Navigator 中选择 WBABandDetailsViewController.m 文件。

(17) 导入 WBAiTunesSearchViewController.h 头文件，代码如下：

```
#import "WBABandDetailsViewController.h"
#import <MessageUI/MFMailComposeViewController.h>
#import <MobileCoreServices/MobileCoreServices.h>
#import "WebViewController.h"
#import "WBAiTunesSearchViewController.h"
```

(18) 修改 activityButtonTouched:方法，代码如下：

```
- (IBAction)activityButtonTouched:(id)sender
{
    UIActionSheet *activityActionSheet = nil;

    activityActionSheet = [[UIActionSheet alloc] initWithTitle:nil
delegate:self cancelButtonTitle:@"Cancel" destructiveButtonTitle:nil
otherButtonTitles:@"Share", @"Search the Web", @"Find Local Record Stores",
@"Search iTunes for Tracks", nil];

    activityActionSheet.tag = WBAActionSheetTagActivity;
    [activityActionSheet showInView:self.view];
}
```

(19) 修改 actionSheet:clickedButtonAtIndex:方法，代码如下：

```
- (void)actionSheet:(UIActionSheet *)actionSheet
clickedButtonAtIndex:(NSInteger)buttonIndex
{
    if(actionSheet.tag == WBAActionSheetTagActivity)
    {
        if(buttonIndex == WBAActivityButtonIndexShare)
        {
            [self shareBandInfo];
        }
        else if (buttonIndex == WBAActivityButtonIndexWebSearch)
        {
            [self performSegueWithIdentifier:@"webViewSegue" sender:nil];
```

```
        }
        else if (buttonIndex == WBAActivityButtonIndexFindLocalRecordStores)
        {
            [self performSegueWithIdentifier:@"mapViewSegue" sender:nil];
        }
        else if (buttonIndex == WBAActivityButtonIndexSearchForTracks)
        {
            [self performSegueWithIdentifier:@"iTunesSearchSegue" sender:nil];
        }
    }

    // the rest of this method is available in the sample code
}
```

(20) 修改 prepareForSegue:sender:方法，代码如下：

```
-(void)prepareForSegue:(UIStoryboardSegue *)segue sender:(id)sender
{
    if([segue.destinationViewController class] == [WebViewController class])
    {
        WebViewController *webViewController = segue.destinationViewController;
        webViewController.bandName = self.bandObject.name;
    }
    else if ([segue.destinationViewController class] ==
[WBAiTunesSearchViewController class])
    {
        WBAiTunesSearchViewController *WBAiTunesSearchViewController =
segue.destinationViewController;
        WBAiTunesSearchViewController.bandName = self.bandObject.name;
    }
}
```

(21) 选择 iPhone 4-inch 模拟器运行应用程序。当在 activity 控件中选择 Search iTunes for Tracks 选项时，可以看到一个带有 UISearchBar 的 iTunes Search 场景，其中搜索栏已经显示需要查找乐队的名称，如图 10-3 所示。

示例说明

首先创建了一个新的 UITableViewController 的子类，名为 WBAiTunesSearchViewController。在其 interface 部分声明了其实现了 UISearchBarDelegate 协议并且向 UISearchBar 添加了一个 IBOutlet，同时添加了一个用于保存将要搜索的乐队名称的属性。在代码实现部分添加了 viewDidAppear:方法用来设置 UISearchBar 的 text 属性，其属性的值就是 bandName 的属性值。

图 10-3

在 Main.storyboard 中添加了一个新的 table view controller 并设置其类为新的 WBAiTunesSearchViewController。这就是现在的

iTunes Search 场景。由于其父类为 UITableViewController，所以 UITableView 的 delegate 和 dataSource 及 tableView 属性都会自动建立关联。

之后创建了手动 push segue 来建立由 Band Details 场景到 iTunes Search 场景的切换。随着 segue 的添加，iTunes Search 场景得到了一个 UINavigationItem，其标题被设置为 iTunes Track Search。之后添加了一个新的 UISearchBar 到场景中，确保其被正确添加到 UITableView 中。这使得 UISearchBar 在用户查看搜索结果时可以划出屏幕。最后建立了 UISearchBar 和其委托到 WBAiTunesSearchViewController 的关联。

在 WBABandDetailsViewController 的实现代码中，在 UIActionSheet 中又添加了一个选项，添加新选项的方法与在之前的章节中的操作一样。我们还更新了 prepareForSegue:scnder: 方法用来在 segue 执行前设置 WBAiTunesSearchViewController 的 bandName 属性。当选择这个新的选项时就会切换到新的 iTunes Search 场景。

10.2　NSURLSESSION 介绍

iOS SDK 有特别丰富的用于网络连接的类和协议。开发者可以控制缓存和授权中的任何事来处理数据，就像数据流流入那样。这对需要网络代码细节级别的应用程序是很方便的，但是如果开发者仅需要简单的网络调用，那这无疑是增加了其应用程序开发的复杂性。

为了简化这一流程，苹果公司在 iOS 7 中添加了 NSURLSession 类及其相关类和委托。通过这些类，开发者可以直接创建一些不同任务让系统进行处理和执行，而不用在低级操作中将其一一实现。

我们可以创建 3 个基本类型的任务。这些任务可以用 delegate 去获得反馈和数据，也可以使用 completion handlers，就像前面的章节我们所做的那样。

- **Data task**：Data task 用于简单地通过 http GET 调用将数据下载到内存中。
- **Download task**：Download task 与 Data task 类似，不同之处在于其数据是保存在本地磁盘的文件上。
- **Upload task**：Upload task 用于上传磁盘上的文件。

注意：

由于应用程序需要身份验证，因此开发者需要实现一个特定的委托用于处理身份验证的情况，不过这已经超出了本书的范畴。要学习 NSURLSession 更多相关的知识和它的多种委托方法，可以参考苹果公司提供的 URL Loading System Programming 指导，参考如下网址：https://developer.apple.com/library/ios/documentation/Cocoa/Conceptual/URLLoadingSystem/URLLoadingSystem.html#//apple_ref/doc/uid/10000165i。

10.2.1　创建和调度一个 Data task

在 Bands app 中，应用程序需要做一个 GET 请求，然后处理返回的数据，可以使用 NSURLSessionDataTask 来实现这个功能。iTunes search API 不需要用户名和密码，所以不需要添加任何身份验证的功能。这就意味着不需要实现任何的 delegate 来处理身份验证相关的操作。这同时也说明可以用系统默认的 NSURLSession 设置来对其进行配置。由于从 iTunes search API 返回的结果相对比较小，所以不需要对网络连接数据流中的数据进行梳理。取而代之的是可以在数据下载完成后使用 completion handler 来处理这些数据。

第 9 章中的 MKLocalSearch 文档详细介绍了在主线程上执行的 completion handler 代码，这与 NSURLSession 的情况不同。因为 completion handler 中的代码会更新用户接口，因此我们需要通过一种方式完成编码以确保其在主线程中执行。有许多办法可以完成这件事，在 Bands app 中将使用 Grand Central Dispatch。

Grand Central Dispatch 也称为 GCD，由苹果公司提出并随 iOS 4 一同发布出来。它被设计用来移除大量有关线程的复杂操作。GCD 的实现仍然使用线程，但是作为开发者再也不用去担心这些复杂的操作了。相反，我们只需要分派代码块到不同的队列，系统会来调度它们在线程上执行。可以使用 dispatch_async 函数来实现这个功能。这个函数需要两个参数：第一个运行代码块的系统队列；第二个代码块本身。可以用 dispatch_get_main_queue 函数得到主队列，这个函数是不带参数的。程序清单 10-2 展示了这个句法的一个简单例子。

程序清单 10-2：使用 dispatch_async

```
dispatch_async(dispatch_get_main_queue(),
^{
    NSLog(@"This will be scheduled and executed on the main thread");
});
```

调用 iTunes search API 的 NSURLSession 方法被称为 dataTaskWithRequest:completionHandler: 方法，被传递进来的请求是一个 NSURLRequest 对象，在第 8 章中曾经介绍过，这个请求的创建方式和之前介绍的 Yahoo 搜索请求的方式类似。

Completion handler 应用程序块需要传递三个参数，第一个是 NSData 对象用于保存从请求中返回的数据；第二个是用于保存 HTTP 反馈的 NSURLResponse 对象；第三个是 NSError 对象。如果应用程序在执行任务时发生错误将产生一个对象保存错误信息，用其设置这个 NSError 对象。在下面的示例中，将会实现用 dataTaskWithRequest:completionHandler:方法请求 iTunes search API，并在 completion handler 中打印反馈信息，使用 Grand Central Dispatch 来确保其在主线程中执行。

试试看 调用 iTunes Search API

(1) 从 Project Navigator 中选择 WBAiTunesSearchViewController.h 文件。

(2) 在 interface 部分中声明如下方法：

```
- (void)searchForTracks;
```

(3) 从 Project Navigator 中选择 WBAiTunesSearchViewController.m 文件。

(4) 用下面的代码添加 searchForTracks 方法：

```objc
- (void)searchForTracks
{
    [self.searchBar resignFirstResponder];

    NSString *bandName = self.searchBar.text;
    NSString *urlEncodedBandName = (NSString *)
CFBridgingRelease(CFURLCreateStringByAddingPercentEscapes(
NULL,(CFStringRef)bandName, NULL, (CFStringRef)@"!*'();:@&=+$,/?%#[]",
kCFStringEncodingUTF8 ));

    NSString *iTunesSearchUrlString = [NSString
stringWithFormat:@"https://itunes.apple.com/
search?media=music&entity=musicTrack&term=%@", urlEncodedBandName];
    NSURL *iTunesSearchUrl = [NSURL URLWithString:iTunesSearchUrlString];
    NSURLRequest *iTunesSearchUrlRequest = [NSURLRequest
requestWithURL:iTunesSearchUrl];

    NSURLSession *sharedUrlSession = [NSURLSession sharedSession];
    NSURLSessionDataTask *searchiTunesTask =
    [sharedUrlSession dataTaskWithRequest:iTunesSearchUrlRequest completionHandler:
     ^(NSData *data, NSURLResponse *response, NSError *error)
    {
        dispatch_async(dispatch_get_main_queue(),
        ^{
            [UIApplication sharedApplication].networkActivityIndicatorVisible
= NO;

            if(error)
            {
                UIAlertView *searchAlertView = [[UIAlertView alloc]
initWithTitle:@"Error" message:error.localizedDescription delegate:nil
cancelButtonTitle:@"OK" otherButtonTitles:nil];
                [searchAlertView show];
            }
            else
            {
                NSString *resultString = [[NSString alloc] initWithData:data
encoding:NSUTF8StringEncoding];
                NSLog(@"Search results: %@", resultString);
            }
        });
    }];

    [UIApplication sharedApplication].networkActivityIndicatorVisible = YES;
    [searchiTunesTask resume];
}
```

(5) 用下面的代码修改 viewWillAppear 方法：

```objc
- (void)viewWillAppear:(BOOL)animated
{
    [super viewWillAppear:animated];

    self.searchBar.text = self.bandName;
    [self searchForTracks];
}
```

(6) 用下面的代码修改 UISearchBarDelegate 中的 searchBarSearchButtonClicked:方法：

```
- (void)searchBarSearchButtonClicked:(UISearchBar *)searchBar
{
    [self searchForTracks];
}
```

(7) 选择 iPhone 4-inch 模拟器运行应用程序。当选择 Search iTunes for Tracks 选项时，将会在 Xcode debug 控制台看到有关搜索结果的信息，如图 10-4 所示。

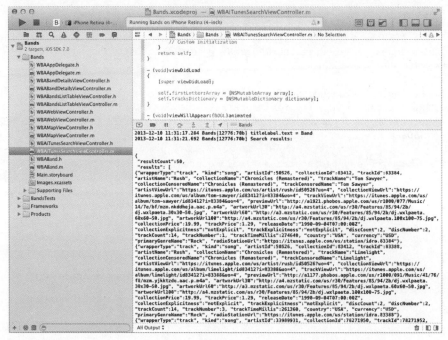

图 10-4

示例说明

在 WBAiTunesSearchViewController 的 interface 中，声明了一个名为 searchForTracks 的新方法。在它的实现中首先通过代码将 UISearchBar 设置为第一响应者，目的是如果键盘处于可见状态的话，则需要将其隐藏。接下来会通过 UISearchBar 和在第 8 章用到的创建 Yahoo 搜索请求的 Core Foundation 方法的 URL 编码来得到乐队名称。代码之后使用前面讨论过的参数来创建 iTunes search URL 字符串，创建 NSURL 和 NSURLRequest 的方法与第 8 章中的实现一样。

在创建网络连接任务之前，应用程序首先通过 NSURLSession 类中的静态 sharedSession 方法使用分享的 NSURLSession 类。然后通过该实例并结合 NSURLRequest 的值来创建一个新的 NSURLSessionDataTask，并传递一个 completion handler 代码块。

completion handler 使用 Grand Central Dispatch 来确保其代码在主线程上执行，之后隐藏 Network Activity Indicator 并检查任何可能出现的错误。如果有错误，用户将会收到一个警告通知；如果没有错误，则由 Data task 返回的 NSData 数据将会通过 initWithData:encoding:

方法被转换成一个 NSString 类型的数据，同时写入 debug 控制台。

创建 NSURLSessionDataTask 并不会像 MKLocalSearch 那样发起一个请求，相反需要通过调用 NSURLSessionDataTask 的 resume 请求来初始化网络请求。应用程序在 Network Activity Indicator 显示之后再进行该操作。

10.2.2　JSON 解析

JSON 在 iOS 中超越 XML 的一大优点就是它符合 Objective-C 的数据结构。因为 JSON 中所有的数据都是键值格式化的，NSDictionary 是一个将数据映射到 Objective-C 的完美匹配。从 iTunes search API 中返回的 JSON 可以通过两个值 resultCount 和 results 来映射到 NSDictionary。对象的 resultCount 中存储的值是一个包含 50 个值的 NSNumber 对象。对象 results 中存储的值是一个包含 NSDictionary 的数组，它代表了搜索结果中的每首歌曲。

解析服务器返回的真实数据看起来可能比较复杂，但是苹果公司已经为开发者提供了一个名为 NSJSONSerialization 类的解析器。它其中有一个静态方法叫 JSONObject-WithData:options:error:，它会返回 JSON 代表的 NSDictionary。开发者可以通过选择某些选项来告诉解析器是否希望数据结构被改变。由于 Bands app 并不会修改搜索结果，所以可以传递参数 0 给这个选项。这个方法同样也会需要一个 NSError 参数。就像在第 2 章中那样，它通过引用传递，意味着你会传递一个地址给 NSError 对象，而不是对象本身。如果在解析的时候产生了一个错误，解析器会创建一个 NSError 对象，并把传入的地址的值指向它。下面的示例会展示如何用 NSJSONSerialization 类解析 iTunes 搜索的结果。

试试看　解析 iTunes 搜索结果

(1) 从 Project Navigator 中选择 WBAiTunesSearchViewController.m 文件。

(2) 用下面的代码修改 NSURLSessionDataTask 的 completion handler：

```
NSURLSessionDataTask *searchiTunesTask =
[sharedUrlSession dataTaskWithRequest:iTunesSearchUrlRequest completionHandler:
^(NSData *data, NSURLResponse *response, NSError *error)
{
   dispatch_async(dispatch_get_main_queue(),
   ^{
      [UIApplication sharedApplication].networkActivityIndicatorVisible = NO;

      if(error)
      {
         UIAlertView *searchAlertView = [[UIAlertView alloc]
initWithTitle:@"Error" message:error.localizedDescription delegate:nil
cancelButtonTitle:@"OK" otherButtonTitles:nil];

         [searchAlertView show];
      }
      else
      {
         NSString *resultString = [[NSString alloc] initWithData:data
encoding:NSUTF8StringEncoding];
```

```
        NSLog(@"Search results: %@", resultString);

        NSError *jsonParseError = nil;
        NSDictionary *jsonDictionary = [NSJSONSerialization
JSONObjectWithData:data options:0 error:&jsonParseError];

        if(jsonParseError)
        {
            UIAlertView *jsonParseErrorAlert = [[UIAlertView alloc]
initWithTitle:@"Error" message:jsonParseError.localizedDescription delegate:nil
cancelButtonTitle:@"OK" otherButtonTitles:nil];

            [jsonParseErrorAlert show];
        }
        else
        {
            for(NSString *key in jsonDictionary.keyEnumerator)
            {
                NSLog(@"First level key: %@", key);
            }
        }
    }
    });
}];
```

(3) 选择 iPhone 4-inch 模拟器运行应用程序。搜索歌曲时，会在 Xcode 控制台中看到更多的信息，如图 10-5 所示。

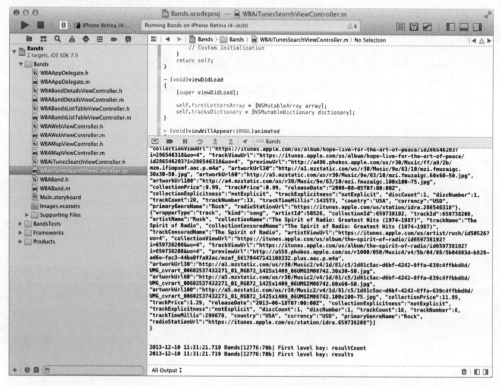

图 10-5

示例说明

如果数据任务成功返回，代码就会尝试用 NSJSONSerialization 类解析这个数据。代码会首先创建一个指向 NSError 的指针，并将它的值设置为 nil，意思是其并不指向任何东西。之后传递来自 NSURLSessionDataTask 的数据，选择的选项 "0"(意思是可以使用不改变的数据结构)和指向 JSONObjectWithData:options:error:方法的 NSError 指针。解析完成后，应用程序会检查 NSError 指针是否指向了一个实际的 NSError 对象，如果是，则意味着解析过程中产生了错误，会发送警告信息给用户；否则它会将字典中第一层级的值，即 resultCount 和 results 的内容，输出到 debug 控制台。

10.3　显示搜索结果

iTunes Track Search 功能的最后一部分是按字母顺序将所有歌曲结果进行排序展示，并提供给用户对这些歌曲的预览功能，或者在 iTunes 中查看歌曲。UITableView 的数据源使用了同样的方法来展示那些乐队的信息。首先需要创建一个对象用于保存每首由搜索返回的歌曲的属性，之后创建同样的首字母 NSMutableArray 用于创建表的索引，同时为每个得到的结果创建一个歌曲的 NSMutableDictionary 来保存这些歌曲。

试试看　建立数据源

(1) 从 Project Navigator 中选择 Main.storyboard。

(2) 在 iTunes Search 视图中选择 prototype cell。

(3) 在 Attributes Inspector 中设置其 style 为 subtitle。

(4) 在 Attributes Inspector 中设置 reuse identifier 为 trackCell。

(5) 在 Xcode 菜单中依次选择 File | New | File，创建一个新的名为 WBATrack 的 NSObject 子类。

(6) 选择 WBATrack.h 文件，用下面的代码为歌曲名、专辑名、歌曲预览 URL 和 iTunes URL 添加属性：

```
@interface WBATrack : NSObject

@property (nonatomic, strong) NSString *trackName;
@property (nonatomic, strong) NSString *collectionName;
@property (nonatomic, strong) NSString *previewUrlString;
@property (nonatomic, strong) NSString *iTunesUrlString;

@end
```

(7) 选择 WBATrack.m 文件，用下面的代码添加对比方法：

```
- (NSComparisonResult)compare:(WBATrack *)otherObject
{
    return [self.trackName compare:otherObject.trackName];
}
```

(8) 从 Project Manager 中选择 WBAiTunesSearchViewController.h 文件。

(9) 用下面的代码给 NSMutableDictionary 歌曲和首字母 NSMutableArray 添加属性：

```
@property (nonatomic, strong) NSMutableArray *firstLettersArray;
@property (nonatomic, strong) NSMutableDictionary *tracksDictionary;
```

(10) 从 Project Manager 中选择 WBAiTunesSearchViewController.m 文件。

(11) 用下面的代码导入 WBATrack.h 头文件：

```
#import "WBAiTunesSearchViewController.h"
#import "WBATrack.h"
```

(12) 用以下代码修改 viewDidLoad 方法：

```
- (void)viewDidLoad
{
    [super viewDidLoad];

    self.firstLettersArray = [NSMutableArray array];
    self.tracksDictionary = [NSMutableDictionary dictionary];
}
```

(13) 在 NSURLSessionDataTask 的 completion handler 中，当 JSON 成功完成解析之后添加代码到 else 语句中：

```
for(NSString *key in jsonDictionary.keyEnumerator)
{
    NSLog(@"First level key: %@", key);
}

[self.firstLettersArray removeAllObjects];
[self.tracksDictionary removeAllObjects];

NSArray *searchResultsArray = [jsonDictionary objectForKey:@"results"];
for(NSDictionary *trackInfoDictionary in searchResultsArray)
{
    WBATrack *track = [[WBATrack alloc] init];
    track.trackName = [trackInfoDictionary objectForKey:@"trackName"];
    track.collectionName = [trackInfoDictionary objectForKey:@"collectionName"];
    track.previewUrlString = [trackInfoDictionary objectForKey:@"previewUrl"];
    track.iTunesUrlString = [trackInfoDictionary objectForKey:@"trackViewUrl"];

    NSString *trackFirstLetter = [track.trackName substringToIndex:1];
    NSMutableArray *tracksWithFirstLetter = [self.tracksDictionary
objectForKey:trackFirstLetter];

    if(!tracksWithFirstLetter)
    {
        tracksWithFirstLetter = [NSMutableArray array];
        [self.firstLettersArray addObject:trackFirstLetter];
```

```
        }

        [tracksWithFirstLetter addObject:track];
        [tracksWithFirstLetter sortUsingSelector:@selector(compare:)];
        [self.tracksDictionary setObject:tracksWithFirstLetter
forKey:trackFirstLetter];
    }

    [self.firstLettersArray sortUsingSelector:@selector(compare:)];
    [self.tableView reloadData];
```

(14) 用下面的代码修改 numberOfSectionsInTableView:方法：

```
- (NSInteger)numberOfSectionsInTableView:(UITableView *)tableView
{
    return self.firstLettersArray.count;
}
```

(15) 用下面的代码修改 numberOfRowsInSection:方法：

```
    - (NSInteger)tableView:(UITableView *)tableView
    numberOfRowsInSection:(NSInteger)section
    {
        NSString *firstLetter = [self.firstLettersArray objectAtIndex:section];
        NSArray *tracksWithFirstLetter =
          [self.tracksDictionary objectForKey:firstLetter];
        return tracksWithFirstLetter.count;
    }
```

(16) 用下面的代码修改 tableView:cellForRowAtIndexPath:方法：

```
    - (UITableViewCell *)tableView:(UITableView *)tableView
    cellForRowAtIndexPath:(NSIndexPath)indexPath
    {
        static NSString *CellIdentifier = @"trackCell";
        UITableViewCell *cell =
          [tableView dequeueReusableCellWithIdentifier:CellIdentifier
          forIndexPath:indexPath];

        NSString *firstLetter = [self.firstLettersArray
    objectAtIndex:indexPath.section];
        NSArray *tracksWithFirstLetter = [self.tracksDictionary
    objectForKey:firstLetter];
        WBATrack *track = [tracksWithFirstLetter objectAtIndex:indexPath.row];
```

```
cell.textLabel.text = track.trackName;
cell.detailTextLabel.text = track.collectionName;

return cell;
}
```

(17) 将下面的代码添加到 tableView:titleForHeaderInSection:方法：

```
- (NSString *)tableView:(UITableView *)tableView
titleForHeaderInSection:(NSInteger)section
{
    return [self.firstLettersArray objectAtIndex:section];
}
```

(18) 将下面的代码添加到 sectionIndexTitlesForTableView:方法：

```
- (NSArray *)sectionIndexTitlesForTableView:(UITableView *)tableView
{
    return self.firstLettersArray;
}
```

(19) 将下面的代码添加到 tableView:sectionForSectionIndexTitle:atIndex:方法：

```
- (int)tableView:(UITableView *)tableView sectionForSectionIndexTitle:
(NSString *)title atIndex:(NSInteger)index
{
    return [self.firstLettersArray indexOfObject:title];
}
```

(20) 选择 iPhone 4-inch 模拟器运行应用程序，搜索歌曲后现在会在一个 Table 视图中展示结果，如图 10-6 所示。

示例说明

首先要做的是在 Storyboard 中将 prototype cell 的类型变为 subtitle 类型，这样的话就可以在同一个 cell 中将歌曲的名称和唱片专辑的名称一起显示了，还设置了单元格的 reuse identifier。

接下来创建了一个包括 4 个属性的 WBATrack 对象，分别是歌曲名、专辑名、iTunes URL 字符串和预览歌曲 URL 字符串。为了按名称对歌曲进行排序，还要重写 compare:方法来使用歌曲名称作为对比属性。

在 WBAiTunesSearchViewController 接口中，需要声明 firstLettersArray 和 tracksDictionary。这一步与在第 5 章中对 firstLettersArray 和 bandsDictionary 的处理一样。在实现代码部分，初始化了视图展示时用到的数组和字典。

图 10-6

"试试看"环节中主要是对搜索结果的处理,同时为 UITableView 创建数据源。当 JSON
结果成功解析后,首先将 firstLettersArray 和 tracksDictionary 中的对象都清空,这样用户如
果在 UISearchBar 中加入自己的搜索术语,就不会看到由于残留的字段而导致的乱数据了,
之后通过 results 值从 jsonDictionary 中得到搜索结果的 NSArray。这个 NSArray 包含从搜
索结果中返回的每首歌曲的 NSDictionary 对象,每个歌曲 NSDictionary 的 key 值都和 JSON
中的 key 值相关联(参考表 10-2)。代码使用 for 循环来迭代每个歌曲的 NSDictionary,为每
个歌曲创建 WBATrack 对象并且使用它们复制 firstLettersArray 和 tracksDictionary。

"试试看"环节剩下的部分实现了 UITableViewDataSource 协议方法,代码的实现过
程和在第 5 章使用 firstLettersArray 作为 tracksDictionary 的索引用在 UITableView 对象中相
似。仅有的能够注意到的区别在于 tableView:cellForRowAtIndexPath:方法,因为我们将
prototype cell 的类型设置为 subtitle, detailsTextLabel 将会在 cell 中显示。我们设置其 text
属性为 WBATrack 的 collectionName 属性。

10.3.1　预览歌曲

iTunes Search API 的返回结果中包含一个预览歌曲的 URL。这个 URL 指向一个可以
看到歌曲预览的使用 MPMoviePlayerViewController 变成流的媒体文件。这是一个和前面章
节中讲到的 UIImagePickerController 与 MFMailComposeViewController 相似的特别视图控
制类。它需要在项目中添加 MediaPlayer.framework 框架。接着可以在 UIViewController 类
中导入 MediaPlayer.h 头文件来访问 MPMoviePlayerViewController 和 presentMoviePlayerView-
ControllerAnimated:方法。当创建和实现后,视频播放器会用 iTunes 来处理所有的网络连
接来获取歌曲预览。

为了给用户能够预览歌曲的选项,代码需要知道什么时候用户在 UITableView 中选择
了一首歌。可以使用 UITableViewDelegate 协议的 tableView:didSelectRowAtIndexPath:方法
来实现。当用户选择一首歌曲时,就会调用该方法。之后在 UIActionSheet 中展示歌曲选
项,像下面的"试试看"环节中所示。

试试看　使用媒体播放器

(1) 在 Project Manager 中选择 Project,在 linked libraries and frameworks 中添加
MediaPlayer.framework 框架。

(2) 选择 WBAiTunesSearchViewController.h 文件。

(3) 用下面的代码声明类实现了 UIActionSheetDelegate:

```
@interface WBAiTunesSearchViewController : UITableViewController
<UISearchBarDelegate, UIActionSheetDelegate>
```

(4) 用下面的代码创建一个新的名为 WBATrackOptionButtonIndex 的枚举数据类型:

```
typedef enum {
    WBATrackOptionButtonIndexPreview,
} WBATrackOptionButtonIndex;
```

(5) 在 Project Manager 中选择 WBAiTunesSearchViewController.m 文件。

(6) 导入 MediaPlayer.h 头文件，代码如下：

```
#import "WBAiTunesSearchViewController.h"
#import "WBATrack.h"
#import <MediaPlayer/MediaPlayer.h>
```

(7) 将下面的代码添加到 tableView:didSelectRowAtIndexPath:方法：

```
- (void)tableView:(UITableView *)tableView
didSelectRowAtIndexPath:(NSIndexPath *)indexPath
{
    UIActionSheet *trackActionSheet = [[UIActionSheet alloc] initWithTitle:nil
delegate:self cancelButtonTitle:@"Cancel" destructiveButtonTitle:nil
otherButtonTitles:@"Preview Track", nil];

    [trackActionSheet showInView:self.view];
}
```

(8) 用下面的代码添加 actionSheet:clickedButtonAtIndex:方法：

```
- (void)actionSheet:(UIActionSheet *)actionSheet
clickedButtonAtIndex:(NSInteger)buttonIndex
{
    NSIndexPath *selectedIndexPath = self.tableView.indexPathForSelectedRow;
    NSString *trackFirstLetter = [self.firstLettersArray
objectAtIndex:selectedIndexPath.section];

    NSArray *tracksWithFirstLetter = [self.tracksDictionary
objectForKey:trackFirstLetter];

    WBATrack *trackObject = [tracksWithFirstLetter
objectAtIndex:selectedIndexPath.row];

    if(buttonIndex == WBATrackOptionButtonIndexPreview)
    {
        NSURL *trackPreviewURL = [NSURL URLWithString:trackObject.previewUrlString];
        MPMoviePlayerViewController *moviePlayerViewController =
[[MPMoviePlayerViewController alloc] initWithContentURL:trackPreviewURL];

        [self presentMoviePlayerViewControllerAnimated:moviePlayerViewController];
    }
    else if (buttonIndex == WBATrackOptionButtonIndexOpenIniTunes)
    {
        NSURL *iTunesURL = [NSURL URLWithString:trackObject.iTunesUrlString];
        [[UIApplication sharedApplication] openURL:iTunesURL];
    }
}
```

(9) 选择 iPhone 4-inch 模拟器运行应用程序，选择一个搜索结果，现在就会在应用程序中通过 Media Player 播放预览歌曲，如图 10-7 所示。

示例说明

首先为项目添加 MediaPlayer.framework 框架。接下来声明 WBAiTunesSearchViewController 实现 UIActionSheetDelegate 协议。同时还添加了一个新的名为 WBATrackOptionButtonIndex 的枚举数据类型来映射 UIActionSheet 中将要显示的选项。

在实现过程中，首先要导入 MediaPlayer.h 头文件，这样就可以访问 MPMoviePlayerViewController 类了。之后添加了 tableView:didSelectRowAtIndexPath: 方法来创建一个新的 UIActionSheet，其只有一个选项就是 Preview Track。

图 10-7

最后添加了 actionSheet:didClickButtonAtIndex: 方法，首先得到 WBATrack 对象，对应到 UITableView 中被最新选择的那行数据的 NSIndexPath。如果单击了预览按钮，将用 WBATrack 对象的 trackPreviewUrl 属性来创建一个新的 NSURL。再用 initWithContentURL: 方法和新 NSURL 来创建一个新的 MPMoviePlayerViewController 实例。最后通过 presentMoviePlayerViewControllerAnimated 方法实现 MPMoviePlayerViewController 的展现。

10.3.2　在 iTunes 中展示歌曲

Search iTunes for Tracks 功能的最后一部分就是打开 iTunes 查看歌曲以提供用户购买歌曲的入口，具体的方法和在第 8 章打开 Safari 浏览器的方式类似。系统知道要将指向 http://itunes.apple.com 这个地址的 URL 传递到 iTunes app，所以开发者需要做的就是调用分享应用程序的 openURL 方法。

试试看　打开 iTunes

(1) 选择 WBAiTunesSearchViewController.h 文件，用如下代码将另一个值添加到 WBATrackOptionButtonIndex 枚举中：

```
typedef enum {
    WBATrackOptionButtonIndexPreview,
    WBATrackOptionButtonIndexOpenIniTunes,
} WBATrackOptionButtonIndex;
```

(2) 从 Project Navigator 中选择 WBAiTunesSearchViewController.m 文件。

(3) 用下面的代码修改 tableView:didSelectRowAtIndexPath: 方法：

```
- (void)tableView:(UITableView *)tableView
didSelectRowAtIndexPath:(NSIndexPath *)indexPath
{
```

```
    UIActionSheet *trackActionSheet = [[UIActionSheet alloc] initWithTitle:nil
delegate:self cancelButtonTitle:@"Cancel" destructiveButtonTitle:nil
otherButtonTitles:@"Preview Track", @"Open in iTunes", nil];

    [trackActionSheet showInView:self.view];
}
```

(4) 用下面的代码修改 actionSheet:clickedButtonAtIndex:方法：

```
- (void)actionSheet:(UIActionSheet *)actionSheet
clickedButtonAtIndex:(NSInteger)buttonIndex
{
    NSIndexPath *selectedIndexPath = self.tableView.indexPathForSelectedRow;
    NSString *trackFirstLetter = [self.firstLettersArray
objectAtIndex:selectedIndexPath.section];

    NSArray *tracksWithFirstLetter = [self.tracksDictionary
objectForKey:trackFirstLetter];

    WBATrack *trackObject = [tracksWithFirstLetter
objectAtIndex:selectedIndexPath.row];

    if(buttonIndex == WBATrackOptionButtonIndexPreview)
    {
        NSURL *trackPreviewURL = [NSURL URLWithString:trackObject.previewUrlString];
        MPMoviePlayerViewController *moviePlayerViewController =
[[MPMoviePlayerViewController alloc] initWithContentURL:trackPreviewURL];
        [self presentMoviePlayerViewControllerAnimated:moviePlayerViewController];
    }
    else if (buttonIndex == WBATrackOptionButtonIndexOpenIniTunes)
    {
        NSURL *iTunesURL = [NSURL URLWithString:trackObject.iTunesUrlString];
        [[UIApplication sharedApplication] openURL:iTunesURL];
    }
}
```

(5) 在 iOS 测试设备上运行这个应用程序。选择 Open in iTunes，现在就会打开 iTunes 选择歌曲了。

示例说明

首先在 WBATrackOptionButtonIndex 枚举数据类型中添加了一个 WBATrackOption-ButtonIndexOpenIniTunes 值，该枚举对应 UIActionSheet 中的新选项。之后为 UIActionSheet 添加了一个选项，当用户选定一首歌的话其就会显示。最后，在 actionSheet:clicked-ButtonAtIndex:方法中用 WBATrack 对象的 iTunesUrl String 属性创建了一个新的 NSURL，再把它传递给共享 UIApplication 的 openURL 方法。

注意：

iOS 模拟器中并不包含 iTunes 应用程序。当在模拟器环境中试图单击 Open in iTunes

选项时，会尝试在 Safari 中打开 URL，这会导致 Cannot Open Page 错误。这并不是应用程序代码的错误，而是 iOS 模拟器的限制问题。为了测试 Open in iTunes 选项需要使用真机进行调试。

10.4　小结

Web Service 为移动应用程序提供了全新的互动操作，让开发者可以为用户提供各种各样新奇的或者有意思的功能。为了降低开发者学习的门槛，苹果公司在网络连接类和协议的编写上下了很大的功夫，提供给开发者灵活强大的功能方法来完成一些基本的网络连接任务。在本章中，我们实现了 Bands app 中的 Search iTunes for Tracks 功能，使用 NSURLSessionDataTask 查询 iTunes Search API。查询结果会通过解析 JSON 反馈的 completion handler 进行回传，并将其在 UITableView 中展示。当用户选择一首歌曲时会出现两个选项，分别是选择使用 MPMoviePlayerViewController 来预览歌曲和在 iTunes 中查看歌曲。

练　习

(1) NSURLSession 任务的三种类型是哪三种？

(2) 苹果公司在 iOS 4 中添加的为开发者减少线程复杂性的技术叫什么？

(3) 可以用哪个类或方法来解析 JSON 使其成为 Objective-C 对象？

(4) 使用 MPMoviePlayerViewController 需要添加什么框架？

本章知识点

标　题	关 键 概 念
Web Service	用连接到 Web Service 的应用程序添加各种动态功能
Networking	用 NSURLSession 实现网络连接，降低了应用程序的复杂性，使得简单的任务只需要几行代码就可以完成
JSON 解析	JSON，在 Web Service 间实现解析数据的一种最常用的方法，其结构可以与 Objective-C 数据对象建立良好映射，使得在 iOS 应用程序里的开发工作更简单
iTunes Search API	用 iTunes Search API 实现在 iTunes 商店里在售的不同媒体类型商品的查询，同时提供预览方法，或直接在 iTunes 打开它们以便购买

第11章

创建一个通用的应用程序

本章主要内容:

- 创建一个 iPad Storyboard
- 使用 Auto Layout 支持旋转
- 实现 Popovers

本章代码下载说明

本章代码可以从 www.wrox.com/go/begiosprogramming 的 Download Code 选项卡中下载。本章代码在 "chapter 11" 下载链接中，根据代码名称即可找到相应的代码。

到目前为止，我们所创建的 Bands app 都是为了在 iPhone 或 iPod Touch 上运行。同样可以使用 iPads 兼容性模式使应用程序在 iPad 上运行。兼容模式使得应用程序在 iPad 上的显示与在 iPhone 上的显示一样，甚至尺寸也是一样的。我们可以在兼容模式下使用 2x 按钮来让应用程序的显示界面放大一倍，这样它就会占满整个屏幕，但当你这样做时应用程序看起来分辨率会变低，从而降低了用户体验。iPad 用户一般会选择那些专门为 iPad 设备而开发的应用程序，开发者可以选择做一个只针对 iPad 的应用程序还是做一个通用的应用程序。

典型的 iOS 应用程序无论运行在什么设备上其核心都是一样的，所以在 iPhone 和 iPad 上执行的通用应用程序可以共享大部分的代码。两者最大的不同在于用户界面的设计，通用的应用程序是一个独立的构造，包含了同时为 iPhone/iPod Touch 和 iPad 准备的用户界面和代码。iPad 的显然更大一些，拥有更大的屏幕，所以设计者可以利用这些空间来创建一个与 iPhone 界面完全不同的用户界面。

在第 1 章中讨论到 Bands app 时曾提到过，我们并不想将这个应用程序作为一个非常好的用户界面的设计示例介绍给读者朋友，而是告诉大家编写 iOS 应用程序代码所用到的工具和方法。最后这部分是学习如何创建一个能够在 iPad 上实现的应用程序。将要为 iPad 实现的用户界面差不多与 iPhone 版本一样。用户的交互操作需要更改为适配 Apple's Human Interface Guidelines，另外一个不同在于要支持旋转。首先，我们需要一个为 iPad 设计的、带有新场景的新 Storyboard。

11.1 转变为通用应用程序

创建通用应用程序的第一步就是把一个 iPhone 项目转变成一个通用的项目。可以在项目设置里通过几个单击来搞定。另一方面，还要创建一个为 iPad 设计的新用户界面。这一步不能在 iPhone Storyboard 中添加，需要重新创建一个专门为 iPad 设计的 Storyboard。这些操作都非常简单，就像你将在下面的"试试看"环节中看到的那样。

试试看 添加一个新的 iPad Storyboard

(1) 在 Xcode 菜单中选择 File | New | File。

(2) 选择对话框左边的 User Interface 部分，选择 Storyboard，再单击 next 按钮。

(3) 在"下一步"界面中，从 Device Family 中选择 iPad。

(4) 将新的 Storyboard 命名为 Main-iPad，接着保存该 Main.storyboard 文件到 Base.lproj 目录下。

(5) 如果该文件未被选中，则在 Project Navigator 中选择 Main-iPad.storyboard。

(6) 从 Object 库中拖一个 Navigation Controller 到新的 Storyboard 中。

(7) 从 Project Navigator 中选择 Project。

(8) 在 Deployment Info 部分，将 Devices setting 改为 Universal。

(9) 在接下来出现的画面中选择 Don't Copy。

(10) 现在在 Devices setting 设置项中会看到 iPhone 和 iPad，选择 iPad。

(11) 将 Main Interface 切换到 Main-iPad. storyboard。

(12) 检查所有的 Device Orientation 选项。

(13) 选择在 iPad 模拟器中运行应用程序，会看到一个空的 UITableView，如图 11-1 所示。

图 11-1

示例说明

首先为 iPad 创建一个新的 Storyboard。当有新的 view controller 被添加到这个 Storyboard

中时，它们的大小将会和 iPad 屏幕的大小一致，就像创建的 Navigation Controller 那样。然后将项目改成通用项目，这样就可以将应用程序部署为同时支持 iPhone 和 iPad。在这些设置中，可以设置运行在 iPad 或 iPhone 上时哪个 Storyboard 将被启用，同时还为 iPhone 和 iPad 设置了设备的方向。iPad 应用程序一般来说都是支持旋转的，所以要按照这种习惯对 Bands app 的 iPad 的界面进行相应的设置。在 iPad 模拟器上运行 Bands app 会使用新的 Storyboard 来呈现，并且 iPad 的版本会替代 iPhone 的版本。

大部分为 iPhone 版本的 Bands app 编写的代码在 iPad 版本上依然可以使用。主要的不同在于 Bands app 在 iPad 上的呈现方式和 iPhone 上不同。由于代码类似，因此添加 iPad 实现最好的方法就是使用 iPhone 应用程序的子类，并仅将涉及改动的方法进行重写即可。通过子类化的过程，之前已经编写的那段代码仍然会执行，这样就保证了项目中的代码最少化。这同样意味着 bug 修改只需要在原始文件中处理即可。

试试看 iPad 版本的子类化

(1) 在 Xcode 菜单中选择 File | New | File。

(2) 在对话框左边选择 Cocoa Touch 选项，选择 Objective-C 类，然后单击 Next。

(3) 将新类命名为 WBABandsListTableViewController_iPad，并将 Subclass of selection 设置为 WBABandsListTableViewController 类。

(4) 从 Project Navigator 中选择 WBABandsListTableViewController_iPad.m 文件。

(5) 用下面的代码重写 addBandTouched:方法：

```
- (IBAction)addBandTouched:(id)sender
{
    NSLog(@"addBandTouched iPad File");
}
```

(6) 从 Project Navigator 中选择 Main-iPad.storyboard 文件。

(7) 选择 Table View，并在 Identity Inspector 中将其 Class 设置为 WBABandsList-TableViewController_iPad。这个 Bands List 场景现在与 iPhone Storyboard 中的一样了。

(8) 选择 UINavigationItem，在 Attributes Inspector 中设置它的 title 为 Bands。

(9) 选择 Prototype Cell，设置它的 Style 为 Basic，设置 Identifier 为 Cell。

(10) 拖一个 UIBarButtonItem 到 UINavigationItem 的左边。

(11) 设置 UIBarButtonItem 的 Identifier 为 Add，然后建立其与 addBandTouched:IBAction 的关联。

(12) 选择 iPad 模拟器运行应用程序，将会看到 Bands list 界面，如图 11-2 所示。单击添加按钮将在 Xcode 调试控制台输出设置好的内容。

示例说明

当在 Xcode 中创建一个新的 Objective-C 类时，可以设置它的父类。在前面的章节中我们已经使用过苹果公司提供的类。在这次的"试试看"环节中创建了一个新类，并将它

设置为在第 5 章中创建的 WBABandsListTable-
ViewController 类的子类。通过子类化，新的子
类包含了所有的公共属性和方法，包括在父类
中声明的所有 IBOutlet 和 IBAction，同样还有
在父类中声明的所有协议。然后将 UITableView
的 class 选项设置为 iPad Storyboard 中的 iPad
类。当这个应用程序运行在 iPad 上时，它会首
先在 iPad 类中查找方法。如果方法没有被覆
盖，则会使用其在父类中实现的方法来替代。
为了让新的 iPad UITableView 与原来的类一起
协作，需要设置 cell 的类型和重用属性。最后，
重写了 addBandTouched:方法，使得现在可以
简单地向控制台输出信息。当在 iPad 模拟器上
运行应用程序时，UITableView 的展示效果与
其在 iPhone 上一样，UITableViewDelegate 和
UITableViewDataSource 方法都正常运行，不过

图 11-2

现在单击 UIBarButtonItem 时就会调用已经覆盖过的新方法了，而不再调用原始方法。

注意：

当创建一个新文件时，你可能发现了 Target for iPad 复选框，它是为了使用 Mac OS X
Interface Builder 文件的项目而准备的，也就是所谓的 XIB 文件。因为 Bands app 是用
Storyboard 建立的，而不是 XIB 文件，所以这个复选框并没有什么影响。如果当你使用 XIB
文件时，选择 With XIB for User Interface 复选框，XIB 就会自动适应 iPad 的尺寸了。

创建一个通用应用程序的下一步就是为 iPad 版本创建 Band Details 场景。这些场景的
布局与 iPhone 版本一样，只是要大一点而已。其中一些交互需要为 iPad 做相应的修改。
我们会在本章的 11.2 节讲解，不过为了应用程序在测试时不会崩溃，还是需要在下面的"试
试看"环节中重写这个方法。

试试看 添加 Band Info View

(1) 从 Xcode 菜单中选择 File | New | File，然后创建一个 WBABandDetails-
ViewController 的子类，命名为 WBABandDetailsViewController_iPad。

(2) 从 Project Navigator 中选择 WBABandDetailsViewController_iPad.m 文件。

(3) 用下面的代码重写 activityButtonTouched:方法：

```
- (IBAction)activityButtonTouched:(id)sender
{
    NSLog(@"activityButtonTouched iPad File");
}
```

(4) 用下面的代码重写 deleteButtonTouched:方法：

```
- (IBAction)deleteButtonTouched:(id)sender
{
    NSLog(@"deleteButtonTouched iPad File");
}
```

(5) 从 Project Navigator 中选择 Main-iPad.storyboard。

(6) 将一个新的 View Controller 拖到 Storyboard 中，在 Identity Inspector 中设置它的 Class 为 WBABandDetailsViewController_iPad。这就是 BandDetails 场景，就像 iPhone 的 Storyboard 一样。

(7) 在 Identity Inspector 中设置 Storyboard ID 为 bandDetails_iPad。

(8) 像在第 4 章所做的一样，重新创建一个不带 Save 按钮和 Delete 按钮的 Band Details 场景。

(9) 拖一个新的 UIToolbar 到场景的底部，然后用 UIBarButtonItems 的方式添加 Save 和 Delete 按钮，使用 flexible space UIBarButtonItem 方式将其分隔，场景就会如图 11-3 所示。

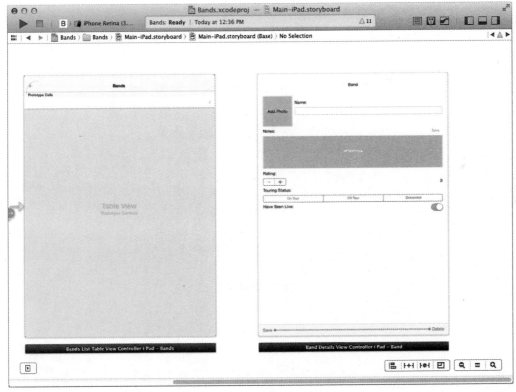

图 11-3

(10) 像在第 4 章中所做的那样，创建 Bands List 场景中 prototype cell 到 Band Details 场景的 segue 切换。

(11) 在 Band Details 场景中设置 UINavigationItem 中的 title 为 Band。

(12) 在 UINavigationItem 中添加 UIBarButtonItem 活动。

(13) 建立 Bands Details 场景和 WBABandDetailsViewController_iPad 之间的所有的 IBOutlet、IBAction 和委托的连接。

(14) 从 Project Navigator 中选择 WBABandsListTableViewController_iPad.m 文件。

(15) 用下面的代码导入 WBABandDetailsViewController_iPad.h 头文件：

```
#import "WBABandDetailsViewController_iPad.h"
```

(16) 用下面的代码修改 addBandTouched:方法：

```
- (IBAction)addBandTouched:(id)sender
{
    NSLog(@"addBandTouched iPad File");

    UIStoryboard *iPadStoryBoard =
[UIStoryboard storyboardWithName:@"Main-iPad" bundle:nil];
    self.bandInfoViewController = (WBABandDetailsViewController_iPad *)
[iPadStoryBoard instantiateViewControllerWithIdentifier:@"bandInfo_iPad"];

    [self presentViewController:self.bandInfoViewController
animated:YES completion:nil];
}
```

(17) 选择 iPad 模拟器运行应用程序，现在可以使用 Band Details 场景了，如图 11-4 所示。

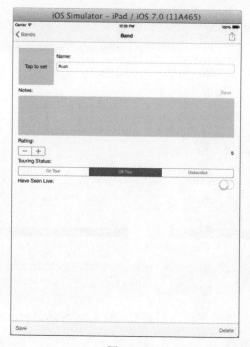

图 11-4

示例说明

首先，就像在之前的"试试看"环节中所做的那样，创建了一个新的 WBABandDetails-ViewController 的子类。在 iPad 版本应用程序的实现过程中，重写了 activityButtonTouched: 和 deleteButtonTouched:两个方法，目前这两个方法仅向调试控制台输出语句。接下来，在 storyboard 中创建了 Band Details 场景，并设置它的类为 WBABandDetailsViewController_iPad，同时设置了它的 Storyboard ID。然后按照 iPad 的大一点的尺寸重新创建 Band Details 的用户界面。使用 UIToolbar 而不是 UIButton 来当作保存和删除按钮的原因，将会在本章 11.2 节进行解释。因为 WBABandDetailsViewController_iPad 是 WBABandDetailsView-Controller 的子类，所以全部的 IBOutlet、IBAction 和协议声明在 Interface Builder 中都是有效的，而不用为 WBABandDetailsViewController_iPad 类添加任何附加的代码。

在 WBABandsListTableViewController_iPad 的实现过程中，首先导入 WBABandDetails-ViewController_iPad.h 头文件，然后修改 addBandTouched:方法来得到一个 UIStoryboard 实例，调用新的 iPad Storyboard 标识来确保展现的界面是正确的新的 iPad Band Details 场景，而不是之前的 iPhone 版本。

使用 Auto Layout 机制支持自动旋转

当使用 iPad 模拟器运行这个应用程序并旋转为横向时，我们会发现 Band Details 场景的一部分用户界面会超出屏幕外。为了支持旋转，我们需要添加自动布局约束(auto layout constraints)，这样所有的元素都会适配新的屏幕大小。最初学习自动布局约束是在第 3 章。尽管自动布局约束比较复杂，不过在 Band Details 中只需要理解其中 3 个方向的旋转方式即可。

第一个就是 Leading Space to Container 约束，这个约束可以在用户界面对象和屏幕的左边缘之间设置一个静态空间，当设备旋转且屏幕尺寸发现变化时，对象仍然保持设置好的距离。第二个是 Trailing Space to Container 约束，和上面的描述一样，只不过这次是针对屏幕右边缘的距离。第三个是 Bottom Space to Bottom Layout Guideline，它设置了一个对象到屏幕底部之间的静态空间。

试试看　使用 Auto Layout 实现旋转

(1) 从 Project Navigater 选择 Main-iPad.storyboard。

(2) 选择 nameTextField，按住 Control 拖曳其到 UIView 的左边缘。当放开鼠标时，从对话框中选择 Leading Space to Container 自动布局约束。

(3) 将 Leading Space to Container 自动布局约束添加到 notesTextField、touringStatus-SegmentedController 和底部的 UIToolbar。

(4) 选择 nameTextField，按住 Control 拖曳其到 UIView 的右边缘，再添加一个 Trailing Space to Container 自动布局约束。

(5) 同样给 saveNotesButton、notesTextView、ratingsValueLabel、touringStatusSegmented-Controller、haveSeenLiveSwitch 和底部的 UIToolbar 添加 Trailing Space to Container 自动布

局约束。

(6) 选择底部的 UIToolbar，按住 Control 拖曳其到 UIView 的底部，同时添加一个 Bottom Space to Bottom Layout Guideline 自动布局约束。

(7) 选择 iPad 模拟器运行应用程序。旋转屏幕到横向，现在用户界面的展现就是正确的，如图 11-5 所示。

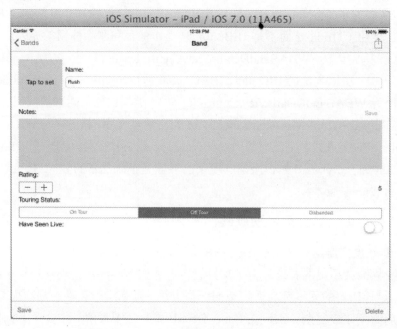

图 11-5

示例说明

刚刚所做的就是为了确保 Band Details 场景中不同的用户界面对象在屏幕发生旋转时可以适应屏幕的变化。Leading Space to Container 布局约束可以确保屏幕左边缘和用户界面对象之间保持不变的空间。Trailing Space to Container 布局约束可以确保屏幕右边缘和用户界面对象之间保持不变的空间。而 UIToolbar 也需要 Bottom Space to Bottom Layout Guideline 来确保它始终处于 UIView 的底部。现在当 iPad 旋转时，这些用户界面对象会通过变大或缩小的方式确保其与屏幕边缘的距离不变。

11.2　学习 Popovers

iPad 所用到的更大的屏幕给用户交互带来了新的挑战，在之前章节中所实现的 iPhone 应用程序展现的场景都充满了整个屏幕。虽然也可以让用户选择不填满整个高度，但是其宽度都是默认填满整个屏幕的。因为 iPhone 的屏幕较小，这些界面的切换让用户很舒适。但是这些切换如果在 iPad 上就会显得不和谐，大大降低了用户体验。

当 iPad 发布时，苹果公司为 iOS SDK 添加了一个名为 UIPopover 的新的用户接口范例。

UIPopover 是 UIView 的一种类型，它好像漂浮在当前显示的 UIView 的上面。它们只占据屏幕的一小部分，其他部分仍由 UIView 使用。它还提供一个箭头，以供用户单击就可以回到 UIView。这样用户就可以专心在最主要的部分继续进行交互操作，同时还可以明确正在浏览的内容所属的部分。为了让应用程序更加的一致，Apple's Human Interface Guidelines 要求开发者在 iPad 应用程序中使用 Popovers，所以在 Bands app 的实现过程中需要用到这个方法。

11.2.1　在 Popovers 中呈现 Action Sheet

首先需要做的就是在 UIPopover 中呈现 UIActionSheet。在 iPhone 应用程序中，UIActionSheets 会自动扩展到屏幕的整个宽度，并从屏幕底部弹出。在 iPad 应用程序中，UIActionSheets 在 UIPopover 中进行呈现，并会带有一个箭头用于返回之前用户单击的对象或按钮。为了在 UIPopover 中呈现一个 UIActionSheet，我们需要修改代码以便让系统知道箭头该指向何处。首先在 UIActionSheet 中需要实现的是 Delete Band 的确认选项。通过修改 Band Details 场景使用 UIBarButtonItem 实现的 Delete and Save 按钮，现在可以用 UIActionSheet 类的 showFromBarButtonItem:animated:方法来在 UIPopover 中呈现一个 UIActionSheet 类。

在 UIPopovers 中展示 UIActionSheet 的最主要的不同在于这里没有 Cancel 按钮，即使在 initWithTitle:delegate:cancelButton Title:destructiveButtonTitle:otherButtonTitle:方法中增加一个叫 Cancel 标题的参数也不可以。取而代之的是用户可以通过单击 UIPopovers 之外的任何地方来实现"取消"操作，这也是用户所希望的操作。

试试看　在 Popovers 中呈现 Action Sheets

(1) 在 Project Navigator 中选择 WBABandDetailsViewController_iPad.h 文件。
(2) 用下面的代码为删除 UIBarButtonItem 添加新的 IBOutlet：

```
@property (nonatomic, weak) IBOutlet UIBarButtonItem *deleteBarButtonItem;
```

(3) 用下面的代码为 UIActionSheet 添加一个属性：

```
@property (nonatomic, strong) UIActionSheet *actionSheet;
```

(4) 从 Project Navigator 中选择 WBABandDetailsViewController_iPad.m 文件。
(5) 用下面的代码修改 deleteButtonTouched:方法：

```
- (void)deleteButtonTouched:(id)sender
{
    NSLog(@"deleteButtonTouched iPad File");

    if(self.actionSheet)
        return;

    self.actionSheet = [[UIActionSheet alloc] initWithTitle:nil delegate:self
```

```
cancelButtonTitle:@"Cancel" destructiveButtonTitle:@"Delete Band"
otherButtonTitles:nil];
    self.actionSheet.tag = WBAActionSheetTagDeleteBand;

    [self.actionSheet showFromBarButtonItem:self.deleteBarButtonItem animated:YES];
}
```

(6) 用下面的代码重写 actionSheet:clickedButtonAtIndex:方法：

```
- (void)actionSheet:(UIActionSheet *)actionSheet
clickedButtonAtIndex:(NSInteger)buttonIndex
{
    self.actionSheet = nil;
    [super actionSheet:actionSheet clickedButtonAtIndex:buttonIndex];
}
```

(7) 从 Project Navigator 中选择 Main-iPad.storyboard，建立 Delete 按钮到 deleteBar-ButtonItem IBOutlet 的关联。

(8) 选择 iPad 模拟器运行应用程序。单击 Delete 按钮，会从 Delete UIBarButtonItem 的 UIPopover 中显示一个 UIActionSheet，如图 11-6 所示。

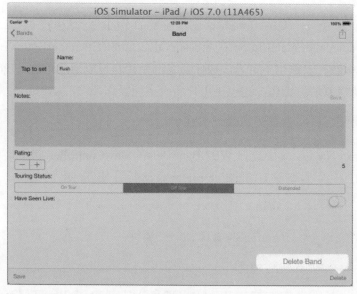

图 11-6

示例说明

首先为 UIBarButtonItem 添加了一个 IBOutlet，同时还要为 UIActionSheet 添加一个新的属性到 WBABandDetailsViewController_iPad 类的 interface 中。在实现代码中，修改了 deleteButtonTouched:方法来查看 UIActionSheet 的属性是否被设置了。通过这一步可以防止删除 UIActionSheet 重复显示。在 iPhone 版本中的 Bands app 中，删除 UIButton 被 UIActionSheet 所取代。这与 iPad 中版本中的情况不同，所以用户能够继续单击删除 UIBarButtonItem。这一步的检查使得代码不会重复创建和显示另一个 UIActionSheet。

接下来的代码会使用 showFromBarButtonItem:animated:方法来创建和展现 UIActionSheet。通过传入 deleteBarButtonItem 参数，UIPopover 中显示的 UIActionSheet 会带有一个指向 deleteBarButtonItem 的箭头。

同时为了设置 activitySheet 属性返回 nil，还需要重写 actionSheet:clickedButtonAtIndex: 方法。如果不重写该方法，那么用户通过单击 UIPopover 外部来取消或选择一个选项后，将不会看见另一个 UIActionSheet。不需要复制代码来处理哪个选项被选中这一问题，而是直接使用 super 关键字调用已经写好的 WBABandDetailsViewController 父类中的 actionSheet:clickedButtonAtIndex:方法。

11.2.2 使用 UIPopoverController

UIActionSheets 并不是在 UIPopover 中显示的唯一的用户界面元素。根据 Apple's Human Interface Guidelines，还有一些其他的元素必须在 iPad 的用户界面中使用 UIPopover。其中之一就是 UIImagePickerController。

在第 6 章中，实现 UIImagePickerController 是通过在整个场景中进行呈现的。该方法在 iPad 版本应用程序的实现过程中仍然可用，但是当提交应用程序到苹果公司进行审核时会遭到拒绝。应该通过使用 UIPopoverController 在 UIPopover 中显示 UIImagePicker-Controller 才是正确的做法。

UIPopoverController 类可以展现任何一个 UIViewController 的子类。当展现 UIPopover 时，需要告诉应用程序箭头该指向哪里及箭头的方向。可以在屏幕上通过显示一个 UIBarButtonItem 或从 CGRect 告诉 UIPopover 指向哪里。我们在第 2 章中介绍过，CGRect 是一个包含 CGPoint 和 CGSize(参考程序清单 2-4)的普通结构体。它是通过原始点、宽和高的方式指示一个方形区域。所有的用户界面对象都有一个 CGRect 类型的边框属性，展示 UIPopover 时可以使用这个方法。

通过 UIPopoverArrowDirection 枚举的值可以告诉 UIPopover 箭头所指的方向，表 11-1 描述了这些值。当设计一个 iPad 应用程序用户界面时，开发者可能希望另外告诉系统箭头该指向哪里。Bands app 的 iPad 设计中不要求这些，所以只需要用到 UIPopoverArrow-DirectionAny 常量。在下面的"试试看"环节中就会看到。

表 11-1 Popover 箭头常量

常 量	描 述
UIPopoverArrowDirectionUP	从内容下面指向上方的箭头
UIPopoverArrowDirectionDown	从内容上面指向下方的箭头
UIPopoverArrowDirectionLeft	从内容右侧指向左侧的箭头
UIPopoverArrowDirectionRight	从内容左侧指向右侧的箭头
UIPopoverArrowDirectionAny	系统基于 popover 的源头边框和按钮来决定箭头的方向
UIPopoverArrowDirectionUnknown	箭头的方向未知，当 popover 没有呈现时要取得 UIPopover-Controller 的 popoverArrowDirection 属性时使用

试试看　使用 Popover Controller

(1) 从 Project Navigator 中选择 WBABandDetailsViewController_iPad.h 文件，用下面的代码为 UIPopoverController 添加一个新属性：

```
@property (nonatomic, strong) UIPopoverController *popover;
```

(2) 从 Project Navigator 中选择 WBABandDetailsViewController_iPad.m 文件。

(3) 用下面的代码重写 bandImageViewTapDetected 方法：

```
- (void)bandImageViewTapDetected
{
    if([UIImagePickerController
isSourceTypeAvailable:UIImagePickerControllerSourceTypeCamera])
    {
        UIActionSheet *chooseCameraActionSheet = [[UIActionSheet alloc]
initWithTitle:nil delegate:self cancelButtonTitle:@"Cancel"
destructiveButtonTitle:nil otherButtonTitles:@"Take with Camera",
@"Choose from Photo Library", nil];
        chooseCameraActionSheet.tag = WBAActionSheetTagChooseImagePickerSource;

        [chooseCameraActionSheet showFromRect:self.bandImageView.frame
inView:self.view animated:YES];
    }
    else if([UIImagePickerController
isSourceTypeAvailable:UIImagePickerControllerSourceTypePhotoLibrary])
    {
        [self presentPhotoLibraryImagePicker];
    }
    else
    {
        UIAlertView *photoLibraryErrorAlert = [[UIAlertView alloc]
initWithTitle:@"Error" message:@"There are no photo libraries available"
delegate:nil cancelButtonTitle:@"OK" otherButtonTitles:nil];
        [photoLibraryErrorAlert show];
    }
}
```

(4) 用下面的代码重写 bandImageSwipeDetected 方法：

```
- (void)bandImageViewSwipeDetected
{
    if(self.actionSheet)
        return;

    self.actionSheet = [[UIActionSheet alloc] initWithTitle:nil delegate:self
cancelButtonTitle:@"Cancel" destructiveButtonTitle:@"Delete Band Image"
otherButtonTitles:nil];
    self.actionSheet.tag = WBAActionSheetTagDeleteBandImage;
    [self.actionSheet showFromRect:self.bandImageView.frame inView:self.view
animated:YES];
}
```

(5) 用下面的代码重写 presentPhotoLibraryImagePicker 方法：

```
- (void)presentPhotoLibraryImagePicker
{
    UIImagePickerController *imagePickerController =
[[UIImagePickerController alloc] init];
    imagePickerController.sourceType =
UIImagePickerControllerSourceTypePhotoLibrary;
    imagePickerController.delegate = self;
    imagePickerController.allowsEditing = YES;

    self.popover = [[UIPopoverController alloc]
 initWithContentViewController:imagePickerController];
    [self.popover presentPopoverFromRect:self.bandImageView.frame inView:self.view
permittedArrowDirections:UIPopoverArrowDirectionAny animated:YES];
}
```

(6) 用下面的代码重写 imagePicker:didFinishPickingMediaWithInfo:方法：

```
- (void)imagePickerController:(UIImagePickerController *)picker
didFinishPickingMediaWithInfo:(NSDictionary *)info
{
    [super imagePickerController:picker didFinishPickingMediaWithInfo:info];
    [self.popover dismissPopoverAnimated:YES];
    self.popover = nil;
}
```

(7) 用下面的代码新建一个 imagePickerControllerDidCancel:方法：

```
- (void)imagePickerControllerDidCancel:(UIImagePickerController *)picker
{
    [self.popover dismissPopoverAnimated:YES];
    self.popover = nil;
}
```

(8) 选择 iPad 模拟器运行应用程序，图片选择器现在出现在 popover 中，如图 11-7 所示。

图 11-7

示例说明

当单击从设备拍照或照片库中得到的乐队图片时，需要询问用户希望使用哪张图片，这在第 6 章中是通过 UIActionSheet 来实现的。而在 iPad 版本中，需要在指向 UIImageView 的 UIPopover 中显示一个 UIActionSheet。通过重写 bandImageViewTapped 方法，可以用 UIImageView 的 frame 属性来呈现 UIActionSheet。重写 bandImageSwipeDetected 方法是为了将 UIActionSheet 在 UIPopover 中呈现。

接下来，应用程序重写了 presentPhotoLibraryImagePicker 来使用 UIPopoverController 展现 UIImagePickerController。首先用 initWithContentViewController:方法初始化 UIPopover-Controller，再把它传入 UIImagePickerController。再用 presentPopoverFromRect:inView:permitted-ArrowDirections:animated:方法展现 UIPopover。为 UIImageView 的 frame 属性传入 CGRect 参数，使用 WBABandDetailsViewController_iPad 的 view 属性作为该方法的 view 参数的值。由于并不需要关心箭头指向的方向，因此使用 UIPopoverArrowDirectionAny 常量。设置 animated 属性为 YES，这样 UIPopover 会以动画的方式进入而不是突然出现，这些都为用户提供了更好的体验。

用户选择图片后，代码要将 UIPopover 移除，这通过重写 imagePicker:didFinishPicking-MediaWithInfo:方法来实现。因为这是一个重写的方法，仍然可以通过使用 super 关键字调用 imagePicker:didFinishPickingMediaWithInfo:方法在父类中执行应用程序。当父类中的代码执行过后，会通过调用 dismissPopoverAnimated 来使 UIPopover 消失，它返回到子类，之后再次设置 animated 参数为 YES，来使得 UIPopover 以一个动画效果移除而不是突然就消失了。

在 iPhone 版本中，如果用户单击 Cancel 按钮，就需要取消 UIImagePickerController。在 iPad 版本中如果需要移除 UIPopover，就要重写 imagePickerControllerDidCancel:方法，同时调用 dismissPopoverAnimated:。

另一个要在 UIPopover 中展现的视图控制器是 UIActivityViewController。这跟实现 UIImagePickerController 的方法类似，首先初始化 UIActivityViewController，然后用 initWithContentViewController:方法 初始化 UIPopoverController。

在 Bands app 中，Band Details 场景中有一个 activity UIBarButton。在 iPhone 版本中单击该按钮时，会展现一个带 activity 选项的 UIActionSheet。而在 iPad 版本中，需要在 UIPopover 中展现一个 UIActionSheet 指向一个 activity 的 UIBarButtonItem，通过 showFrom-BarButtonItem:animated:方法来实现。如果用户选择了分享选项，也需要 UIPopover-Controller 中的 UIActivityViewController 指向一个 activity UIBarButtonItem，这里需要通过 presentPopoverFromBarButtonItem:permittedArrowDirections:animated:方法来实现。然后，尽管可以使用 UIPopoverArrowDirectionUp 常量，但它只会指向一个方向，所以还要用到 UIPopoverArrowDirectionAny 常量。

UIPopoverController 还会有一个委托，当 UIPopover 发生一些重要操作时会调用该委托通知具体的应用程序代码。当用户单击 UIPopover 的外部，就像他们单击了 Cancel 按钮。

当这个操作发生时，就意味着代码需要让 UIPopover 赶紧消失。这是通过 UIPopoverControllerDelegate 的 popoverControllerDidDismissPopover 方法来实现的。

试试看　在 Popover 中展示 UIActivityViewController

(1) 从 Project Navigator 中选择 WBABandDetailsViewController_iPad.h 文件。

(2) 用下面的代码声明类实现 UIPopoverControllerDelegate：

```
@interface WBABandDetailsViewController_iPad : WBABandDetailsViewController
<UIPopoverControllerDelegate>
```

(3) 用下面的代码为活动 UIBarButtonItem 添加一个新的 IBOutlet：

```
@property (nonatomic, weak) IBOutlet UIBarButtonItem *activityBarButtonItem;
```

(4) 从 Project Navigator 中选择 Main-iPad.storyboard，将活动 UIBarButtonItem 关联到新的 IBOutlet 上。

(5) 从 Project Navigator 中选择 WBABandDetailsViewController_iPad.m 文件。

(6) 用下面的代码修改 activityButtonTouched 方法：

```
- (void)activityButtonTouched:(id)sender
{
    NSLog(@"activityButtonTouched iPad File");

    if(self.actionSheet)
        return;

    self.actionSheet = [[UIActionSheet alloc] initWithTitle:nil delegate:self
 cancelButtonTitle:@"Cancel" destructiveButtonTitle:nil
otherButtonTitles:@"Share", nil];
    self.actionSheet.tag = WBAActionSheetTagActivity;
    [self.actionSheet showFromBarButtonItem:self.activityBarButtonItem
animated:YES];
}
```

(7) 用下面的代码重写 shareBandInfo 方法：

```
- (void)shareBandInfo
{
    NSArray *activityItems = [NSArray arrayWithObjects:[self.bandObject
stringForMessaging], self.bandObject.bandImage, nil];

    UIActivityViewController *activityViewController =
[[UIActivityViewController alloc]initWithActivityItems:activityItems
applicationActivities:nil];
    [activityViewController setValue:self.bandObject.name forKey:@"subject"];

    NSArray *excludedActivityOptions =
[NSArray arrayWithObjects:UIActivityTypeAssignToContact, nil];
```

```
[activityViewController setExcludedActivityTypes:excludedActivityOptions];

    self.popover = [[UIPopoverController alloc]
initWithContentViewController:activityViewController];
    self.popover.delegate = self;
    [self.popover presentPopoverFromBarButtonItem:self.activityBarButtonItem
 permittedArrowDirections:UIPopoverArrowDirectionAny animated:YES];
}
```

(8) 用下面的代码添加一个新方法 popoverControllerDidDismissPopover：

```
- (void)popoverControllerDidDismissPopover:(UIPopoverController *)popoverController
{
    [self.popover dismissPopoverAnimated:YES];
    self.popover = nil;
}
```

(9) 选择 iPad 模拟器运行应用程序，现在 UIActivityViewController 在 popover 中呈现，
如图 11-8 所示。

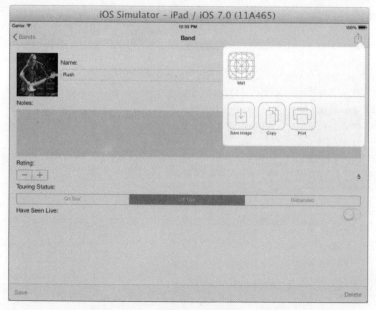

图 11-8

示例说明

首先声明 WBABandDetailsViewController_iPad 类实现了 UIPopoverControllerDelegate。
接下来为活动 UIBarButtonItem 添加了一个 IBOutlet，这样在显示 UIActionSheet 和
UIActivityViewController popover 时会用到它。

在实现代码中，重写了 activityButtonTouched:方法来从活动 UIBarButtonItem 中展现
UIActionSheet。现在只有 Share 选项，因为其他的场景还没有添加到 iPad 版本应用程序
的实现中。

之后重写 shareBandInfo 方法。创建 UIActivityViewController 与在 iPhone 版中一样。用 UIBarButtonItem 中的 UIPopoverController 来创建和展现它。同时设置其 delegate 为 self，这样当用户单击 UIPopover 外面的时候，代码也会知道该显示什么界面。最终，我们实现了 popoverControllerDidDismissPopover: 方法，当用户单击 UIPopover 外面任意地方时 UIPopover 就会消失。

11.3　完成 iPad 版本的实现

现在已经有了具备了 iPad 版本 Bands app 所需要的所有工具。本章的余下部分通过将剩下的三个场景添加到 iPad Storyboard 来实现最终的效果。

下一个要添加到 iPad Storyboard 的场景是 Web View。这个场景在一个 UIActionSheet 中展现 Open in Safari 选项，需要从 activity UIBarButtonItem 的 UIPopover 呈现出来。我们将会用 Band Details 场景中使用的同样的方法来实现。Web View 场景还需要重写新 iPad 类的 prepareForSegue:sender: 方法。

除了一个差别之外其用户界面几乎与 iPhone 版本一模一样，那就是 iPad 版本中 UIWebView 会展现在 UINavigationItem 和 UIToolbar 之间。这是因为它不会像 iPhone 版本的页面那样显示在 UINavigationItem 的下面。在接下来的"试试看"环节中我们还会学到一个用于添加自动布局约束的新技术。

试试看　为 iPad 版添加 Web Search 场景

(1) 从 Xcode 菜单中选择 File | New | File，创建一个名为 WBAWebViewController_iPad 的 WBAWebViewController 子类。

(2) 从 Project Navigator 中选择 WBAWebViewController_iPad.h 文件。

(3) 用下面的代码为 UIBarButtonItem 动作添加一个新 IBOutlet：

```
@property (nonatomic, weak) IBOutlet UIBarButtonItem *actionBarButtonItem;
```

(4) 用下面的代码为 UIActionSheet 添加一个属性：

```
@property (nonatomic, strong) UIActionSheet *actionSheet;
```

(5) 选择 WBAWebViewController_iPad.m 文件，用下面的代码重写 webViewActionButton-Touched: 方法：

```
- (IBAction)webViewActionButtonTouched:(id)sender
{
    self.actionSheet = [[UIActionSheet alloc] initWithTitle:nil delegate:self
cancelButtonTitle:@"Cancel" destructiveButtonTitle:nil
otherButtonTitles:@"Open in Safari", nil];
    [self.actionSheet showFromBarButtonItem:self.actionBarButtonItem animated:YES];
}
```

(6) 用下面的代码重写 actionSheet:clickedButtonAtIndex:方法：

```
- (void)actionSheet:(UIActionSheet *)actionSheet
clickedButtonAtIndex:(NSInteger)buttonIndex
{
    self.actionSheet = nil;
    [super actionSheet:actionSheet clickedButtonAtIndex:buttonIndex];
}
```

(7) 从 Project Navigator 中选择 WBABandDetailsViewController_iPad.m 文件。

(8) 用下面的代码导入 WBAWebViewController_iPad.h 文件：

```
#import "WBAWebViewController_iPad.h"
```

(9) 用下面的代码添加一个 prepareForSegue:sender:方法：

```
-(void)prepareForSegue:(UIStoryboardSegue *)segue sender:(id)sender
{
    if([segue.destinationViewController class] == [WBAWebViewController_iPad class])
    {
        WBAWebViewController_iPad *webViewController =
segue.destinationViewController;
        webViewController.bandName = self.bandObject.name;
    }
}
```

(10) 用下面的代码修改 activityButtonTouched:方法：

```
- (void)activityButtonTouched:(id)sender
{
    NSLog(@"activityButtonTouched iPad File");

    if(self.actionSheet)
        return;

    self.actionSheet = [[UIActionSheet alloc] initWithTitle:nil delegate:self
cancelButtonTitle:@"Cancel" destructiveButtonTitle:nil
otherButtonTitles:@"Share", @"Search the Web", nil];
    self.actionSheet.tag = WBAActionSheetTagActivity;
    [self.actionSheet showFromBarButtonItem:self.activityBarButtonItem
animated:YES];
}
```

(11) 从 Project Navigator 中选择 Main-iPad.storyboard。

(12) 将一个新的 View Controller 拖到 Storyboard 上，在 Identity Inspector 中设置它的 class 为 WBAWebViewController_iPad。这就是 Web View 场景的 iPad 版本视图。

(13) 从 Band Details 场景到 Web View 场景，创建一个名为 webViewSegue 的 push segue。

(14) 如第 8 章中那样创建一个 Web View 用户界面，这通过从导航栏中添加 UIWebView、UIToolbar 和 UIBarButtonItems 完成。

(15) 调整 UIWebView 使其置于 UINavigationItem 和 UIToolbar 中间。

(16) 选择 UIWebView，单击 Pin auto layout 按钮。在对话框中选择 UIWebView 对话框

顶部的线。这样会让线从虚线变成实线，如图 11-9 所示。

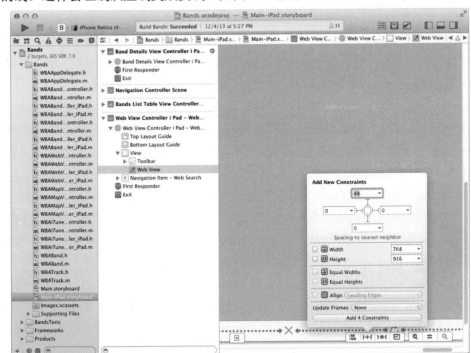

图 11-9

(17) 选择 UIToolbar，单击 Pin auto layout 按钮，选择左、右和底部的线，然后单击 Add 3 Constraints 按钮。

(18) 建立 IBOutlets、IBActions 和 delegate 到 WBAWebViewController_iPad 的关联。

(19) 选择 iPad 模拟器运行应用程序，Search the Web 功能实现了，如图 11-10 所示。

图 11-10

示例说明

创建一个 iPad 版本的 Web Search 场景的第一步就是创建一个新的 WBAWebView-Controller_iPad 类,该类为第 8 章中实现的 WBAWebViewController 的子类。iPad 版本需要在 UIPopover 中呈现一个 UIActionSheet。在 iPad Web View 场景中的实现和之前在 Band Details 场景中实现的 activity 选项是一样的。在 WBAWebViewController_iPad 中,为活动 UIBarButtonItem 添加了一个 IBOutlet,并为 UIActionSheet 添加了一个属性。接下来重写了 webViewActionButtonTouched: 方法,用于在创建和显示 UIActionSheet 前执行 UIActionSheet 的检查来防止 UIPopovers 多次显示。还需要重写 actionSheet:clickedButtonAtIndex: 方法来设置 UIActionSheet 的属性最后返回 nil,确保其可以再次显示。在 WBABandDetailsViewController_iPad 的实现中,添加了一个 prepareForSegue:sender: 重写方法来检查 WBAWebSearchViewController_iPad 类。如果不添加这个方法,iPhone 应用程序中设置 bandName 的 WBAWebSearchViewController 类就会被执行。因为在 iPad 实现中是两个不一样的类,这样做的话就会出现错误,所以 bandName 不应该被设置。

我们为 Web View 场景重建了用户界面,如同它在 iPhone 版本中那样。为了支持旋转,用 Pin auto layout 约束对话框添加了自动布局约束。和之前需要按住 Control 并在 UIView 中进行拖曳的方式不同,可以通过对话框来快速添加约束,只需要单击想要添加约束的边界即可。

下一个要添加的场景是 Map Search 场景,这个场景与之前支持旋转的自动布局约束下在 UIPopover 中展现的 UIActionSheet 的实现是一样的。下面的"试试看"环节和之前的过程类似。

试试看 为 iPad 添加查找本地唱片店的功能

(1) 从 Xcode 菜单选择 File | New | File,创建一个 WBAMapViewController 的子类,并命名为 WBAMapViewController_iPad。

(2) 从 Project Navigator 中选择 WBAMapViewController_iPad.h 文件。

(3) 用下面的代码为 action bar button item 添加一个 IBOutlet:

```
@property (nonatomic, weak) IBOutlet UIBarButtonItem *actionBarButtonItem;
```

(4) 用下面的代码为 action sheet 添加一个属性:

```
@property (nonatomic, strong) UIActionSheet *actionSheet;
```

(5) 从 Project Navigator 中选择 WBAMapViewController_iPad.m 文件,用下面的代码重写 actionButtonTouched: 方法:

```
- (IBAction)actionButtonTouched:(id)sender
{
    if(self.actionSheet)
        return;
```

```
    self.actionSheet = [[UIActionSheet alloc] initWithTitle:nil delegate:self
cancelButtonTitle:@"Cancel" destructiveButtonTitle:nil
otherButtonTitles:@"Map View", @"Satellite View", @"Hybrid View", nil];
    [self.actionSheet showFromBarButtonItem:self.actionBarButtonItem animated:YES];
}
```

(6) 用下面的代码重写 actionSheet:clickedButtonAtIndex:方法：

```
- (void)actionSheet:(UIActionSheet *)actionSheet
clickedButtonAtIndex:(NSInteger)buttonIndex
{
    self.actionSheet = nil;
    [super actionSheet:actionSheet clickedButtonAtIndex:buttonIndex];
}
```

(7) 从 Project Navigator 中选择 WBABandDetailsViewController_iPad.m 文件，用下面的代码修改 activityButtonTouched:方法：

```
- (void)activityButtonTouched:(id)sender
{
    NSLog(@"activityButtonTouched iPad File");

    if(self.actionSheet)
        return;

    self.actionSheet = [[UIActionSheet alloc] initWithTitle:nil delegate:self
cancelButtonTitle:@"Cancel" destructiveButtonTitle:nil
otherButtonTitles:@"Share", @"Search the Web",
@"Find Local Record Stores", nil];
    self.actionSheet.tag = WBAActionSheetTagActivity;
    [self.actionSheet showFromBarButtonItem:self.activityBarButtonItem
animated:YES];
}
```

(8) 从 Project Navigator 中选择 Main-iPad.storyboard。

(9) 将一个新的 View Controller 拖到 storyboard 上，在 Identity Inspector 中设置它的 class 为 WBAMapViewController_iPad。这就是 Map Search 场景的 iPad 版本。

(10) 从 Band Details 场景到 Map View 场景创建一个名为 mapViewSegue 的 push segue。

(11) 从 MapView 场景到 Web View 场景创建一个名为 recordStoreWebSearchSegue 的 push segue。

(12) 如第 9 章中那样创建 Map View 场景的用户界面。

(13) 建立所有 IBOutlet、IBAction 和 delegate 到 WBAMapViewController_iPad 类的关联。

(14) 选择 MKMapView，单击 Pin auto layout 按钮，选择 MKMapView 中的 4 个方向的线，然后单击 Add 4 Constraints 按钮。

(15) 选择 iPad 模拟器运行应用程序，查找本地唱片店的功能已经实现了，如图 11-11 所示。

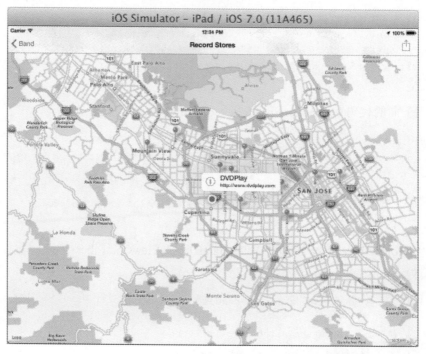

图 11-11

示例说明

上面的"试试看"与之前在 Band Details 场景和 Web View 场景中所实现的模式相同。这里将用户选择地图类型的 UIActionSheet 在 UIPopover 中呈现，通过 activity UIBarButtonItem 的单击具体完成这个功能，同时还为 UIActionSheet 和 UIBarButtonItem 都提供了相应的属性。在 actionButtonTouched:的实现中再次进行检查，在创建和展示一个由 UIBarButtonItem 得到的新 UIActionSheet 前检查是否已经有 UIActionSheet 处于显示中。还重写了 actionSheet:clickButtonAtIndex:方法来设置 UIActionSheet 回到 nil。

唯一一个需要配置自动布局约束的用户界面对象以支持屏幕旋转的就是 MKMapView，使用 Pin auto layout constraint 对话框为其添加了 4 个约束。

最后一个需要添加到 iPad 版的实现中的功能是 Search iTunes for Tracks(在 iTunes 中搜索歌曲)。在 iPhone 版的实现中用 UIActionSheet 展示 Preview 和 Open in iTunes 选项。在 iPad 实现中需要将其在 UIPopover 中展示，并令该 UIPopover 指向用户在 UITableView 中所选的具体行。通过重写 tableView:didSelectRowAtIndexPath:方法来实现并在之后使用 UITableView 的 rectForRowAtIndexPath:方法来取得 UIPopover 应该指向的选定行的 CGRect。由于用户不能重复单击 UITableView 并继续显示 UIActionSheet，就不需要在展示 UIActionSheet 前再检查是否有 UIActionSheet 处于可见状态了。这也意味着不需要向之前的两个场景中那样设置 UIActionSheet 的属性。WBABandDetailsViewController_iPad 需要再次更新 prepareForSegue:sender:方法以设置 bandName，和之前 Web View 场景的 iPad 版类似。

对于用户界面，UITableView 已经配置了支持旋转的自动布局约束，所以就不需要在下面的"试试看"环节中添加相应的代码了。

试试看　为 iPad 版添加 iTunes Search 功能

(1) 在 Xcode 菜单中选择 File | New | File，创建一个名为 WBAiTunesSearchView-Controller_iPad 的 WBAiTunesSearchViewController 的子类。

(2) 在 Project Navigator 中选择 WBAiTunesSearchViewController_iPad.m 文件。

(3) 用下面的代码重写 tableView:didSelectRowAtIndexPath:方法：

```
- (void)tableView:(UITableView *)tableView
didSelectRowAtIndexPath:(NSIndexPath *)indexPath
{
    UIActionSheet *actionSheet = [[UIActionSheet alloc] initWithTitle:nil
delegate:self cancelButtonTitle:@"Cancel" destructiveButtonTitle:nil
otherButtonTitles:@"Preview Track", @"Open in iTunes", nil];
    CGRect selectedRowRect = [self.tableView rectForRowAtIndexPath:indexPath];
    [actionSheet showFromRect:selectedRowRect inView:self.view animated:YES];
}
```

(4) 在 Project Navigator 中选择 Main-iPad.storyboard。

(5) 将一个 Table View Controller 拖到 Storyboard 上，在 Identity Inspector 中设置其 class 为 WBAiTunesSearchViewController_iPad。现在这个就是 iTunes Search 场景的 iPad 版。

(6) 从 Band Details 场景到 iTunes Search 场景创建一个名为 iTunesSearchSegue 的 push segue。

(7) 选择 prototype cell，设置其 style 为 Subtitle，并将 reuse identifier 设置为 trackCell。

(8) 如前所述，将一个 UISearchBar 添加到 UITableView 的上部。

(9) 建立 search bar 的 IBOutet 和委托到 WBAiTunesSearchViewController_iPad 的关联。

(10) 在 Project Navigator 中选择 WBABandDetailsViewController_iPad.m 文件。

(11) 通过下面的代码导入 WBAiTunesSearchViewController_iPad.h 头文件：

```
#import "WBAiTunesSearchViewController_iPad.h"
```

(12) 用下面的代码重写 prepareForSegue:sender:方法：

```
-(void)prepareForSegue:(UIStoryboardSegue *)segue sender:(id)sender
{
    if([segue.destinationViewController class] == [WebViewController_iPad class])
    {
        WebViewController_iPad *webViewController =
segue.destinationViewController;
        webViewController.bandName = self.bandObject.name;
    }
    else if ([segue.destinationViewController class] ==
[WBAiTunesSearchViewController_iPad class])
    {
```

```
    WBAiTunesSearchViewController_iPad *iTunesSearchViewController =
segue.destinationViewController;
    iTunesSearchViewController.bandName = self.bandObject.name;
   }
}
```

(13) 用下面的代码修改 activityButtonTouched:方法：

```
- (void)activityButtonTouched:(id)sender
{
   NSLog(@"activityButtonTouched iPad File");

   if(self.actionSheet)
      return;

   self.actionSheet = [[UIActionSheet alloc] initWithTitle:nil delegate:self
cancelButtonTitle:@"Cancel" destructiveButtonTitle:nil
otherButtonTitles:@"Share", @"Search the Web", @"Find Local Record Stores",
@"Search iTunes for Tracks", nil];
   self.actionSheet.tag = WBAActionSheetTagActivity;
   [self.actionSheet showFromBarButtonItem:self.activityBarButtonItem
animated:YES];
}
```

(14) 选择 iPad 模拟器运行应用程序，iTunes Track Search 功能现在已经实现了，如图 11-12 所示。

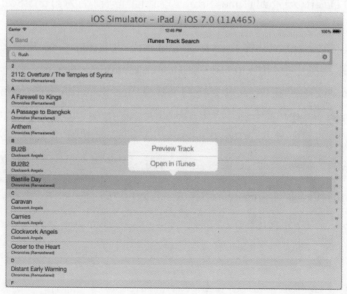

图 11-12

示例说明

在 iPad 版应用程序的实现代码中重写了 tableView:didSelectRowAtIndexPath:方法来调用 UITableView 的 rectForRowAtIndexPath:方法以获得选定行的 CGRect 对象。之后将利用

UIActionSheet 的 showFromRect:inView:方法使用行的 CGRect 对象呈现 UIPopover 中的 UIActionSheet。

接下来创建了 iPad 场景并重建了 segue 和 cell identifiers，这样使得 iPhone 版的应用程序仍然可用。之后修改了 prepareForSegue:sender: 方法来查看 WBAiTunesSearchView-Controller_iPad 类并设置 bandName 属性。最后将这个选项添加回 Band Details activity 选项中。

11.4　小结

创建一个通用的应用程序可以增加开发者软件的用户量，因为同时也为 iPad 设备的用户提供了同样的应用程序。开发者不需要大量改动他们的代码就可以实现这个功能，通过添加一个新的针对 iPad 设计的 Storyboard 及子类化在 iPhone 版应用程序中实现的各个功能类的方式，就可以快速高效地创建一个支持 iPad 设备的通用应用程序。

练习

(1) 为了使用户界面对象和屏幕右边缘的间距保持不变，需要使用哪个类型的自动布局约束？

(2) UIActionSheet 类的哪个方法可以呈现指向工具栏中 UIBarButtonItem 的 UIPopover 中的动作表单？

(3) 代码如何从 UIPopoverController 中知道用户单击了 UIPopover 外面的区域？

本章知识点

标　　题	关　键　概　念
通用应用程序	应用程序可以被编写为一个单独的项目但呈现多种表现形式，其表现形式取决于应用程序运行的设备，iPhone 或者 iPad 都可以
Popover	iOS SDK 包含一个针对 iPad 的用户界面范例，可以在应用程序的主内容界面上叠加一个视图
Auto layout	当 iOS 设备旋转时，屏幕的尺寸会改变。iOS SDK 包含一个自动布局约束的概念，它可以设置一些规则使用户界面按照设备的旋转方向自动调整到合适的显示效果

第 12 章

部署 iOS 应用程序

本章主要内容:

- 注册测试设备
- 创建并部署 ad hoc builds
- 使用 iTunes Connect
- 提交应用程序到 Apple App Store 审核

现在我们创建了一个通用的 iOS 应用程序,下一步就是发送应用程序给测试用户并最终将其提交到苹果公司的 App Store 进行发布。这两个过程都相对复杂,并且和开发者所开发的应用程序高度相关。它们都包含使用 Xcode 及 iOS Developer portal,同时还要使用 iTunes Connect portal,所以开发者必须成为一个注册的 iOS 开发者,iOS 开发者计划需要每年花费 99 美元。开发者可以按下面的步骤加入开发者计划:

(1) 访问 http://developer.apple.com/register。

(2) 用已有 Apple ID 登录或创建新 ID。

(3) 选择个人开发者账户或者公司账户(通过和苹果公司沟通并提供附加信息可以在任何时间将个人账户改为公司账户)。

(4) 填写所有需要的信息并使用信用卡完成支付(开发者必须使用信用卡支付,不支持其他的支付方式)。

在本章中我们将学习创建一个 iOS 应用程序的测试版本,并一步一步将其提交给苹果公司进行审核。我们仅简单地基于本书中创建的 Bands app 进行操作,但是其中的细节知识就需要读者朋友根据自己的应用程序的开发、测试和部署等过程来细细研究。从技术上来讲,用户可以通过本章来创建一个 Bands app 的测试版本,但是不能将本书我们构建的这个 Bands app 发布到 App Store 中。因为这样做的话可能涉及知识产权盗用和盗版的问题。

对 iOS 应用程序进行测试是非常重要的，仅在模拟器和开发者自己的设备上测试应用程序还不够。模拟器无法模拟真机环境中一直处于运行状态的所有系统软件和处理过程对测试应用程序的影响。同样，当开发者在真机上运行一个 debug 版本的应用程序时，会禁用一些系统用户终止出错的应用程序的进程。

【警告】

再次强调：不要将没有在真机上进行测试的应用程序发布到 App Store 中销售。

当然一些比较老的设备可能在性能上和最新的设备有差距，老的设备一般内存都比较小。如果你的应用程序使用大量的内存或没有适当地进行内存分配，系统就会强迫你的应用程序退出。老的设备处理器也比较落后，如果应用程序有复杂的动画效果，在老设备上的运行就会非常吃力。如果你的应用程序中使用到了诸如 Bands app 的表视图，然后并没有在创建或者重用 cell 时做特别的加速处理，则滑动条的滚动将不会那么流畅。

经常观察别人如何使用你的应用程序是非常好的习惯，这样可以发现那些在开发者看来非常容易的操作其实对使用者并不那么友好，还可以发现那些开发者认为显而易见的功能和手势其实用户从来都不知道怎么用。这些问题都会导致不好的评价和评论，进而最终导致更少的购买率和下载率。

当你对应用程序已经比较满意了，并找到了所有的 bug 和使用上的问题，就可以将其提交给苹果公司进行审核并发布到 App Store 上了。苹果公司会在发布前对所有的应用程序进行审核。即使开发者认为已经没有什么问题的应用程序也可能被苹果公司拒绝上架。最常见的两个拒绝原因是应用程序崩溃和错误，这就是为什么在提交审核前对应用程序进行测试显得尤为重要。

如果你的应用程序在第一次提交时被拒绝了也不要担心，这是很正常的事，仔细阅读拒绝的理由并进行相应的修改。如果你对于有些理由不明白的话，可以直接联系苹果公司咨询更详细的信息。当所有问题都解决后你的应用程序就可以被接收了，现在你就是一个面带微笑的已经成功发布 iOS 应用程序的开发者了，接下来你就可以为下一个版本做计划了！

12.1 部署应用程序给测试者

一个 iOS 应用程序的测试版或开发者预览版本被称为 ad hoc builds。为 iOS 应用程序创建 ad hoc build 的过程要比其他开发平台中进行该过程复杂得多。任何一个你希望运行 ad hoc build 的设备都需要使用苹果数字版权管理系统向苹果公司进行注册(通常被称为 DRM)。ad hoc builds 具有一个 provisioning profile(配置文件)，其包含支持应用程序运行的所有设备的信息，同时包含一个必须在苹果公司已经注册的带有签名的数字证书。听起来很复杂，但确实如此。在以前的 iOS SDK 中和 developer portal 中开发者需要遵守很多细节方面的步骤来实现这一过程。随着 SDK 和 portal 的成熟，对一些不同过程的处理已经有了明显的进步，当你实际成功操作几次之后就会习惯这种方式。

12.1.1　注册 Beta 设备

部署应用程序的 ad hoc 版本的第一步是要邀请测试者并获得一个或多个设备的 Universally Unique Identifier(UUID)。每个 iOS 设备都有一个唯一的识别码，称之为 UUID。当开发者邀请测试者帮助测试时，需要告知测试者如何取得这些设备的 UUID，这样就可以将其在苹果公司进行注册并将其包含进你的应用程序的 ad hoc provisioning profile 中。

试试看　取得 iOS 设备的 Universally Unique ID

(1) 在 Mac 或者 PC 机上打开 iTunes。

(2) 将设备和计算机连接。

(3) 从 iTunes 菜单栏中选择设备。

(4) 在设备信息界面单击 Serial Number 标签以显示 Identifier，如图 12-1 所示。

图 12-1

(5) 右击 Identifier 将信息复制到粘贴板。

示例说明

iTunes 是为所有用户提供管理 iOS 设备的软件。在其中我们可以取得设备的 UUID。由于 UUID 号并不是一般用户需要用到的信息，所以其处于隐藏状态，我们需要采用 Control 加单击的方式其才会显示出来。UUID 是一串很长的信息且很难被抄写，所以苹果公司为其添加了右键选项令其可以被复制到粘贴板上，这样就可以粘贴到 e-mail 并发送给开发者了。

当开发者有一个测试者的 UUID 后，接下来需要在 iOS Dev Center 中向苹果公司发起注册请求，最多只可以注册 100 部设备。虽然开发者可以禁用一个设备，但是当开发者会员身份更新后每年对一台设备只能进行一次删除操作。知道这些后，在选择哪些设备来测试你的应用程序时就要谨慎了。选择那些经常更新或交换的设备来作为测试者可能并不是一个好的选择，因为老的设备 ID 仍然会占用开发者每年测试设备总数的一部分，对于那些从来不给予反馈的测试者选择时也要格外谨慎。

试试看 **注册测试设备**

(1) 通过浏览器访问 iOS Dev Center 使用如下 URL:http://developer.apple.com/devcenter/ios/。

(2) 使用你的 iOS Developer Program 用户名和密码登录。

(3) 在页面的右侧单击名为 Certificates,Identifiers&Profiles 的链接。

(4) 在接下来的页面中的 iOS Apps 部分单击 Devices 链接，如图 12-2 所示。

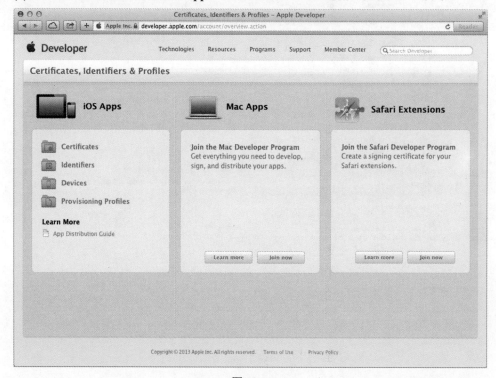

图 12-2

(5) 在下一个页面，单击 "+" 按钮打开 Registering a New Device or Multiple Devices 页面，如图 12-3 所示。

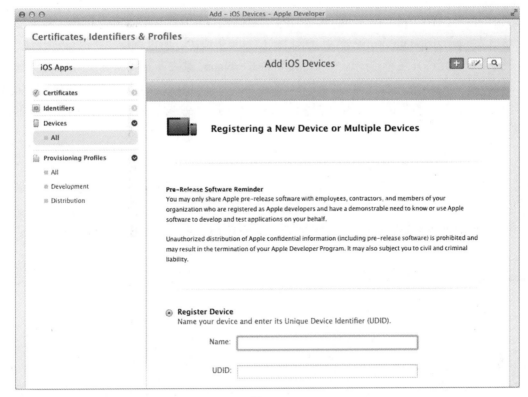

图 12-3

(6) 选择 Register Device 单选按钮并为设备输入一个名称同时填写其 UUID。

(7) 检查一下填写的信息，如果没有错误，则单击 Submit 按钮。

示例说明

iOS Dev Center 是开发者管理所有设备和最终生成 provisioning profiles 的地方。注册设备 ID 可以让设备更好地被 provisioning profiles 文件所包含，要确保 UUID 的正确性。在注册之后系统会检查是否到达设备上线，即使 UUID 不正确也会检查设备的数量限制。一旦设备注册成功，开发者可以有一次取消 UUID 的机会，不过它还是会占用每年 100 个设备 ID 的限制。当一年后更新你的开发者账户时，就可以删除任何一个不需要的设备了。

12.1.2 生成数字证书

当开发者构建 ad hoc 应用程序时，需要数字证书的签名。通过数字证书进行软件签名的方法已经使用了很长时间了。它们用来建立一条信任链旨在让用户知晓他们所安装的软件确实是正版的，即软件是由正规的公司和开发者所开发的且没有被修改过。当应用程序完成签名时，会通过二进制编码创建一个数字哈希表用于之后的计算，当应用程序安装时再进行检查。如果哈希表与签名信息所包含的内容不相符，则软件就存在风险，有可能在开发者的正版应用程序中加入了恶意代码。

为了避免用户安装带有恶意代码的 iOS 软件，所有的应用程序都必须进行签名。证书信息按规定要保存在 provisioning profile 中,同时必须与开发者安装在开发机器上的证书相匹配。因为 provisioning profile 是由 iOS Dev Center 生成的, 所以就需要在这里进行注册。Mac 操作系统允许开发者生成证书和将其导入 Keychain。过去开发者需要使用 Mac 机器上的 Keychain Access 应用程序来生成证书,并且将其上传到 iOS Dev Center 中。为了简化这一过程,苹果公司将生成证书的功能整合到 Xcode 中,并安装证书到开发者的开发机器,最后上传到 iOS Dev Center。

注意:

在开发和部署一个 iOS 应用程序时一共需要用到两个类型的证书,分别是开发证书和部署证书。在第 3 章中创建了开发证书,该证书只支持应用程序在 Xcode 中的设备上运行。本章中我们讨论的部署证书可用于将应用程序部署在 ad hoc 上或者发布到 App Store 上。

试试看 创建一个发布证书

(1) 在 Xcode 菜单中依次选择 Xcode | Preferences。
(2) 选择对话框上面的 Accounts 选项卡,如图 12-4 所示。

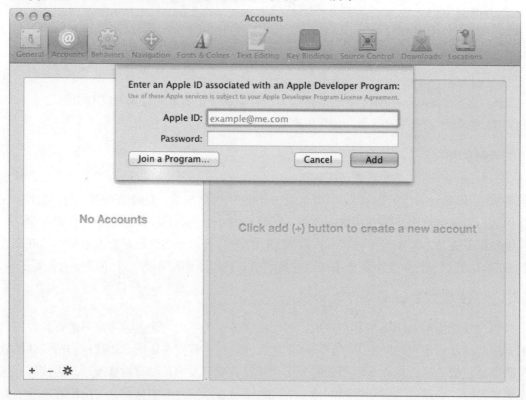

图 12-4

(3) 输入 iOS Dev Center 用户名和密码。
(4) 单击视图下方的 Details 按钮。

(5) 在接下来的对话框中所有的 Signing Certificates 都在该对话框中的上部列出了，Provisioning Profiles 在下方列出，如图 12-5 所示。

图 12-5

(6) 单击 Signing Certificates 下面的 "+" 按钮并选择 iOS Distribution。当证书被创建好了并提交到苹果公司后可以看见一个提示符。

示例说明

当我们单击 Details 按钮时，Xcode 登录到 iOS Dev Center 并下载已经存在的 Certificates 和 Provisioning Profiles。当单击 "+" 按钮并选择 iOS Distribution 选项时，Xcode 首先在我们的开发机器上生成一个新的证书。之后将其安装在开发机器的 Keychain 中，接下来将其上传到 iOS Dev Center，使其对 ad hoc provisioning profile 生效。

注意：

当证书生成时，需要将其导入到开发机器的 Keychain 中。可以用以下方式验证，即开发者直接打开 Keychain Access app(Application | Utilities | Keychain Access)，之后查找由 iPhone Distribution 开头加开发团队名称或者开发者名称的证书文件。

12.1.3　创建一个 App ID 和 Ad Hoc Provisioning Profile

Provisioning Profile 文件所包含的信息中还有一个没有介绍，就是 App ID。一共有两种 App ID：explicit App ID 和 wildcard App ID。explicit App ID 用于唯一标识一个应用程序，

wildcard App ID 用于标识一组应用程序。一个 App ID 由两部分组成：

- 开发者开发账号或者开发团队的 Apple-generated ID。
- 应用程序的 bundle ID。

Bands app 没有和其他应用程序组成集合，所以适用于 explicit App ID。如果你希望尝试使用或为 Bands app 生成一个 ad hoc build，那就跟随接下来的"试试看"环节来具体实践创建一个 explicit App ID 吧。

试试看 注册一个 App ID

(1) 在 iOS Dev Center 中，单击 Certificates,Identities&Profiles 页面左侧的 App IDs 链接。

(2) 单击页面右上方的"+"按钮打开 Register iOS App ID 页面，如图 12-6 所示。

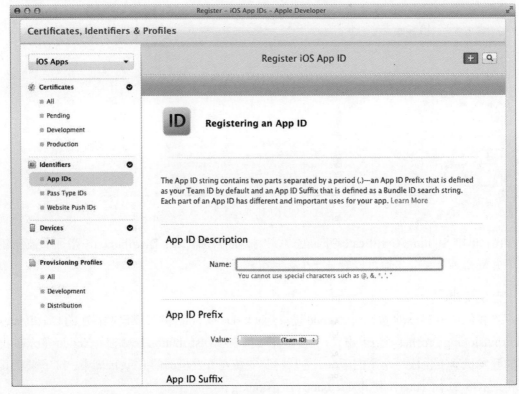

图 12-6

(3) 为 App ID 设置 Name。

(4) 为 App ID Prefix 选择 Team ID。

(5) 选择 Explicit App ID 单选按钮并使用建议的 reverse-domain 命名方式将应用程序的名称置于最后来设置 Bundle ID(比如 com.wrox.Bands)。要注意正确的大小写。

(6) 单击页面下方的 Continue 按钮。

(7) 确认所有的信息都正确后，单击页面下方的 Submit 按钮。

示例说明

App ID 的第一个部分是由苹果公司生成的 team ID，在 iOS Dev Center 中的下拉选项中选择 team ID。第二个部分是 bundle ID，对于 Bands app 用到的 bundle ID 就是最初在第 3 章中创建项目的 bundle ID。

现在 iOS Dev Center 已经具备了创建 ad hoc provisioning profile 所需要的全部信息了，可以在 iOS Dev Center 中创建和管理 provisioning profile。虽然 Xcode 也具有一些对 provisioning profile 的管理能力，但是最好还是使用 iOS Dev Center。

试试看　创建并下载 Ad Hoc Distribution Provisioning Profile

(1) 在 iOS Dev Center 中，单击 Certificates,Identities&Profiles 页面左侧的 Provisioning Profiles 链接。

(2) 单击页面右上方的"+"按钮打开 Add iOS Provisioning Profile 页面，如图 12-7 所示。

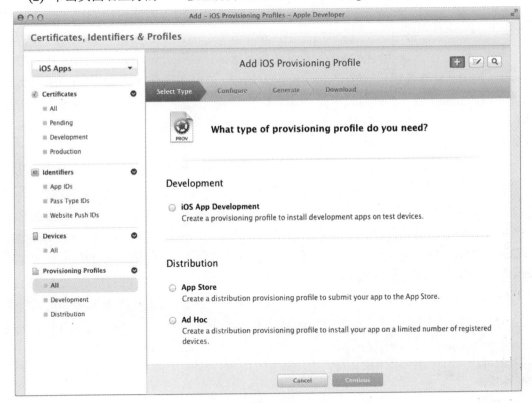

图 12-7

(3) 选择页面下方的 Ad Hoc 单选按钮，单击 Continue。

(4) 在 Select App ID 页面选择在之前"试试看"中创建的 App ID。

(5) 在 Select certificates 的页面上选择本章早些时候创建的 distribution certificate 旁边的单选按钮。

(6) 在 Select devices 的页面上选择需要测试的设备并单击 Continue。

(7) 在 Generate 页面上给出了新的 profile 名称(比如 Bands Ad Hoc)并单击 Generate。

(8) 在 Download 页面单击 Download 按钮下载新的 Provisioning Profile。

(9) Xcode 处于打开状态下，拖曳下载的文件到 Dock 中的 Xcode 图标处。

示例说明

一共有三部分的信息包含于 ad hoc provisioning profile。过程的第一步是选择需要被包含的 App ID；第二步是用于对在 Xcode 中编译的应用程序签名的证书信息；最后一步是一组我们希望应用程序测试时使用的设备 UUID 列表。当 provisioning profile 生成后，我们可以下载并将其安装在 Xcode 中，这样当我们编译 ad hoc 测试应用程序时，它就可以生效了。

注意:

下载最新的 provisioning profile 也可以通过下面的方法实现，即当生成签名证书时依次访问 Xcode | Preference | Accounts | Details 即可。

12.1.4　签名并部署 Ad Hoc Build

随着部署证书被成功安装在开发者的机器上及 ad hoc provisioning profile 被添加到 Xcode，我们已经准备好了创建 ad hoc build。Xcode 可以在包含所有 debug 标志的 debug 模式下编译 binary 版本的应用程序或者编译不带 debug 标志的 release 版本。减少这些标志不但意味着当别人想要反向还原你的 binary 版本时变得更加困难(同时缩小了 binary 版本的大小)，还会导致应用程序崩溃报告不可读。

当用户的应用程序在设备上运行并发生了崩溃，会产生崩溃报告。当我们追踪错误时这些报告非常重要。当我们编译一个 released binary 版本时，Xcode 会创建一个映射了错误标志到 binary 的文件。我们可以使用这个文件使得应用程序崩溃报告再次可读。由于这些文件对于开发者来说非常重要，Xcode 有一个 Archive 的功能，不但可以帮助开发者保存发给测试者测试用的 release 版本的编译记录，还保存了标志文件使得收到的每个崩溃报告都可读。Archives 可以在 Organizer 窗口中被管理，从 Organizer 中我们可以创建和保存一个 iPhone Application 文件(.ipa)，我们发送这个文件给测试者让他们将其安装到测试设备上。.ipa 文件包括用户应用程序的 binary 版本和为了能够成功安装在测试设备上而准备的 ad hoc provisioning profile 文件。

试试看　创建一个 Ad Hoc .ipa 文件

(1) 在 Xcode 中从 Project Navigator 中选择 Project。

(2) 在屏幕的上面选择 Info 选项卡。

(3) 在 Custom iOS Target Properties 部分找到 Bundle identifier key，设置其值为我们在 iOS Dev Center 中注册的 App ID，如图 12-8 所示。

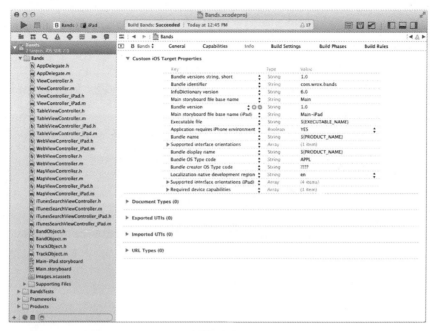

图 12-8

(4) 在屏幕上方选择 Build Settings 选项卡。

(5) 向下滑动到 Code Signing 部分并找到 Provisioning Profile setting，将其展开如图 12-9
所示。

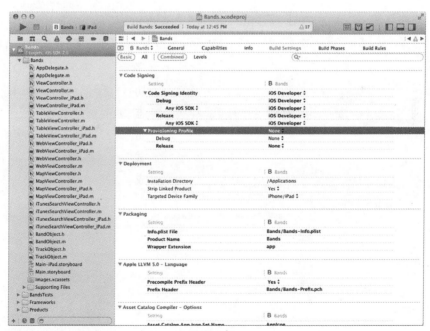

图 12-9

(6) 单击 Release 旁边的 None setting 按钮，选择在之前页面中创建的 ad hoc provisioning
profile。

(7) 改变 Play 按钮旁边的 scheme 到 iOS Device 或者其他任意你需要的已经连接了开发计算机的设备。

(8) 在 Xcode 菜单中依次选择 Product | Archive。

(9) 当编译完成后，Organizer 将会打开一个新的 archive 列表，如图 12-10 所示。

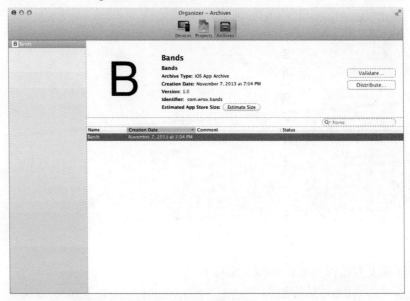

图 12-10

(10) 选择新的 archive 并单击对话框右上方的 Distribute 按钮。

(11) 选择 Save for Enterprise or Ad Hoc Deployment 单选按钮，如图 12-11 所示，之后单击 Next。

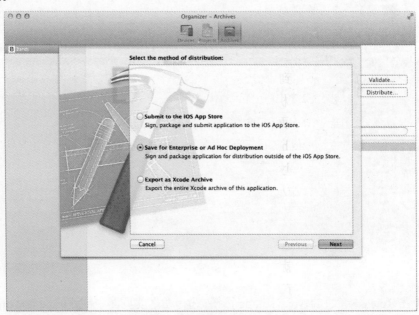

图 12-11

(12) 在接下来的界面中确认 Provisioning Profile 是否正确设置到之前创建的 ad hoc profile 上。

(13) 保存新的 Bands.ipa 文件到电脑桌面，现在将这个文件发送给你的测试人员。

示例说明

首先设置了 bundle ID 为之前在 iOS Dev Center 中注册的 App ID 中的 bundle ID。该 bundle ID 是包含在 provisioning profile 中的并一定要匹配上，否则无法创建 binary 版本。之后更改了 build settings，告诉 Xcode 在创建 release binary 时应该使用哪个 provisioning profile。一定要记住用于生成 provisioning profile 的签名证书一定要安装在开发计算机的 Keychain 中。之后创建 archive，这就编译了 binary 并使用签名证书进行了签名。当 binary 编译好之后 archive 就被创建并且在 Organizer 窗口展示。在这里就可以通过创建实际的 iPhone Application(.ipa)文件来发布应用程序了。

注意：

如果 Xcode 菜单中的 Archive 选项不可用，需要确保将 scheme 修改为 iOS Device 或者是否连接了设备。如果它还是指向任何 iOS simulator setting 的话，Archive 选项就会处于禁用的状态。

当你发送 ad hoc .ipa 文件给测试者时，你需要告诉他们如何安装该文件。他们可能再次使用 iTunes，iTunes library 包含了用户在 App Store 中购买的所有应用程序，Ad hoc builds 也将加入到 library 中。当一个应用程序在 library 中时，其可以被任何设备同步和安装，但是对于 ad hoc builds 来说该设备的 UUID 一定要包含在 provisioning profile 中才行，否则应用程序将无法运行。

试试看 **安装 Beta Build 在一个配置好的设备上**

(1) 打开 iTunes。

(2) 双击.ipa 文件将其添加到 iTunes 中。

(3) 将测试设备连接到计算机上。

(4) 选择设备并在屏幕的上面选择 Apps 选项卡。

(5) 在 Apps 列表中找到 ad hoc 应用程序，单击 Install 按钮。

(6) 单击窗口右下方的 Apply 按钮。

(7) 在 iTunes 完成设备同步后，ad hoc app 就安装完成了。

示例说明

iTunes library 包含了用户在 App Store 上购买的所有应用程序及任何 ad hoc app。Ad hoc app 只需要简单地双击 ipa 文件就可以被添加到 iTunes library 中。当应用程序添加到 library 之后，就可以同步或安装在所有 iTunes 管理的设备中。

12.2　提交应用程序到苹果公司

现在已经编译了一个 iOS 应用程序，并在真机设备和模拟器中进行了测试，同时还将其发送给测试者进行测试，应用程序基本解决了所有的错误和问题。现在就需要通过苹果公司的 App Store 将其发布到全世界各地了。

创建一个 App Store release 与创建一个 ad hoc release 类似，不同之处在于之前使用的是 ad hoc provisioning profiles，而现在需要创建并使用 app store provisioning profile。App Store provisioning profile 不包含设备的 UUID 列表，而会对 DRM 进行处理来只允许应用程序在购买了该应用程序许可的设备上运行。不过在你的应用程序可以被用户购买前，它首先需要在 App Store 上架，可以使用 iTunes Connect 来管理你在 App Store 中的应用程序。

12.2.1　使用 iTunes Connect

iTunes Connect 是一个用来管理开发者在 iTunes 和 App Store 中创建的应用程序的门户，其中包含了音乐和专辑标签，还有书籍和有声书籍等，当然还有应用程序开发者。当开发者购买了 iOS Developer Membership 的会员身份后，就可以登录 iTunes Connect。在门户界面中开发者不但可以管理应用程序，还必须遵守苹果公司的一些约定来查看软件的销售报告、管理开发者银行账户信息以用来实现收款。开发者提交软件申请前需要接受所有给出的约定，还需要添加开发者的银行及传真信息。本章不对这些步骤展开讲解，但是读者应该知道在提交软件时这些信息都是需要的。

在开发者提交一个应用程序到 App Store 审核前，需要先在 iTunes Connect 中添加它。在这里开发者设置软件的价格和发布日期，同时对应用程序功能的描述、版本信息及用户浏览 App Store 时看到的软件截屏的展示也都在这里完成。

试试看　在 iTunes Connect 中添加一个 App

(1) 在浏览器的 iTunes Connect 中输入如下 URL：https://itunesconnect.apple.com。

(2) 使用你注册开发者计划时的用户名和密码登录。

(3) 在目标页面中单击 Manager Your App 链接，如图 12-12 所示。

(4) 在 Manage Your Apps 页面，单击左上角的 Add New App 按钮开始进程。

(5) 在 App Information 页面，如图 12-13 所示，输入应用程序的名称，为其分配一个所选的 SKU 号，之后选择正确的 Bundle ID。

(6) 在接下来的页面中，如图 12-14 所示，选择你所期待的应用程序发布日期及销售价格信息。

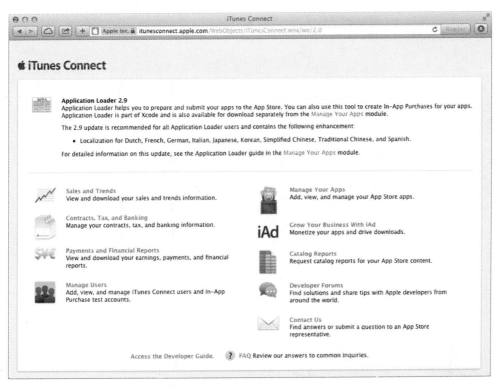

图 12-12

图 12-13

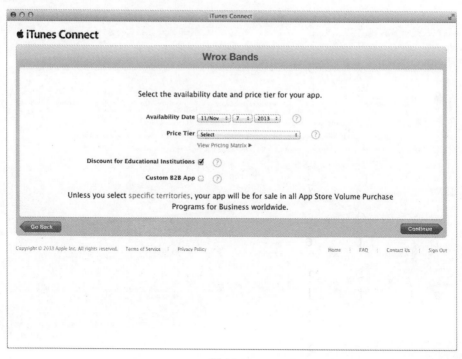

图 12-14

(7) 在下面的页面中，如图 12-15 所示，需要把没有标识"可选项"的条目内容都填好并单击 Save，还需要上传一个 Large App Icon，其尺寸为 1024×1024，同时为应用程序支持的设备类型每个至少提供一个截屏图片。

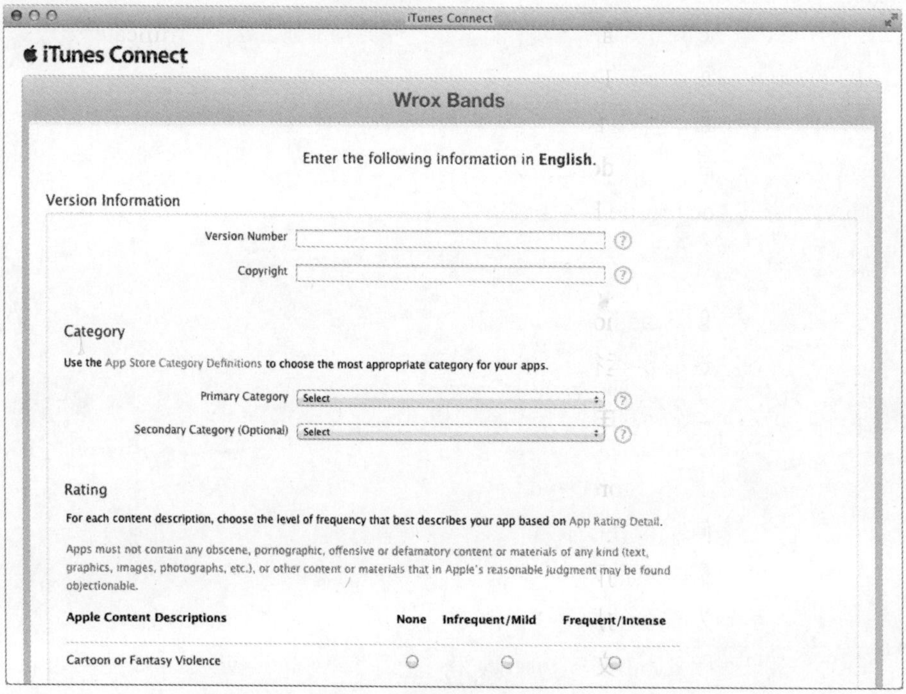

图 12-15

(8) 现在你的应用程序处于 Prepare for Upload 状态，单击 View Details 按钮。

(9) 在该细节界面中，单击 Ready to Upload Binary 按钮。

(10) 在 Cryptography 页面为应用程序选择适合的加密方式，并单击 Save 按钮。现在你可以在创建应用程序完成后上传你的代码了。

示例说明

开发者通过 iTunes Connect 来管理自己在 App Store 中的应用程序。当开发者准备好提交一个新的应用程序或者提交一个新的软件更新时，就可以登录进 iTunes Connect 并设置苹果公司需要的用于发布你的应用程序的所有信息，同时还可以对应用程序审核者提供一些可以帮助审核通过的说明。

12.2.2　创建一个 App Store Provisioning Profile

同 ad hoc build 类似，App Store build 也需要一个特殊的 provisioning profile。创建 provisioning profile 的过程也同上面介绍的 ad hoc build 的过程相同。唯一的不同在于 App Store provisioning profile 不需要为应用程序选择运行的终端设备。

试试看　创建并下载一个 App Store Provisioning Profile

(1) 在 iOS Dev Center 中单击 Certificates,Identities&Profiles 页面左边的 Provisioning Profiles 链接，之后单击页面右上角的"+"按钮。

(2) 选择 App Store 单选按钮，单击 Continue。

(3) 在 Select App ID 页面，选择正确的 App ID 并单击 Continue。

(4) 在 Select certificates 页面，选择你创建的 iOS Distribution certificate 选项旁边的单选按钮，并使用本章前面用到的 ad hoc provisioning profile，单击 Continue。

(5) 在 Generate 页面，使用合适的名称为 profile 命名，并单击 Generate。

(6) 当证书被生成后，单击 download 按钮并添加新的 Provisioning Profile 到 Xcode 中，具体的操作和之前 ad hoc profile 时一样。

示例说明

上面的过程同之前创建 ad hoc provisioning profile 的过程基本一样，唯一的不同在于没有了开发者为应用程序选择可运行设备的步骤。

12.2.3　验证及提交一个应用程序

把应用程序上架到 App Store 的最后一步就是提交应用程序到苹果公司进行审核，审核的过程是为了保证任何一个在 App Store 中销售的软件都符合苹果公司的规范。应用程序被拒收的原因很多，最常见的两个原因是应用程序崩溃和出现错误。这就是为什么针对 beta 版本的测试显得尤为重要的原因。为了帮助开发者清楚地理解其他拒收原因，苹果公司提供了一个审核细节的指导文件，地址为 http://developer.apple.com/appstore/resources/approval/guidelines.html，开发者可以在提交应用程序审核前先熟悉一下该文档。

应用程序被拒收是一件让人很头疼的事情。审核过程可能要持续两周才能完成，所以应用程序被拒绝再次提交的这个过程会很大程度上推迟开发者发布自己的应用程序。为了帮助开发者及审核者，苹果公司首先会对应用程序进行一系列的基本测试以确定应用程序满足提交审核的最低要求。这个测试过程一旦开发者的代码完成上传就会开始，但是开发者可以在 Xcode Organizer 中通过 Validate 功能实现同样的检查。在这个过程中涉及的检查项没有文件明确的描述，但是常见的诸如使用了错误的 provisioning profile 或 signing certificate 的错误都会被这个检查检测到。所以在应用程序提交审核前使用 Xcode 中的 Validate 功能对应用程序进行测试来快速定位一些常见的错误是非常有必要的。

创建 App Store build 的过程和创建 ad hoc build 的过程一样，因为 App Store 也是正式 release 的版本，所以也会把错误调试标注去掉，故保留 archive 对于阅读错误报告非常重要。开发者可以使用 Organizer 来上传代码到苹果公司进行审核。

试试看　编译及提交应用程序到 App Store

(1) 在 Xcode 中，从 Project Navigator 中选择 Project。

(2) 从屏幕的上面选择 Build Settings 选项卡。

(3) 将 Provisioning Profile for Release 改为你创建的 App Store Provisioning Profile。

(4) 在 Xcode 菜单中选择 Product | Archive。

(5) 当应用程序编译完成后 Organizer 窗口会显示，单击 Validate 按钮。

(6) 输入你的开发者计划的用户名和密码，单击 Next。

(7) 在接下来的界面中确认或选择正确的应用程序及正确的 App Store Provisioning Profile，单击 Validate。

(8) 如果出现任何问题及时进行修改，并重复(1)~(7)的步骤直到没有问题出现。

(9) 在 Organizer 窗口，单击 Distribute 按钮。

(10) 在对话框中选择 Submit to the iOS App Store 选项，单击 Next。

(11) 在对话框中输入开发者计划的用户名和密码，单击 Next。

(12) 在最后的界面中确认或选择正确的应用程序和正确的 App Store Provisioning Profile，之后单击 Submit。如果没有问题的话，你的代码将被上传、处理和排队审核。

示例说明

在开发者创建 App Store build 之前，需要改变 provisioning profile 来对应用程序进行签名。完成这一步之后，参考之前对 ad hoc build 的归档步骤来对新的 build 进行归档。之后需要验证应用程序的正确性以确保没有错误，如果确认无误，则可以提交应用程序到苹果公司进行审核。需要注意的是仅简单地上传了应用程序并不意味着可以排队等待审核了，在应用程序上传后还有一些额外的步骤需要进行。如果有任何问题，开发者将收到一封告诉你如何修改错误的 e-mail。如果在审核中发现任何问题，开发者同样会收到一封带有修改意见的 e-mail。当应用程序通过了所有审核后，就会被添加到 App Store 并处于 ready for sale 状态了。

12.3　小结

能够成功创建一个 iOS 应用程序非常棒，但是最终目的还是要让用户用上它。在开始推广应用程序前，一定要确保已经修复了所有的应用程序错误和使用中可能带来的问题。对于 beta 测试，你应该将所有的 beta tester 的设备 ID 收集起来将其注册到苹果公司相关的系统中。这样就可以得到一个 ad hoc build 并且可以让你的应用程序安装在所有这些测试者的设备上，并接收他们的反馈。当一切准备好了之后，你要提交应用程序到苹果公司进行最后的审核，如果一切顺利，你的应用程序会通过审核并在 App Store 中处于 ready for sale 状态！

练　习

(1) 测试和开发预览版应用程序一般被称为什么？

(2) debug build 和 release build 的区别是什么？

(3) 在 iOS Dev Center 中为开发者的 beta build 而创建的 provisioning profile 需要包含哪三类信息？

(4) 用于管理 App Store 中的应用程序的门户平台是哪个？

本章知识点

标　题	关　键　概　念
创建 Ad Hoc Builds	应用程序准备让 beta tester 进行测试时创建一个 ad hoc build
使用 iTunes Connect	开发者、音乐人及书籍作者在管理其各自在 iTunes 和 App Store 上销售的东西时，都要通过 iTunes Connect Portal
提交应用程序到App Store 审核	苹果公司需要对 App Store 中发布的应用程序进行认证，在开发者的应用程序可以被销售前必须要经过提交和审核的过程

附　录

练 习 答 案

每章的末尾都有一些练习题帮助读者确认是否已经掌握了本章的重点内容，下面是这些练习题的答案。

第 1 章答案

1. 开发者需要知道自己的应用程序名称在 iPhone 和 iPad 主界面上的展示效果，一般来说在不使用缩写的情况下大约使用 12 个字符来表述。

2. 开发者需要对自己应用程序的功能有所规划，使它不宜添加过多的功能，过多的功能会让用户很困惑。同时我们也不能让功能列表中的内容多得需要一年才能完成。

3. 如果应用程序中有的功能和苹果公司的内置应用重复了，那在应用提交审核时可能会被拒绝，最好避免这种情况发生。

第 2 章答案

1. Smalltalk。

2. 接口或头文件，扩展名为.h；实现文件的扩展名为.m。

3. NSObject 类。

4. 如下代码定义了 ChapterExercise 类，有一个名为 writeAnswer 的方法，其不带有任何参数和返回值。

```
@interface ChapterExercise : NSObject

- (void)writeAnswer;

@end
```

5. 使用下面的代码实例化 ChapterExercise 类：

```
ChapterExercise *anInstance = [[ChapterExercise alloc] init];
```

6. retain 关键字用于增加引用计数，release 关键字用于减少计数。

7. ARC 代表 Automatic Reference Counting。

8. strong 关键字表示类拥有自己对象的实例，并且只要对其有 strong 引用，它就不会被释放。

9. 重载运算符在 Objective-C 中禁用，在 Java 和 C#中可以使用。

10. 要比较 NSString 实例，我们可以使用 isEqualToString:方法。

11. NSArray 的实例在创建后不能修改，而 NSMutableArray 可以。

12. MVC 代表 Model-View-Controller 设计模式。

13. 下面的代码展示了我们如何声明 ChapterExercise 类实现了 ChapterExerciseDelegate 协议：

```
@interface ChapterExercise : NSObject <ChapterExerciseDelegate>
```

14. NSError 类。

第 3 章答案

1. Xcode 左侧的面板为导航面板(Navigator pane)。

2. 用于创建 iOS 应用程序用户界面的 Cocoa 框架是 UIKit 框架。

3. 应用程序的设置存储在 plist 文件。

4. 所使用的 Xcode 中确保用户界面能够在所有设备上正确展示的功能为 Auto Layout。

5. 在 Interface Builder 中用来改变用户界面对象特性的观察器为 Property Inspector。

6. 改变文本颜色的步骤如下：

(1) 在 Project Navigator 中选择 Main.storyboard。

(2) 在 Interface Builder 中选择 Band label。

(3) 在 Attributes Inspector 中使用 Color 选择器，选择 Light Gray Color。

7. 添加 bottom label 并设置其自动布局约束的步骤如下：

(1) 在 Project Navigator 中选择 Main.storyboard。

(2) 拖曳一个新的 label 到场景中。

(3) 在 Attributes Inspector 中设置其 text 为 Bottom。

(4) 拖曳该 label 到场景下部直到下参照线出现。

(5) 拖曳该 label 到场景中间直到中央参照线出现。

(6) 选择 label，按住 Control 并拖曳 label 到视图的下部。

(7) 松开鼠标，选择 Bottom Space to Bottom Layout 约束。

8. 在设置中改变版本号：

(1) 在 Project Navigator 中选择工程。

(2) 在编辑器中选择 General 选项卡打开 info property 编辑器。

(3) 在 Identity 部分，设置 Version 为 1.1。

第 4 章答案

1. 我们使用 IBOutlet 关键字来建立类中的 UIKit 属性到 Interface Builder 中的 UIKit 对象的关联。

2. 我们使用 IBAction 关键字建立 Interface Builder 中的 UIKit 对象事件到类中的具体方法的关联。

3. 成为第一响应者意思是当有用户进行交互操作时该用户界面对象首先处理该事件。

4. NSCoding 协议用于实现允许一个类使用 NSKeyedArchiver 类。

第 5 章答案

1. UITableViewDataSource 告诉表视图应该有多少个分类及每个分类由多少行组成，每个分类的头和索引分别是什么及 UITableViewCells 的配置情况。UITableViewDelegate 用于管理 UITableView 的编辑。

2. Basic、Right Detail、Left Detail 和 Subtitle。

3. 将 UITableViewCell 修改为 right detail 类型并用 detailTextLabel：展示乐队受欢迎程度的步骤如下：

(1) 打开 Main.storyboard。

(2) 选择 prototype cell 并更改其类型为 Right Detail。

(3) 打开 WBABandsListTableViewController.m 文件，并修改 tableView:cellForRow-AtIndexPath:方法，代码如下：

```
- (UITableViewCell *)tableView:(UITableView *)tableView
cellForRowAtIndexPath:(NSIndexPath *)indexPath
{
    static NSString *CellIdentifier = @"Cell";
    UITableViewCell *cell = [tableView
dequeueReusableCellWithIdentifier:CellIdentifier forIndexPath:indexPath];

    NSString *firstLetter = [self.firstLettersArray
objectAtIndex:indexPath.section];
    NSMutableArray *bandsForLetter = [self.bandsDictionary
objectForKey:firstLetter];
    WBABand *bandObject = [bandsForLetter objectAtIndex:indexPath.row];
```

```
    // Configure the cell...
    cell.textLabel.text = bandObject.name;
    cell.detailTextLabel.text = [NSString stringWithFormat:@"%d",
bandObject.rating];

    return cell;
}
```

4. 可以使用 presentViewController:animated:completion:method 方法实现 UIView-
Controller 在屏幕上上下滑动的动画效果。

5. 使用 UINavigationController 时在视图上添加一个 UIKit 组件的是 UINavigationItem。

6. push segue 用于在 Bands List 场景和 Band Details 场景中进行切换。

第 6 章答案

1. 设置 numberOfTouchesRequired 为 2。

2. UIImagePickerControllerSourceTypeCamera、UIImagePickerControllerSourceTypePhoto-
Library 和 UIImagePickerControllerSourceTypeSavedPhotoAlbum。

3. 系统抛出一个异常导致应用程序崩溃。

4. tag 属性。

第 7 章答案

1. 向工程添加一个新的框架的步骤：

(1) 在 Project Navigator 中选择 Project。

(2) 选择 General settings editor。

(3) 在 Linked Frameworks and Libraries 部分单击 "+" 按钮并在对话框中选择需要
的框架。

2. MFMailComposeViewController 需要将 MessageUI.framework 框架添加到工程中。

3. 当需要给文本消息和 iMessage 附加一个图片或其他媒体类型时，为了使用 Universal
Type 常量 MFMessageComposeViewController，需要将 MobileCoreServices.framework 框架
添加到工程中。

4. 需要调用 canSendText 方法来验证设备是否可以发送文本消息或 iMessages。如果没
有进行验证并尝试使用 MFMessageComposeViewController，应用程序可能会崩溃。

5. 在 iOS 中整合的社交网络服务包括 Twitter、Facebook、Flickr 和 Vimeo，在亚洲还
包括 Weibo。

6. 用户在 Settings app 中登录他们的社交网络账号。

7. 为了阻止 Bands app 在 Flickr 中使用 UIActivityViewController 分享乐队图片，代码

如下：

(1) 创建包含 UIActivityTypePostToFlickr 常量的 NSArray。

(2) 调用 UIActivityViewController 的 setExcludedActivityTypes:方法并传递给 NSArray。

第 8 章答案

1. 可以通过在 Interface Builder 中首先设置 segue 的标识符的方式触发一个手动创建的 segue，之后使用该标识符调用 UIViewController 的 performSegueWithIdentifier:sender 方法。

2. Core Foundation 框架。

3. 通过如下代码设置 Network Activity Indicator 的可见性：

```
[UIApplication sharedApplication].networkActivityIndicatorVisible = YES;
```

4. webView:didFailLoadWithError:方法。

5. openURL 方法。

第 9 章答案

1. 使用 MKMapView 需要用到的框架为 MapKit.framework。

2. 在 iOS 设备上使用当前位置所需要的框架为 CoreLocation.framework。

3. 当用户的位置确定后会调用 MKMapViewDelegate 中的 mapView:didUpdateUserLocation:方法。

4. MKLocalSearchRequest 类用于创建请求，MKLocalSearch 类用于展示搜索和处理的结果。

5. 本地搜索的结果通过 MKMapItem 对象返回。

6. "^" 符号用于表示一个 block 的开始。

7. 在 MKMapView 上用户展示大头针的 MKAnnotation 的子类为 MKPointAnnotation 类。

8. 开发者可以设置 MKMapView 上的大头针的动画效果是通过 MKPinAnnotationView 类的属性中的 animateDrop 属性完成的。

第 10 章答案

1. NSURLSession 的三种类型为 NSURLSessionDataTask、NSURLSessionDownloadTask 和 NSURLSessionUploadTask。

2. 苹果公司在 iOS 4 中引入的为开发者减少线程复杂度的技术是 Grand Central Dispatch。

3. 在 Objective-C 对象中用于解析 JSON 的类为 NSJSONSerialization 类及该类的 JSON-

ObjectWithData:option:error:方法。

4. MPMoviePlayerViewController 需要用到的框架为 MediaPlayer.framework。

第 11 章答案

1. Trailing Space to Container 自动布局约束。

2. showFromBarButtonItem:animated:方法。

3. 通过实现 UIPopoverControllerDelegate 协议的 popoverControllerDidDismissPopover: 方法。

第 12 章答案

1. 针对测试版和开发者预览版而创建的版本常用的名称为 ad hoc build。

2. debug 编译和 release 编译的区别在于 release 编译将 debug 标志都去掉了。

3. 需要 App ID、Signing Certificate 和一个 UUID 的列表，应用程序才允许运行。

4. portal 的名称为 iTunes Connect。